生物統計
基礎概論和應用

BIOS

劉正夫 總校閱

歐耿良、江錫仁 著

推薦序

2007年秋，本人於〈市場調查與分析〉教學過程中結識江錫仁教授。該課程爲應用統計研究所碩士班的選修課，學生成員來自工商企業與軍公教，實務經驗豐富的資深開業醫師更是備受矚目。江教授與老師和同儕相處皆如同對待病人般熱心隨和，故成爲班上極重要的靈魂人物。

江教授於修課期間認眞負責，思緒清晰的他總能於課堂中提出具體的想法；於管理方面，能和同學們分享診所的經營管理理念；於統計研究上，也能將統計的方法論於臨床實務上做實際的驗證，充分地達到本所之學以致用的目標。

知悉江錫仁教授將其所學與經驗轉換成文字記錄，出版《生物統計基礎概論和應用》一書，能爲此書撰寫推薦序，本人深感榮幸。本書多以其臨床案例數據作爲範例，搭配統計軟體SPSS進行分析，幫助讀者理解統計工具之實用性，亦將嘉惠後輩與生物統計學研究者，期望未來能讓更多醫界人士運用統計方法於臨床實務上，嘉惠大眾。

廖佩珊

輔仁大學統計資訊學系副教授

作者序

本書兼顧生物統計學理與應用並重，前後連貫呼應。學理強調邏輯論述清晰、層次分明，應用則著重生醫研究實驗與臨床醫師診治案例完整量化資料的實證分析。學理嚴謹推演與實例量化資料珍貴、豐富的密切配合，理論與應用一氣呵成，是本書的獨有特色，足爲坊間一新耳目的著作。

本書共分12章，前3章介紹統計學基本概念、應用軟體SPSS與視窗的基本功能及操作。第4至7章闡釋母體、樣本、抽樣的意義及統計表圖製作，並說明母體平均數推論及SPSS在平均數比較方法的應用。第8至12章爲統計分析最重要的各種檢定方法，並包含相關分析及迴歸分析。每一章都附有習題，並在光碟提供習題參考詳解，協助讀者解答，本書內容更爲充實，亦是重要特色之一。

本書從撰寫初稿至出版的繁重工作，承蒙智陽、沛蓉及多位同仁不辭辛勞，全程幫忙及指教，功不可沒，謹致誠摯謝忱。尤其是輔仁大學應用統計研究所劉教授正夫的費心雅正，更應敬致銘心感德之恩。

本書內容難免疏失或謬誤，敬請先進不吝指正，當感恩不盡。

歐耿良

目錄

第一章　緒　論

1.1 統計學（Statistics）

「Statistics」代表的意義有統計資料與統計學兩種，統計資料係指所有量化後的資料；統計學則是蒐集、整理、描述、分析和解釋統計資料的原理和規則，其架構大致可分統計方法（Statistical Method）和統計理論（Statistical Theory），又統計方法可細分敘述統計（Descriptive Statistics）與推論統計（Inferential Statistics）。

統計學（Statistics）
- 統計方法
  - 敘述統計－整理、描述、分析、解釋資料
  - 推論統計－由部分資料推估整體特性
- 統計理論－以數學的機率原理闡明統計方法概念或證明公式緣由

以學術角度看統計學發展，統計學可分理論統計（Pure Statistics）與應用統計（Applied Statistics），架構如下：

統計學發展
- 理論統計－研究統計方法原理
- 應用統計－討論統計方法如何應用在實務上，而有生物、醫學統計學

1.2 統計資料

統計資料可分直接取得且尚未加以整理的原始資料（Primary Data）

以及將原始資料加以整理摘要或列表彙總的次級資料（Information/Secondary Data）。將統計資料依變數屬性（Attribute）輸入，此時變數屬性可分作間斷型與連續型，間斷型變數（Discrete Variable）的資料單位是不可分割的整數，如人數、牙齒顆數等計數（Counting）資料；連續型變數（Continuous Variable）的資料單位是可無窮細分的整數，如身高、體重、時間等測量（Measuring）資料。

在研究時，常需探討變數間的因果關係，因此欲研究的原因變數可稱之為自變數或獨立變數（Independent Variable），而因自變數變化而發生改變的結果變數，則稱爲應變數或相依變數（Dependent Variable），如研究不同廠牌牙冠的載重程度，不同廠牌的牙冠即爲自變數；而載重程度爲應變數。

1.3 量測的尺度（Scale）

對於變數的量測，須憑著適當的尺度以歸類，其可分爲類別尺度、順序尺度、等距尺度、及等比尺度四種。此些尺度所能表達訊息的程度各不相同，其應用的統計方法也不一樣，其中涵蓋訊息最豐富的等比尺度所能使用的統計方法也最廣泛。尺度尚可整理爲兩種類型的變數，一爲屬質變數（Qualitative variable/Categorical variable），其包含類別尺度與順序尺度；另一爲屬量變數（Quantitative variable），其包含等距和等比尺度。

類別尺度（Nominal Scale）又稱名義尺度或名目尺度，它是由分類而得，爲最基礎的量測尺度，其所涵蓋的資訊最少，例如性別、血型等，各類別之間無邏輯上的先後或大小順序之別，僅能作識別之用，可計算比率、眾數及作卡方檢定。

順序尺度（Ordinal Scale）或稱序位尺度，其涵蓋資訊較類別尺度更進一步，可以文字方式表達如等級或順序等較多訊息，例如比賽名次、成

績等第等，但其無法衡量等級間的距離。該尺度可計算中位數、排序、等級相關、及符號檢定等。

等距尺度（Interval Scale）或稱區間尺度，除包括序位尺度所能表達的訊息外，還可比較其間的差異及差異的倍數，等距尺度單位間的距離是一致的，並具有任意的零點（基準點），例如溫度（攝氏與華氏）、智商、西元年等。該尺度不僅適用類別與順序尺度的方法應用，還可計算平均數、標準差、相關係數、迴歸分析、及變異數分析等。

等比尺度（Ratio Scale）或稱比率尺度，是四種尺度中層次最高且涵蓋訊息也最多，與等距尺度不同地方在於具有絕對的零點（基準點），例如長度、重量、心跳數、人工牙根數目、及膽固醇量度等。該尺度除前述三種尺度的方法皆可應用外，還可用來分析幾何平均數、調和平均數、變異係數及各種檢定、多變量分析等。

以溫度作爲四種尺度轉換的例子，原始記錄的凱氏絕對溫度（°K）爲前述介紹可比較倍數關係的等比尺度；當轉換成我們熟知的攝氏溫度（℃），則溫度成爲等距尺度，此時我們無法說 30℃是 15℃的兩倍熱。當研究者僅需知道溫度高低順序，再將溫度從最冷排序到最熱，轉換如下表順序尺度的資料。最後，若將攝氏溫度依是否大於等於 0℃分別記錄，當記錄爲「1」時表示攝氏溫度大於等於 0℃；記錄爲「0」時表示攝氏溫度小於 0℃，則研究者可簡單快速觀察記錄的資料。詳見表 1-1：

表 1-1　四種尺度間之轉換

尺度	觀察值 1	觀察值 2	觀察值 3	觀察值 4	觀察值 5	觀察值 6
等比尺度	173°K	123°K	373°K	273°K	323°K	223°K
等距尺度	-100℃	-150℃	100℃	0℃	50℃	-50℃
順序尺度	2	1	6	4	5	3
類別尺度	0	0	1	1	1	0

1.4 學習生物統計的目的

統計學可因應不同所需，而有其必要的功能性，今我們將統計應用在生物、醫藥、公共衛生等科學領域上，我們將其名稱廣泛定義爲生物統計學（Biostatistics），而爲何需要學習它，大致可分下列三種需求：

- 生活上的需要，在日常生活中常會接觸各種統計數字、圖表或專門術語，如學過統計則可體會和運用此些資訊，避免被不適當的數字描述方式所誤導。
- 工作上的需要，工作中常需整理收集各種數據，統計可協助我們將龐雜數據簡化成有用的資訊，以獲得更好的報告內容。
- 研究進修上的需要，研究上常需閱讀許多的研究報告以及相關文獻，並發表自己的研究成果，其中量化資料的處理皆需經由統計圖表呈現，或更進一步使用統計方法進行驗證，如具備基礎統計能力，將有助於研究進行。其中常用研究設計如下：
  1. 隨機對照試驗（Randomized Controlled Trial, RCT）：隨機抽樣分派至實驗組對照組進行比對。
  2. 世代研究（Cohort Study）：針對各群集進行一段時間的觀察，觀察不同群集之間的差異。依照研究方式可分做前瞻式世代研究（Prospective cohort study）以及回溯式世代研究（Retrospective cohort study）。

     (1) 前瞻式世代研究對於子群集之間觀察一段時間到結果爲止。

     (2) 回溯式世代研究比較群組結果，並追溯群組至某因子影響爲止。
  3. 個案對照研究（Case Control Study）：觀察疾病與未得疾病的對照組進行比較，使用勝算比 OR（Odds Ratio）進行實驗組與對照組之比較。

1.5 生物統計學於人體臨床試驗的應用

臨床試驗主要是研究治療的介入對結果的影響成效，而評估試驗成效的方式即需藉由統計方法給予客觀的驗證。臨床試驗需先確認評估指標與試驗設計方式，其中評估指標可參考相關文獻或臨床專業的評估方式，試驗設計可依研究狀況決定適合的設計方法，如前述的研究成果較具價值的隨機對照試驗、病歷回顧的回溯式世代研究、實際試行一段時間的臨床介入並觀察之前瞻式世代研究、以及既有公共衛生資料庫蒐集臨床上某種疾病的個案對照研究。

不同的臨床設計與資料型態其所應用的統計分析方法也隨之不一樣，以醫療器材的人體臨床試驗研究爲例，研究者欲將新研發的新式額溫量測溫度計與常見的市售耳溫量測溫度計進行量測數據之比較，以市售耳溫溫度計爲基礎，比較新式額溫溫度計量測準確性是否有偏差。定義此研究之人體臨床試驗，研究設計屬兩種不同類型溫度計之平行研究，係以不劣性試驗方式比較，試驗設計如下所述：

一、試驗對象

由於體溫量測非侵入性介入治療，但爲了解不同性別與年齡層的群體是否會有不同結果，試驗收納對象爲有意願參與體溫量測試驗計畫的受試者。

將受試者分爲四個組別（如圖 1-1），每個組別預計收納 200 位受試者。

1. 第一組（嬰幼兒，未滿七歲之未成年人）
2. 第二組（青少年，滿七歲以上二十歲以下未成年人）
3. 第三組（成年，滿二十歲以上五十歲以下成年人）
4. 第四組（老年，五十歲以上成年人）

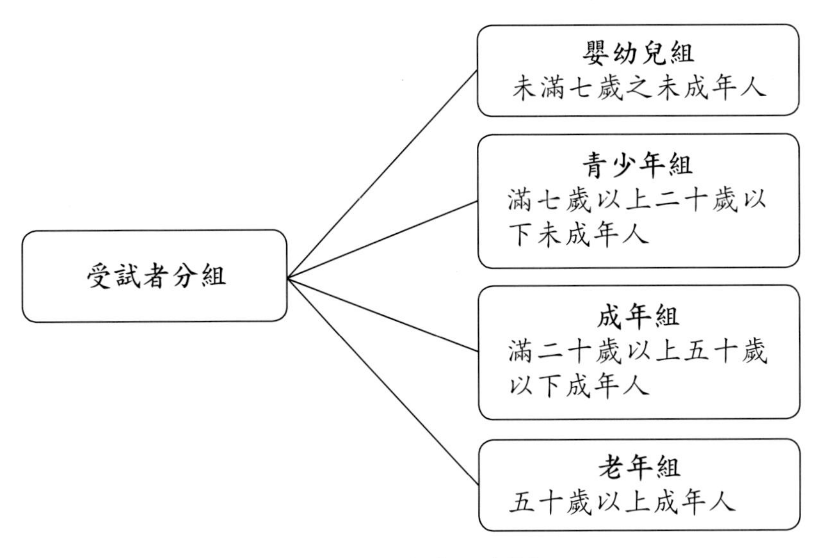

圖 1-1　試驗設計分組

受試者將接受兩種不同類型之溫度計分別量測，取得各機種三重複之量測數據。

主要試驗目的：新式額溫量測溫度計之準確性。

次要試驗目的：比較新式額溫量測溫度計，相較於市售耳溫溫度計，其測量數據之準確性。

二、試驗流程

依據不同類型之溫度計，其測試流程如下：

1. 新式額溫溫度計：

(1) 量測測試條件：測試環境之溫度需介於 16℃～30℃，涵蓋低中高 3 溫度點；相對溼度需介於 30%～70%。

(2) 開啓電源鍵。

(3) 在人體模式下進行測試。

(4) 距離額頭 4cm～6cm 進行受試者體溫量測。

(5) 連續長壓掃描鍵聽到嗶嗶聲後，放開按鍵即可自動測得體溫數據。

(6) 無須擦拭或更換動作，繼續下一個量測動作。

2. 市售耳溫溫度計：

(1) 量測測試條件：測試環境之溫度需介於 10℃～40℃；相對溼度無特別要求。

(2) 開啓電源。

(3) 套入拋棄式內耳套。

(4) 將耳溫槍靠近受試者耳腔後，按壓量測鍵。

(5) 聽到嗶嗶聲後即顯示體溫數據。

(6) 更換拋棄式耳套後，方可進行下個受試者之體溫量測。

該試驗不重複收納受試者，總受試者人數目標共 800 位。受試者收納條件需爲健康、無感冒發燒或冒冷汗的情形。試驗時間約爲 6 至 12 個月內完成。此外，受試者於受試期間僅須於當天接受兩種溫度量測機種之量測，無須進行後續之追蹤。

三、試驗數據收集方式

受試者數據皆以手寫方式直接記錄耳溫溫度計與額溫溫度計的體溫量測結果於量測記錄表單（如表 1-2），同時需記錄受試者年齡與性別基本資料，並於當天收案結束後以電腦繕打完成資料登錄。

表 1-2 量測記錄表單

NO.	代號	性別	年齡	耳溫 (1)	耳溫 (2)	耳溫 (3)	額溫 (1)	額溫 (2)	額溫 (3)	備註
1										
2										
3										
4										
5										
6										
7										
8										
9										
10										

各組溫度數據之收集方式如下：

1. 以額溫溫度計量測受試者之額溫 3 次，並記錄量測值。
2. 以耳溫溫度計量測受試者之耳溫 3 次，並記錄量測值。
3. 重複上述步驟，完成各組所有受試者之量測程序。

四、臨床試驗統計分析

主要試驗目的評估準確性之統計方法如下：

1. 觀察不同試驗組別之額溫溫度計標準差、變異係數、偏態係數等敘述統計。

   藉此可知不同組別的額溫溫度計量測變異是否在某個年齡層上存有較大的變異情形發生。

2. 不同試驗組別之額溫溫度計平均值差異比較。

   藉此可知不同組別的額溫溫度計量測結果是否有統計上的顯著差異存在，研究假設應爲不同組別的額溫量測結果沒有統計上的顯著差

異。

3. 不同試驗組別之性別分組額溫溫度計平均值差異比較。

藉此可知不同年齡層與性別的額溫溫度計量測結果是否有統計上的顯著差異存在，研究假設應爲不同年齡層或性別的額溫量測結果沒有交互作用，量測平均值亦無統計上的顯著差異。

研究者評估次要試驗目的準確性之方式，將對資料進行再整理，整理方式爲對每一受試者的耳溫溫度計三次量測平均值與額溫溫度計三次量測平均值之差，即爲量測值之平均差異，研究以此數值爲給分標準，給分標準如表 1-3。評估準確性之統計方法如下：

1. 觀察不同試驗組別分數之平均值、中位數、標準差、變異係數等敘述統計。

藉此可知不同組別的分數變異是否在某個年齡層上存有較大的變異情形發生。

2. 不同試驗組別之平均分數差異比較。

藉此可知不同組別的分數是否有統計上的顯著差異存在，研究假設應爲不同年齡層的分數沒有統計上的顯著差異，即爲額溫溫度計與耳溫溫度計的量測結果在不同年齡層沒有顯著差異存在。

3. 不同試驗組別之性別分組平均分數差異比較。

藉此可知不同年齡層與性別的額溫溫度計量測結果是否有統計上的顯著差異存在，研究假設應爲不同年齡層或性別的分數沒有交互作用，平均分數或分數之中位數亦無統計上的顯著差異，即爲額溫溫度計與耳溫溫度計的量測結果在不同年齡層或性別皆沒有顯著差異存在。

表 1-3 平均量測溫度差異給分標準

平均值差異 X_d	$X_d \leqq 0.1$℃	0.1℃ < $X_d \leqq 0.2$℃	0.2℃ < $X_d \leqq 0.3$℃	X_d > 0.3℃
分數	5	3	1	0

1.6 統計分析軟體（SPSS）介紹

SPSS 公司成立於 1968 年，其原始名稱－Statistical Package for the Social Science，主要應用於社會科學領域的統計分析軟體。後期不再侷限僅應用於社會科學領域，因而將名稱更改爲－Statistical Products and Services Solution。在 2009 年因介面大幅改版、新增許多分析模組、可依使用者其個人化需求而給予不同模組的配套、以及爲強調其預測方法模組的多元性，曾短暫更改名稱爲－Predictive Analytics Software（PASW Statistics）。爾後，因大眾還是較孰悉 SPSS ，又將軟體名稱改回原名。直至 2010 年 7 月 IBM 收購後，其正式名稱再更改爲－IBM SPSS Statistics ，其公司網址爲 http://www.spss.com/ 。

本書以 SPSS 作介紹統計分析方法，是基於下列幾個原因，

(1) 工作或研究上欲使用統計分析時，該軟體提供最簡單明瞭的介面。

(2) 該軟體介面與 Microsoft OFFICE Excel 軟體類似，擁有更豐富的資料定義方式，讓使用者更清楚資料集型態。

(3) 簡單易學，此統計軟體較不需使用語法操作，可輕鬆得到分析結果。

(4) 市面上 SPSS 教學工具書琳瑯滿目，使用者可快速解讀所得之報表。

本書使用 SPSS 之版本爲 PASW Statistics 18，操作介面與基本功能簡介在後續第二章與第三章作介紹，其餘分析方法之應用等詳細操作方式均在其所屬章節呈現。

1.7 習題

一、統計學上有四種量測尺度（名義、順序、等距、等比），試列舉三個名義尺度的變項、以及三個等距或等比尺度的變項，並說明變項裡數值所代表的意義。

二、試列舉等距或等比尺度可應用的生物統計方法有哪些？

三、某研究探討吸菸與口腔癌之關係，在醫學中心徵求剛被診斷有口腔癌的 200 位患者爲研究對象，另徵求沒有口腔癌的 200 位患者爲對照，再以問卷評估其吸菸習慣。依此回答下列二題。

1. 此研究之設計屬於下列何者？〈102 年度專技高考 _ 牙醫師〉

(A) 生態型研究（Ecological Study）

(B) 臨床試驗（Clinical Trial）

(C) 世代研究（Cohort Study）

(D) 病例對照研究（Case-control Study）

2. 有關此研究之敘述，下列何者正確？〈102 年度專技高考 _ 牙醫師〉

(A) 除了口腔癌之外，此研究可以同時探討其他多種疾病與吸菸的關係

(B) 除了吸菸之外，此研究可以同時探討口腔癌與其他多種危險因子的關係

(C) 此研究的主要目的爲比較口腔癌患者與對照患者未來的吸菸習慣

(D) 此研究的主要目的爲比較吸菸者與非吸菸者的口腔癌發生率

四、在流行病學的研究法裏，研究方式爲回溯式，在找到的研究對象裏先依有無得病分成病例組與對照組，再回溯以前是否受到危險因子暴露的方式，是何種研究方法？〈101 年度專技高考 _ 牙醫師〉

(A) 世代研究法

(B) 病例對照研究法

(C) 臨床試驗法

(D) 社區試驗法

五、長期比較十個飲水加氟地區與十個非飲水加氟地區居民的死亡率，屬於下列那一種研究法？〈100 年度專技高考 _ 牙醫師〉

(A) 病例對照法（Case-control Study）

(B) 橫斷式研究（Cross-sectional Study）

(C) 臨床試驗（Clinical Trial）

(D) 生態型研究（Ecological SStudy）

六、下列敘述，何者錯誤？〈102 年台大流行病與預醫所甲組碩士考題〉

(A) Case-control study 中可以估計任意的相對風險（Relative Risk）

(B) Case-control study 中可以估計任意的勝算比（Odds Ratio）

(C) Cohort study 中可以估計任意的相對風險（Relative Risk）

(D) Cohort study 中可以估計任意的勝算比（Odds Ratio）

七、今某醫院健康檢查的候診問卷的題項共有六題，需請病患量測後填寫性別 -Gender 、身高 -Height（cm）、體重 -Weight（kg）、血壓 -Blood Pressure（mmHg）、是否爲低收入戶（Low-income families）、以及看診科別 -Department，請問名義（類別）變數有____個；尺度（連續）變數有____個

八、名義尺度（Nominal Scale）與等距尺度（Interval Scale）何者涵蓋訊息較多？

第二章 SPSS 基本功能介紹與視窗功能操作

2.1 SPSS 視窗

常用視窗有下列四種，

1. 資料編輯視窗：主要用以呈現欲分析之資料，並可在此視窗編輯資料。

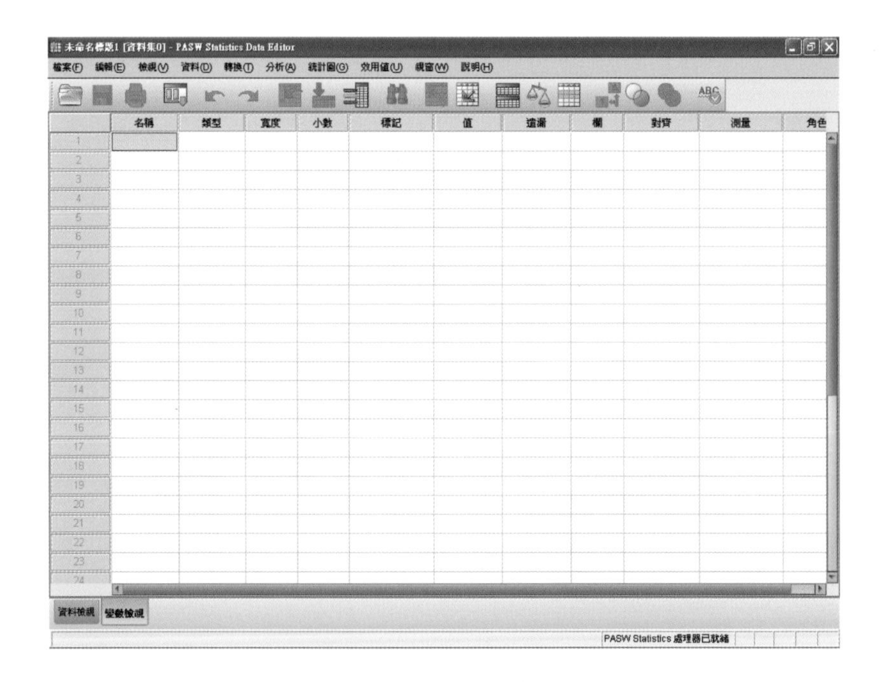

2. 輸出視窗：主要用以顯現分析結果，並可編修或儲存報表。

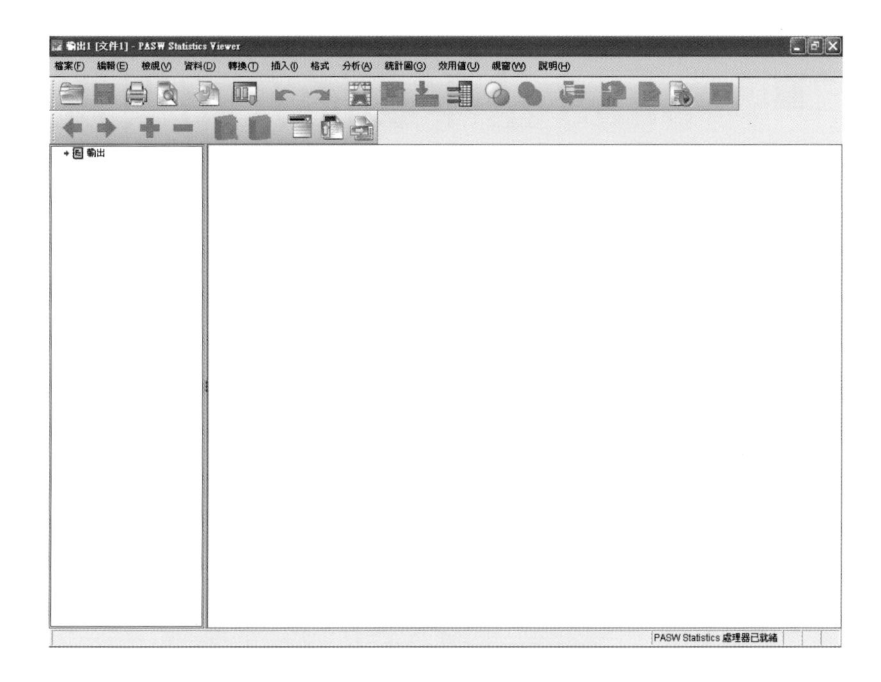

3. 圖形編輯視窗：在此視窗編修或儲存圖形。

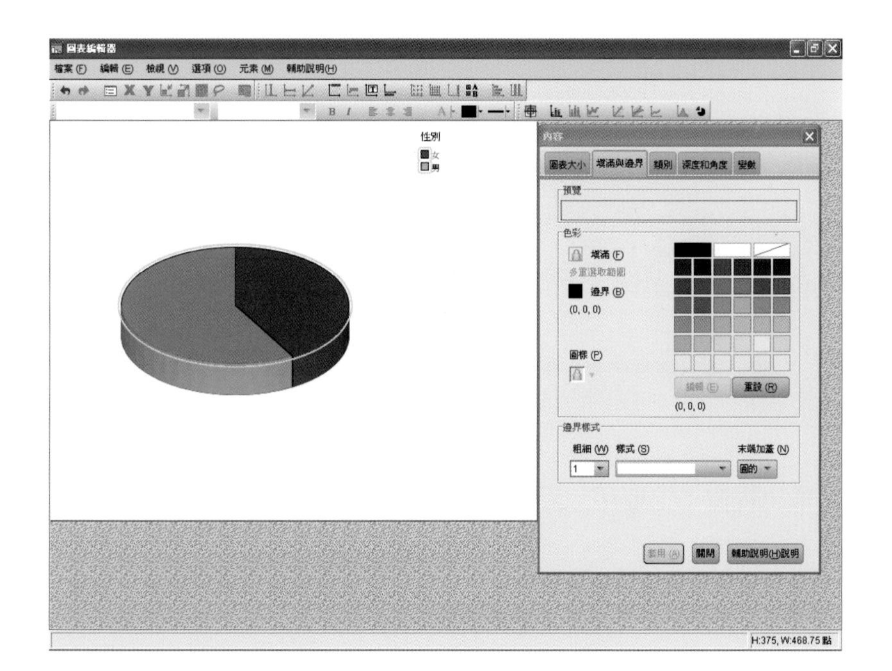

4. 語法視窗：主要用以顯現分析相對應之 SPSS 語法程式，在此同樣可編修或儲存程式。

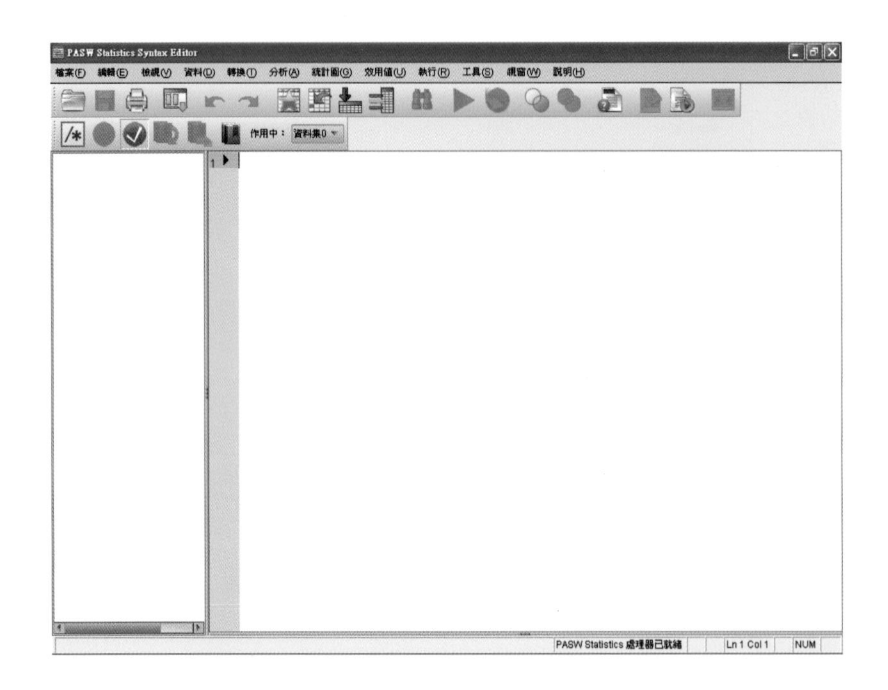

2.2 SPSS 的資料編輯視窗

一、資料編輯視窗之功能表列之各項功能

1. 檔案：包含和檔案有關之操作，如開新、舊檔，以及匯出資料檔等。

2. 編輯：編輯文件有關之操作指令，如剪下、複製、貼上等，以及系統之選項。

3. 檢視：設定視窗屬性，如顯現、隱藏視窗工具列等。

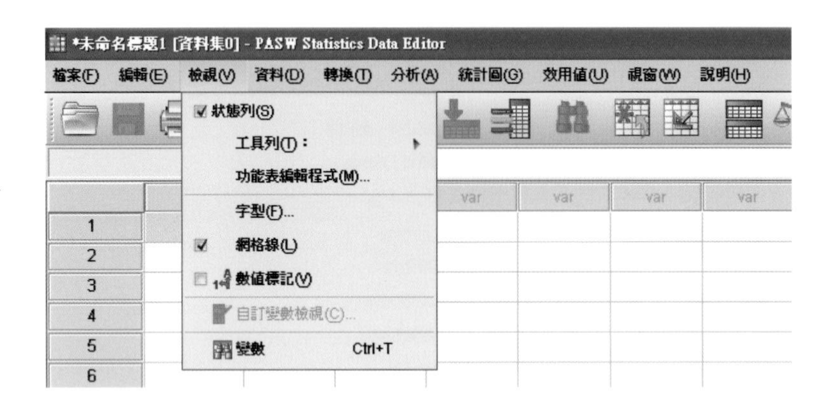

4. 資料：包含排序、整合、分割、篩選資料檔等有關之操作指令。

5. 轉換：包含轉換資料檔有關之操作指令，如計算資料、重新編碼、類別化資料等。

6. 分析：包含執行各種統計分析有關之操作指令，如敘述統計、比較平均數法、迴歸分析、無母數檢定等。

7. 統計圖：產生各種統計圖有關之操作指令，如長條圖、折線圖、圓餅圖、資料散佈圖等。

8. 效用值：包含各種顯現資料檔案訊息、功能表屬性變更有關之操作指令。

9. 視窗：轉換、分割視窗、或縮小視窗。

10.說明：產生各種不同功能之輔助說明。

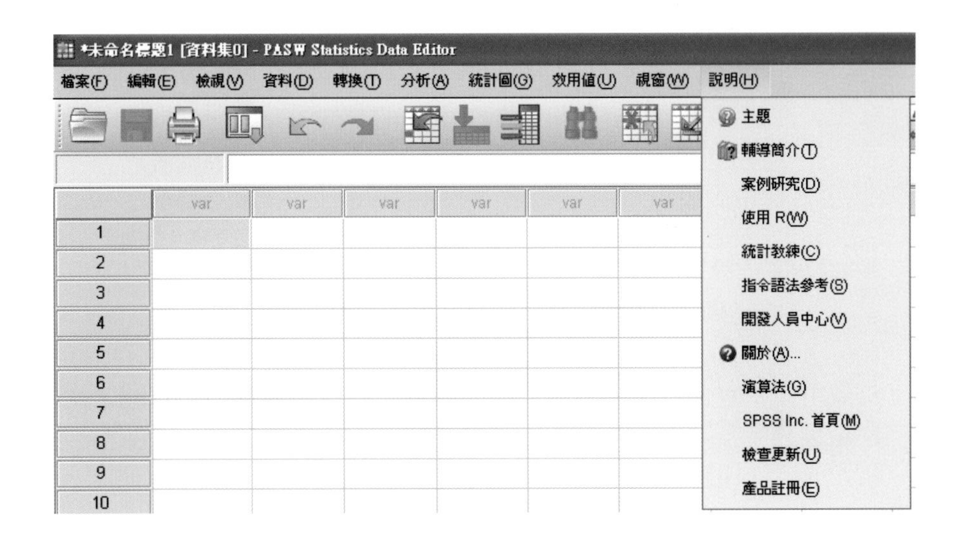

二、SPSS 的細部介面簡介

1. 工具列

(1) 資料編輯視窗之工具列按鈕：

(2) 輸出視窗之工具列按鈕：

按鈕各項功能敘述如下：

：開啓檔案

：儲存檔案

：列印檔案

：顯現最近曾執行的指令

：復原上一操作

：取消復原操作

：直接跳到某一筆觀察值

：直接跳到某一變數

：顯現變數相關訊息

：尋找某一變數中之某筆資料

：在資料編輯視窗中插入一筆資料（橫列）

：在資料編輯視窗中插入一變數資料（縱列）

：在資料編輯視窗中分割資料

：對資料中某變數作加權

：篩選資料

：在資料編輯視窗中將實際資料數值與標註值作相互切換

：開啓 Use Set 功能

：預覽列印

：將結果輸出

：回到資料編輯視窗

：在輸出視窗中，標出最後一次執行的結果

：關聯的自動執行程式檔

：建立／編輯自動執行程式檔

：執行程式檔

：當同時開啓多個輸出視窗時，指定目前輸出視窗爲執行 SPSS 指令之輸出視窗

：展開輸出視窗裡選取的概要項目

：收合輸出視窗裡選取的概要項目

：顯示輸出視窗選取的項目

：隱藏輸出視窗選取的項目

：輸出視窗插入標題

：輸出視窗新標題

：輸出視窗新文字

2. 狀態顯示列

(1)

1：性別 | 0 | 顯示：2 個變數（共有 2 個）

列數（第 N 筆資料）：第 1 列（第 1 筆資料）

變數：性別

數值：性別的第一筆資料數值是 0

(2)

資料檢視　變數檢視

資料檢視：資料編輯試算表，爲編輯欲處理資料的頁面

變數檢視：變數檢視試算表，爲定義變數屬性的頁面

(3)

PASW Statistics 處理器已就緒		篩選於	加權於	分割依據 性別

PASW Statistics 處理器已就緒：SPSS 處理器已完成（目前處理器沒有在執行其他指令）

篩選於：資料篩選開啓中

加權於：資料加權開啓中

分割依據「變數」：分割資料開啓中

三、SPSS 之各種輔助說明功能

在功能表列的「說明」裡可查閱統計分析的指令與操作方式，分述如下：

1. 主題：輸入要查詢的統計分析標題來查詢相關內容

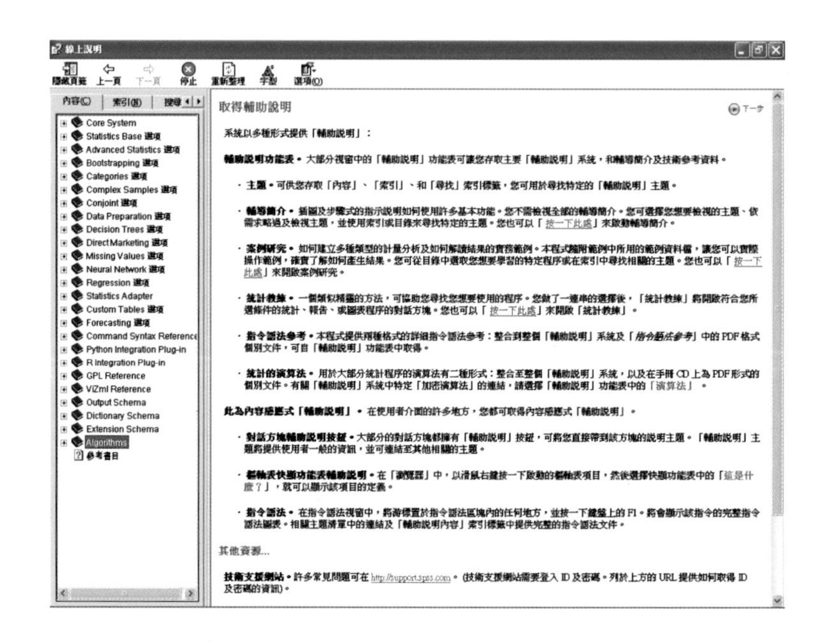

找到的主題
請點選某主題，再按下「顯示」(T)
標題
位置
GLM 多變量選項
GLM 重複測度選項
GLM 選項
成對樣本 T 檢定
單一樣本 T 檢定
複合樣本 Logistic 迴歸統計量
複合樣本一般線性模式統計量
說明主題
顯示(D)
取消

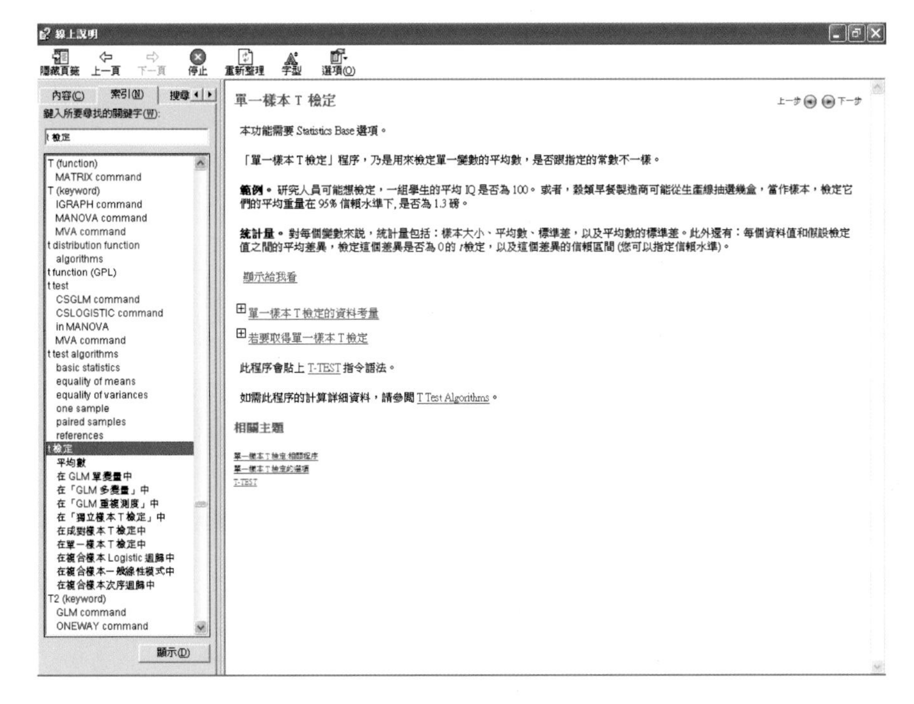
線上說明
隱藏頁籤
上一頁
下一頁
停止
重新整理
字型
選項(O)
內容(C)
索引(N)
搜尋
鍵入所要尋找的關鍵字(W):
t 檢定
T (function)
MATRIX command
T (keyword)
IGRAPH command
MANOVA command
MVA command
t distribution function
algorithms
t function (GPL)
t test
CSGLM command
CSLOGISTIC command
in MANOVA
MVA command
t test algorithms
basic statistics
equality of means
equality of variances
one sample
paired samples
references
t 檢定
平均數
在 GLM 單變量中
在「GLM 多變量」中
在「GLM 重複測度」中
在「獨立樣本 T 檢定」中
在成對樣本 T 檢定中
在單一樣本 T 檢定中
在複合樣本 Logistic 迴歸中
在複合樣本一般線性模式中
在複合樣本次序迴歸中
T2 (keyword)
GLM command
ONEWAY command
顯示(D)
單一樣本 T 檢定
上一步 下一步
本功能需要 Statistics Base 選項。
「單一樣本 T 檢定」程序，乃是用來檢定單一變數的平均數，是否跟指定的常數不一樣。
範例。研究人員可能想檢定，一組學生的平均 IQ 是否為 100。或者，穀類早餐製造商可能從生產線抽選幾盒，當作樣本，檢定它們的平均重量在 95% 信賴水準下，是否為 1.3 磅。
統計量。對每個變數來說，統計量包括：樣本大小、平均數、標準差，以及平均數的標準差。此外還有：每個資料值和假設檢定值之間的平均差異，檢定這個差異是否為 0 的 t 檢定，以及這個差異的信賴區間 (您可以指定信賴水準)。
顯示給我看
單一樣本 T 檢定的資料考量
若要取得單一樣本 T 檢定
此程序會貼上 T-TEST 指令語法。
如需此程序的計算詳細資料，請參閱 T Test Algorithms。
相關主題
T-TEST

2. 輔導簡介：介紹如何使用 SPSS 相關基本操作

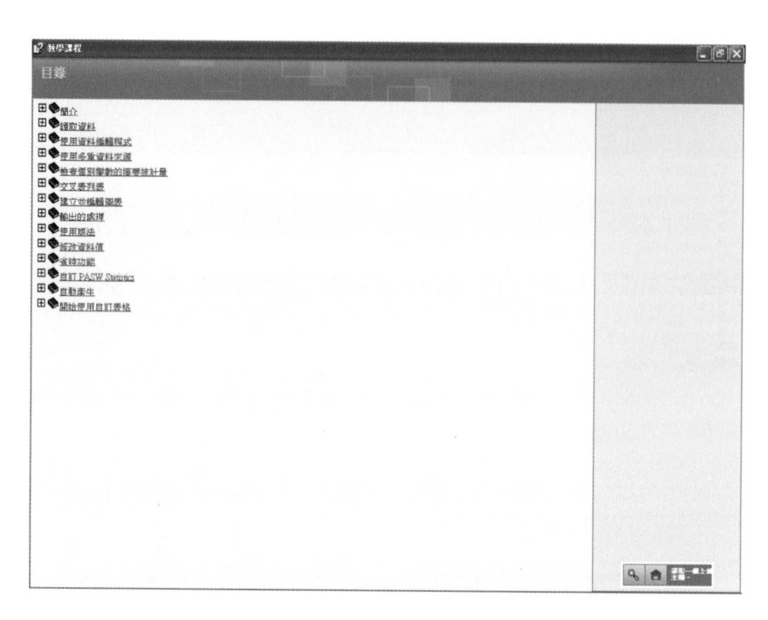

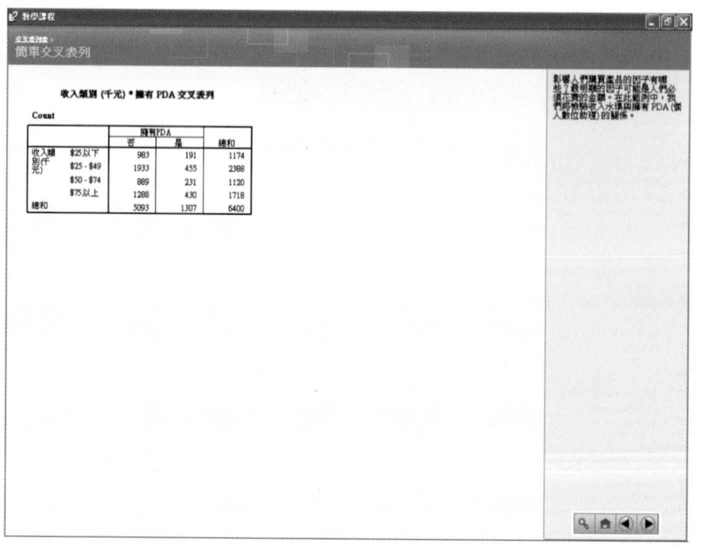

收入類別 (千元) * 擁有 PDA 交叉表列

Count

		擁有PDA		總和
		否	是	
收入類別(千元)	$25以下	983	191	1174
	$25 - $49	1933	455	2388
	$50 - $74	889	231	1120
	$75以上	1288	430	1718
總和		5093	1307	6400

3. 案例研究：可依照不同模組下提供的統計分析去搜尋所需的分析步驟

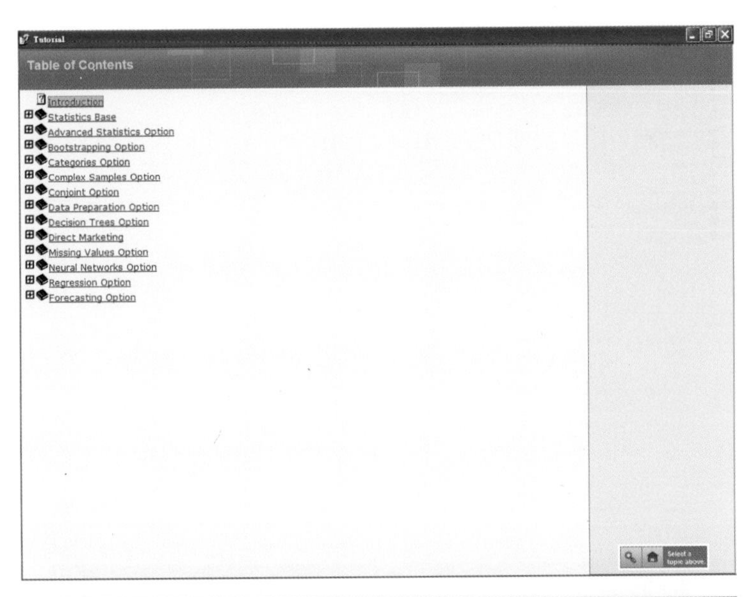

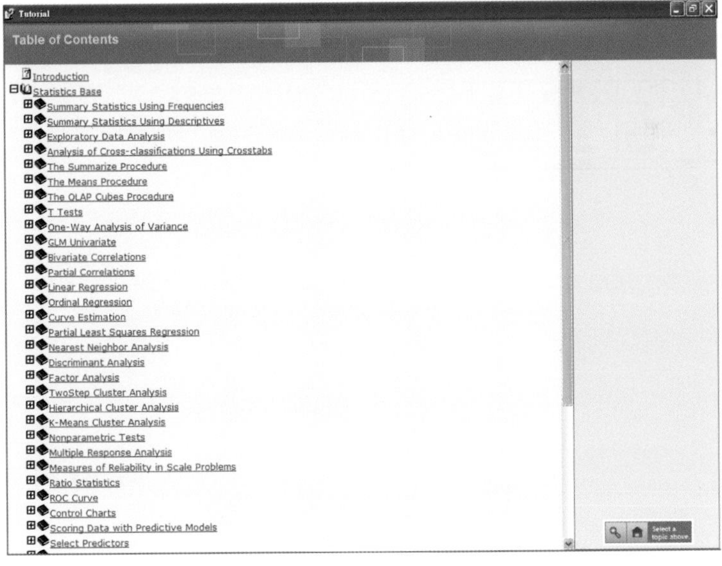

4. 統計教練：當資料編輯視窗有資料時，使用此項功能按鈕，只需回答 SPSS 一系列簡單的問題（例如使用者要處理什麼樣的問題，所欲分析的資料是何種型態，⋯ ），SPSS 即會自動建議應使用 Base 模組內的哪一個統計程序。

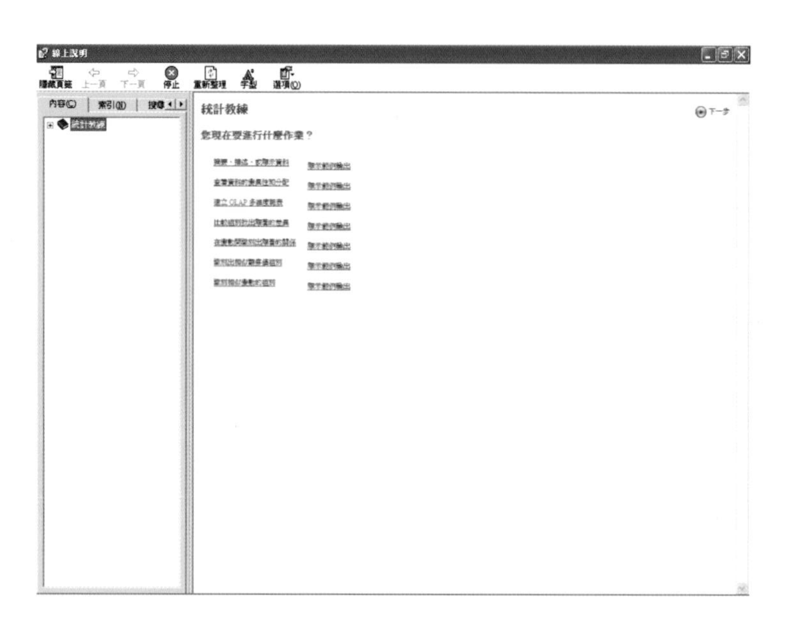

5. 指令語法參考：查詢各種分析之 SPSS 語法指令
6. SPSS Inc. 首頁：連結到 SPSS 公司之全球資訊網站，網站內提供 SPSS 相關資訊及簡易線上教學。
7. 關於：說明 SPSS 的版本與授權

2.3 SPSS 檔案處理

一、SPSS 的檔案副檔名

1. *.sav：SPSS 所產生或儲存的資料檔
2. *.spv：SPSS 執行統計分析後之輸出檔
3. *.sps：SPSS 之程式語法檔

二、SPSS 與其他常用軟體連結檔案副檔名

1. *.xls：Microsoft Office Excel 之資料檔
2. *.dat：Tab-delimited 檔
3. *.mdb：Microsoft Office Access 之資料檔

三、建構新資料檔

直接在 SPSS 上輸入資料步驟如下，

檔案→開啓新檔→資料→編輯資料→儲存→輸入檔名→存檔

【例 2-1】：牙科部病患年齡，將下列患者資料直接輸入在 SPSS 資料檢視視窗裡，並儲存檔案名稱爲 2-1.sav。

王小明　48

林阿信　69

陳小英　35

郭小華　18

四、開啓舊檔

1. 開啓資料檔

檔案→開啓→資料→選定資料夾與檔案類型→選擇欲開啓檔名→開啓

【例 2-2】：開啓【例 2-1】的舊檔 2-1.sav

【例 2-3】：開啓 Excel 舊檔 2-1.xls

【解】

在開啓前需先確認資料第一列是否爲變數名稱，並將 2-1.xls 關閉後再進行 SPSS 軟體的操作。

檔案→開啓→資料→選定檔案類型爲 Excel →選擇 2-1.xls →開啓

2. 開啓 *.dat 或 *.txt 之文書檔形式之資料檔

若資料檔是以 PE2 或漢書編輯，則可透過下列方式將其讀入 SPSS，並轉成 SPSS 之資料檔 *.sav 格式。

檔案→開啓→資料→設定欲開啓檔案類型爲 *.dat 或 *.txt →選擇欲開啓資料檔所在路徑及檔名→進入文字匯入精靈

以 2-1.dat 爲例，開啓檔案如下列步驟所示：

Step1：如相同格示資料重複載入多次，後續載入可應用預先定義的格式，省下後續步驟。

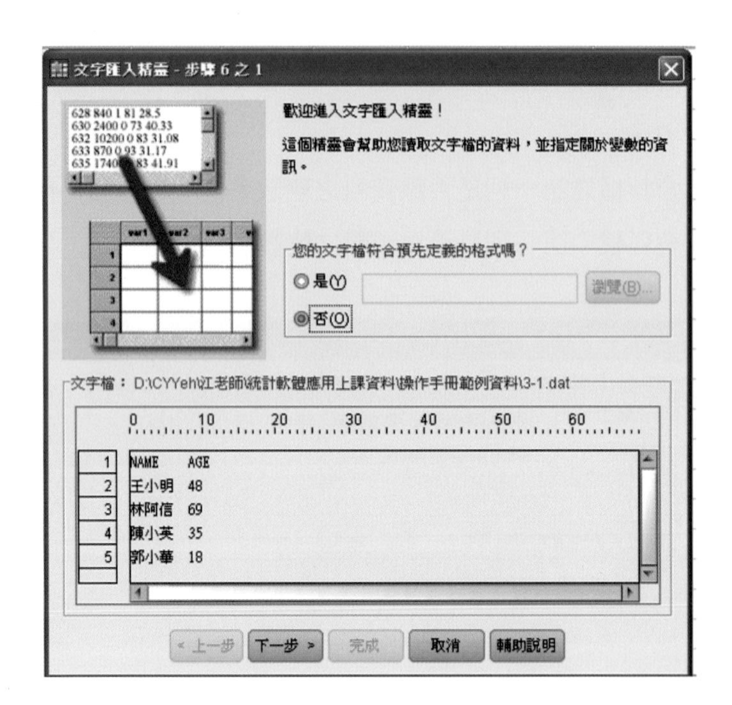

Step2：

a. 確定欲輸入資料檔是以自由格式建立（Delimited，即直接以空格（Space）、Tab 或逗點來區隔資料中變數與變數的間隔）或以固定長度之格式（Fixed width）輸入，可看資料預覽視窗以決定應選擇哪一項。

b. 確定資料檔之第一列是否爲資料之變數名稱，可看資料預覽視窗以確定資料檔中第一列是否爲資料之變數名稱。

Step3：

a. 確定第一筆資料是從資料檔第幾列開始

b. 確定資料檔中幾列代表一筆資料

c. 選擇要輸入幾筆資料

Step4：決定變數間以什麼樣的形式為間隔

a. Tab 鍵

b. 空格（Space 鍵）

c. 逗點（Comma）

d. 分號

e. 其他，選擇此分隔形式，需在其旁邊填入該分隔符號

Step5：定義變數型態與字元寬度，在此可修改變數名稱

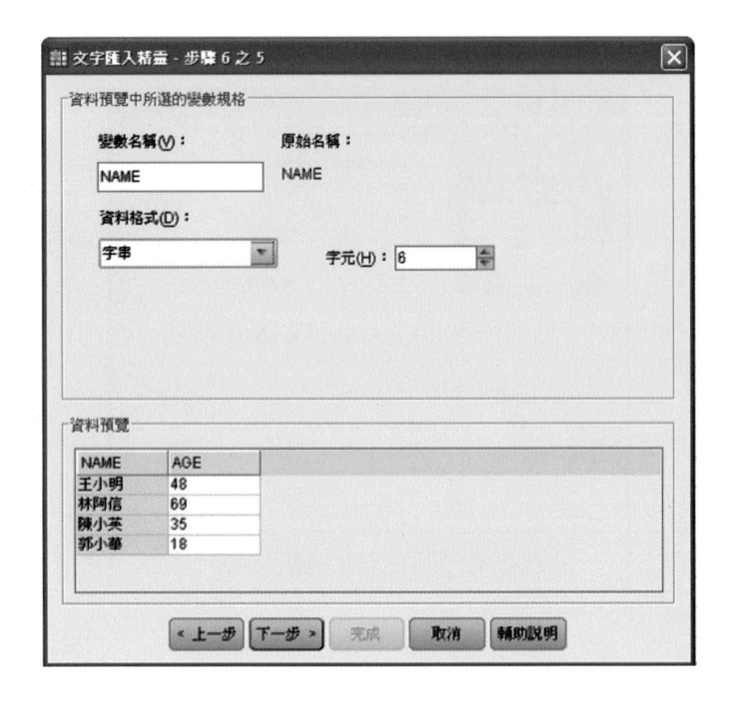

Step6：選擇是否要將目前的資料檔案格式儲存起來以便日後使用。並選擇是否要將之前的執行動作語法貼入語法視窗。

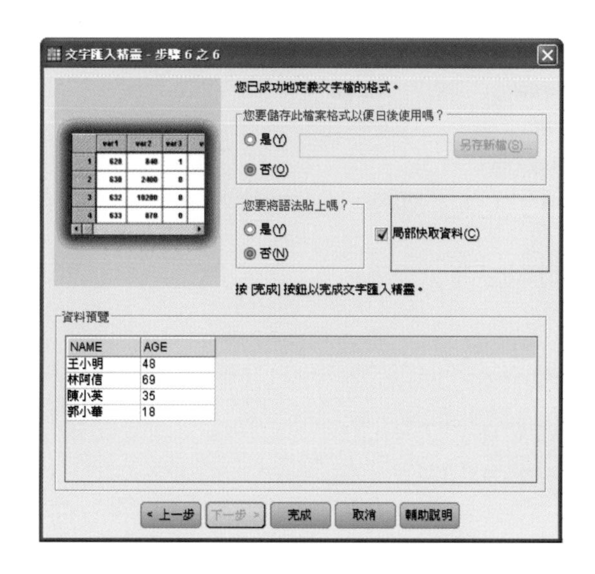

五、檔案訊息的顯示與操作

SPSS 之資料檔 *.sav ，除了原始資料外，還包含資料中各個變數的名稱、型態、變數內容的描述性標註、及變數值所代表的實際意義標註等。

1. 顯現資料檔 2-2.sav 之訊息，並儲存列印訊息

檔案→顯示資料檔資訊→工作檔→儲存爲 2-2 的檔案資訊

變數資訊

變數	位置	標記	測量水準	行寬度	準線	列印格式	寫入格式
SEX	1	性別	名義	1	左	A3	A3
BIRTH	2	出生日期	名義	8	右	SDATE10	SDATE10
LCCAT1	3	顎別	名義	8	右	F1	F1
LOCAT2	4	牙區	名義	8	右	F1	F1
IMP_DATE	5	植牙日期	名義	8	右	SDATE10	SDATE10

2. 應用舊檔之檔案訊息於新資料檔：開啓新檔

資料→複製資料性質→選取欲使用檔案訊息之舊檔→選取變數→完成

2.4 SPSS 資料編輯視窗之操作

一、資料編輯視窗簡介

啓動 SPSS ，系統便會自動開啓 PASW Statistics Data Editor 視窗，出現編修資料的試算表如下：

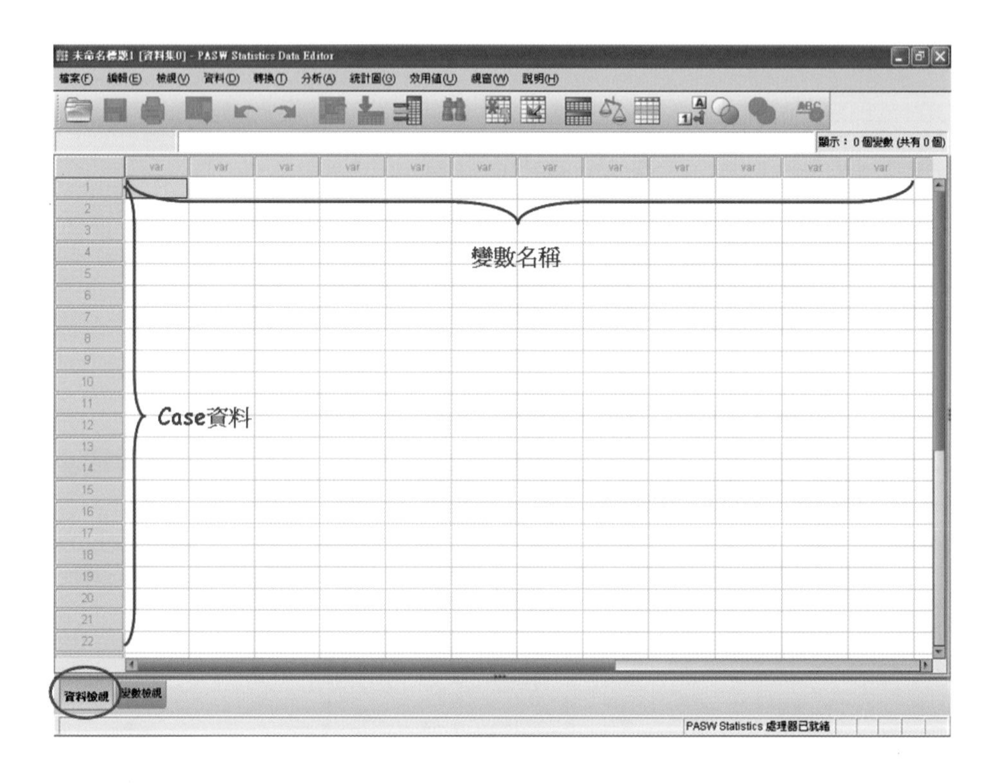

上述試算表中，每一列代表一筆觀測資料；每一行代表一個變數；而每一格即爲某一變數下的某一觀測值。輸入資料時，空格在數值變數下代表遺失值，在文字變數下爲有效之文字內容。

【例 2-4】：牙科部病患資料如下

姓名	初診／複診	年齡	性別
王小明	複診	48	男
林阿信	複診	69	女
陳小英	複診	35	女
郭小華	初診	18	男

姓名	初診／複診	年齡	性別
王小明	2	48	1
林阿信	2	69	0
陳小英	2	35	0
郭小華	1	18	1

上述資料共有 4 筆資料（4 位病患），4 個變數（姓名－病患姓名；初診／複診－病患就醫情形；年齡－病患年齡；性別－病患性別）

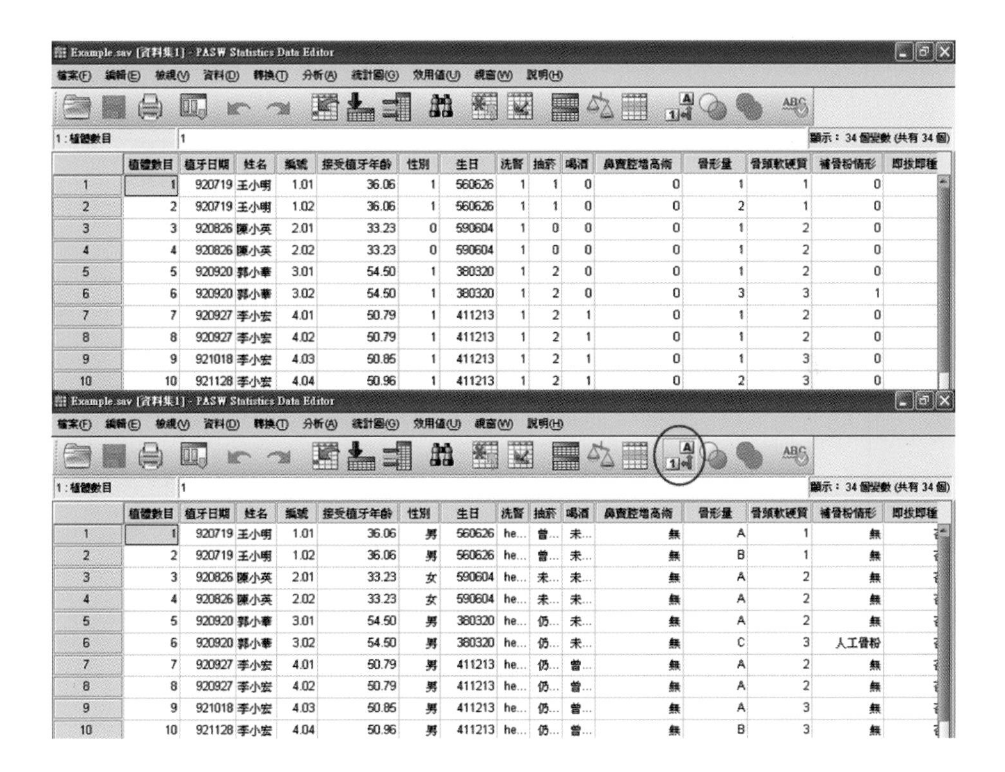

	植體數目	植牙日期	姓名	編號	接受植牙年齡	性別	生日	洗牙	抽菸	喝酒	鼻竇腔增高術	骨形量	骨頭軟硬質	補骨粉情形	即拔即種
1	1	920719	王小明	1.01	36.06	1	560626	1	1	0	0	1	1	0	
2	2	920719	王小明	1.02	36.06	1	560626	1	1	0	0	2	1	0	
3	3	920826	陳小英	2.01	33.23	0	590604	1	0	0	0	1	2	0	
4	4	920826	陳小英	2.02	33.23	0	590604	1	0	0	0	1	2	0	
5	5	920920	郭小華	3.01	54.50	1	380320	1	2	0	0	1	2	0	
6	6	920920	郭小華	3.02	54.50	1	380320	1	2	0	0	3	3	1	
7	7	920927	李小宏	4.01	50.79	1	411213	1	2	1	0	1	2	0	
8	8	920927	李小宏	4.02	50.79	1	411213	1	2	1	0	1	2	0	
9	9	921018	李小宏	4.03	50.85	1	411213	1	2	1	0	1	3	0	
10	10	921128	李小宏	4.04	50.96	1	411213	1	2	1	0	2	3	0	

	植體數目	植牙日期	姓名	編號	接受植牙年齡	性別	生日	洗牙	抽菸	喝酒	鼻竇腔增高術	骨形量	骨頭軟硬質	補骨粉情形	即拔即種
1	1	920719	王小明	1.01	36.06	男	560626	he...	曾...	未...	無	A	1	無	
2	2	920719	王小明	1.02	36.06	男	560626	he...	曾...	未...	無	B	1	無	
3	3	920826	陳小英	2.01	33.23	女	590604	he...	未...	未...	無	A	2	無	
4	4	920826	陳小英	2.02	33.23	女	590604	he...	未...	未...	無	A	2	無	
5	5	920920	郭小華	3.01	54.50	男	380320	he...	仍...	未...	無	A	2	無	
6	6	920920	郭小華	3.02	54.50	男	380320	he...	仍...	未...	無	C	3	人工骨粉	
7	7	920927	李小宏	4.01	50.79	男	411213	he...	仍...	曾...	無	A	2	無	
8	8	920927	李小宏	4.02	50.79	男	411213	he...	仍...	曾...	無	A	2	無	
9	9	921018	李小宏	4.03	50.85	男	411213	he...	仍...	曾...	無	A	3	無	
10	10	921128	李小宏	4.04	50.96	男	411213	he...	仍...	曾...	無	B	3	無	

二、變數內容屬性之定義

定義變數屬性的操作方式：由資料檢視點選轉換至變數檢視，可一一填入變數之各項屬性。

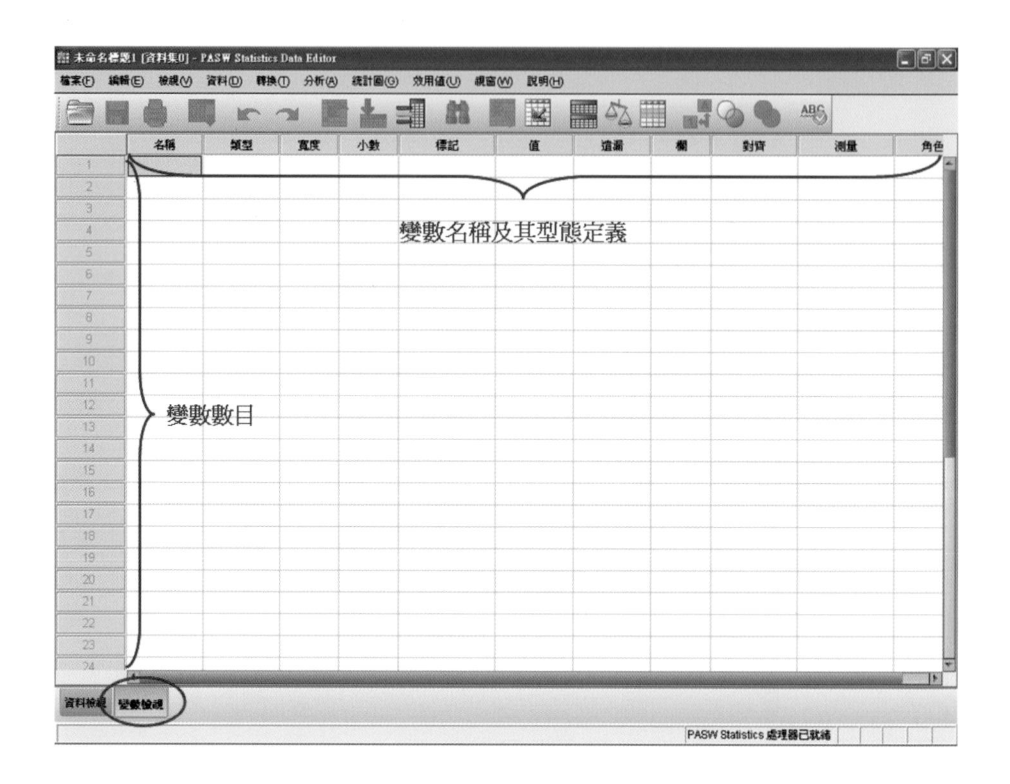

其中

1. 名稱：填入變數名稱，若不填則 SPSS 會以系統預設之變數名（如 VAR00001, …）來命名。規則如下：

   (1) 長度不可以超過 64 個位元（中文字 1 個字爲 2 位元）

   (2) 不可用空格或特殊符號（如 !, *, ?, -, …）命名

   (3) 變數名稱最後一字不可爲句點

   (4) 以英文命名時，大小寫視爲相同

(5) 不可使用 SPSS 保留的關鍵字來命名。保留的關鍵字如下

ALL、NE、EQ、LT、LE、GT、GE、BY、WITH、NOT、OR、AND 及 TO

2. 類型：定義變數之格式型態及變數內容之位元長度，小數點位數

(1) 數值型：變數爲數值變數，可包含正負號及小數。

(2) 逗點：每隔 3 位數字以逗號「,」間隔的數字表現。

(3) 點：以逗號「,」表小數點，每隔 3 位數字則以逗點「.」間隔的數字表現。

(4) 科學記號：變數爲數值，且以科學記號表現。

(5) 日期：變數爲日期時間之資料型態。

(6) 元符號：變數爲金額，包括「$」符號。

(7) 自訂貨幣：變數爲金額，以自訂格式顯示。

(8) 字串：變數爲文字字串資料。

3. 寬度：設定變數之資料內容的實際位元長度。

4. 小數：設定數值變數之資料內容小數位數。

5. 標記：變數之附註標籤，爲變數內容的註解說明，長度最大爲 120 個位元。

6. 值：將變數每一變數值，給定一值標記，長度最大爲 60 個位元。操作方式爲在「數值註解」的「值」輸入變數值，然後在「標記」輸入欲加註的值標記，再按新增。欲修改值標記，則先於清單中選取欲修改之值標記，再在對應之方塊修改，並按變更。欲取消值標記，則先於清單中選取欲取消之值標記，並按移除。

7. 遺漏：定義用什麼值來代表使用者設定遺失值，若變數爲數值變數，則系統預設爲無遺漏值，表示不設定使用者遺失值即以空白示之。

8. 欄：編輯視窗中變數顯現出來欄位寬度，系統預設爲變數定義之位元長度。當改變預設值時，只會改變變數顯現出來的欄位寬度，變數原始定義的實際寬度屬性不會改變。當變數原始定義的寬度較長時，資料在顯現時會被截斷。
9. 對齊：設定變數輸入時，輸入內容對齊的方式，分爲靠左對齊、置中對齊、靠右對齊－系統預設。
10. 量：定義變數之量尺。分爲尺度（數值資料之等距尺度或等比尺度），次序的（順序尺度），名義（名目尺度）。其中次序的或名義尺度可爲文字資料或數值資料。
11. 角色：依照預設值，會爲所有變數指定輸入角色。角色指派是應用於部分對話方塊支援預先定義角色，可用來預先選取變數進行分析。可用的角色有輸入（自變數）、目標（依變數）、兩者（變數做爲輸入和輸出）、無、區隔以及分割。

Example.sav [資料集1] - PASW Statistics Data Editor

檔案(F)　編輯(E)　檢視(V)　資料(D)　轉換(T)　分析(A)　統計圖(G)　效用值(U)　視窗(W)　說明(H)

	名稱	類型	寬度	小數	標記	值	遺漏	欄	對齊	測量	角色
1	植體數目	數字的	2	0		無	無	6	靠右	尺度(S)	輸入
2	植牙日期	數字的	8	0		無	無	6	靠右	尺度(S)	輸入
3	姓名	字串	15	0		無	無	4	靠左	名義(N)	輸入
4	編號	數字的	8	2		無	無	4	靠右	名義(N)	輸入
5	接受植牙年齡	數字的	8	2		無	無	9	靠右	尺度(S)	輸入
6	性別	數字的	8	0		{0, 女}...	無	4	靠右	名義(N)	輸入
7	生日	數字的	8	0		無	無	6	靠右	尺度(S)	輸入
8	洗腎	數字的	8	0		{1, healthy}...	無	3	靠右	次序的(O)	輸入
9	抽菸	數字的	8	0		{0, 未曾有}...	無	3	靠右	次序的(O)	輸入
10	喝酒	數字的	8	0		{0, 未曾有}...	無	3	靠右	次序的(O)	輸入
11	鼻竇腔增高術	數字的	8	0		{0, 無}...	無	10	靠右	名義(N)	輸入
12	骨形量	數字的	8	0		{1, A}...	無	7	靠右	次序的(O)	輸入
13	骨頭軟硬質	數字的	2	0		無	無	7	靠右	次序的(O)	輸入
14	補骨粉情形	數字的	8	0		{0, 無}...	無	8	靠右	名義(N)	輸入
15	即拔即種	數字的	8	0		{0, 否}...	無	7	靠右	名義(N)	輸入
16	植牙位置	數字的	2	0		無	無	6	靠右	名義(N)	輸入
17	植體寬度	數字的	3	2		無	無	6	靠右	次序的(O)	輸入
18	植體長度	數字的	5	2		無	無	6	靠右	次序的(O)	輸入
19	假牙基座與...	數字的	8	0		{0, 尚未三階...	無	11	靠右	名義(N)	輸入
20	成敗	數字的	8	0		{0, censore...	無	4	靠右	名義(N)	輸入
21	診所別	數字的	8	0		{1, AA}...	無	5	靠右	尺度(S)	輸入
22	植體寬度二級	數字的	8	0		{1, 窄(D<5m...	無	9	靠右	次序的(O)	輸入
23	植體長度三級	數字的	8	0		{1, 短(L<10...	無	9	靠右	次序的(O)	輸入
24	職業別四級	數字的	8	0		{1, 工}	無	8	靠右	名義(N)	輸入

資料檢視　變數檢視

PASW Statistics 處理器已就緒

三、變數屬性定義之複製

當資料中有多個變數之屬性定義均相同，則可使用下列操作方式來簡化定義變數屬性的程序。操作方式如下：

1. 點選欲複製之屬性使其反白→編輯→複製→點選新變數相對應之屬性的空格→編輯→貼上
2. 將滑鼠移動至欲複製屬性之變數列號並點選使整列反白→編輯→複製→點選新變數→編輯→貼上

【例 2-5】：研究者欲了解北醫牙科部植牙病患的術後狀況，記錄植牙病患基本狀況部份問卷資料如下所示：

1. 使用的植體廠牌爲：1) Q-Implant　2) OCO Implant

2. 病患性別爲：1) 女　2) 男

3. 植入牙位之顎別爲：1) 上顎　2) 下顎

4. 植入牙位之牙區爲：1) 前牙　2) 小臼齒　3) 大臼齒

5. 植體之寬度

6. 植體之長度

7. 病患是否有抽菸之習慣：1) 否　2) 是

8. 病患是否有磨牙之習慣：1) 否　2) 是

(1) 已蒐集下列資料，請將下列資料建立成 ASCII 資料檔（2-5.dat）其中各變數之欄位，NO(1-2)；IMP(3)；SEX(4)；LOCAT_1(5)；LOCAT_2(6)；IMP_W(7-9)；IMP_L(10-13)；SMOKE(14)；GRIND_T(15)

```
0111114.014.010        0311124.012.010
0211114.014.010        0411124.012.010
0511134.510.010        1410113.514.001
0611134.510.010        1510113.512.001
0711214.014.010        1610113.512.001
0811214.014.010        1710114.012.001
0911224.012.010        1810114.012.001
1011224.012.010        1920235.010.001
1111234.510.010        2020235.010.001
1211234.510.010        2120235.010.001
1310113.514.001        2220235.010.001
```

(2) 上述資料譯碼表如下：

欄位	變數名稱	變數標記	變數值	變數值標記
1-2	NO	植體編號		
3	IMP	植體廠牌	1 2	Q-Implant OCO Implant
4	SEX	性別	0 1	女 男
5	LOCAT_1	顎別	1 2	上顎 下顎
6	LOCAT_2	牙區	1 2 3	前牙 小臼齒 大臼齒
7-9	IMP_W	植體寬度		
10-13	IMP_L	植體長度		
14	SMOKE	是否有抽菸	0 1	否 是
15	GRIND_T	是否有磨牙	0 1	否 是

試將上述資料檔輸入 SPSS 中，並將其依照上述譯碼表建立成 SPSS 資料檔（2-5.sav）。

四、資料之輸入與編修

1. 資料輸入：定義完資料中之變數屬性後，接著可依 SPSS Data Editor 視窗左上角的狀態顯示列，對應列號及變數名稱，在各工作格輸入資料。
2. 資料修改：直接在欲修改之工作格位置輸入新值。
3. 變數之加入或刪除：

(1) 變數之加入：欲於二變數間加入一新變數，則可在此二變數之

右側變數點選一下，再按編輯→插入變數。

(2) 變數之刪除：點選欲刪除之變數使之反黑，再按右鍵清除或編輯→清除。

4. 資料列之加入或刪除：

(1) 資料列之加入：欲於二資料列間加入一新資料列，則可在此二資料列之下側列點選一下，再按編輯→插入觀察值。

(2) 資料列之刪除：點選欲刪除之資料列使之反黑，再按右鍵清除或編輯→清除。

5. 資料值之剪下、複製、貼上：使用方式與 Excel 相同，先選擇要剪下、複製或貼上的區域，然後再按下編輯→剪下、編輯→複製、或編輯→貼上。

五、尋找資料

當資料檔有很多變數或很多資料時，要尋找某一筆特定的資料時可用下列方法簡化找尋的步驟。

1. 找尋特定變數：

編輯→直接跳到變數→點選欲找尋之變數名稱→移到

效用值→變數→點選欲找尋之變數名稱→到

2. 找尋特定列：

編輯→直接跳到觀察值→點選欲找尋之觀察值號碼→移到

3. 在某一變數下找尋特定內容資料：

移動到欲找尋之變數下的任一格→編輯→尋找→輸入欲找尋之資料內容→找下一筆

尋找與置換 - 資料檢視
欄：
尋找(N)：1
置換(E)
置換為(P)：
顯示選項(H) >>
找下一筆 (F)　置換 (R)　全部置換(A)　關閉　輔助說明

六、資料編輯視窗之系統環境設定

1. 字型之設定：檢視→字型

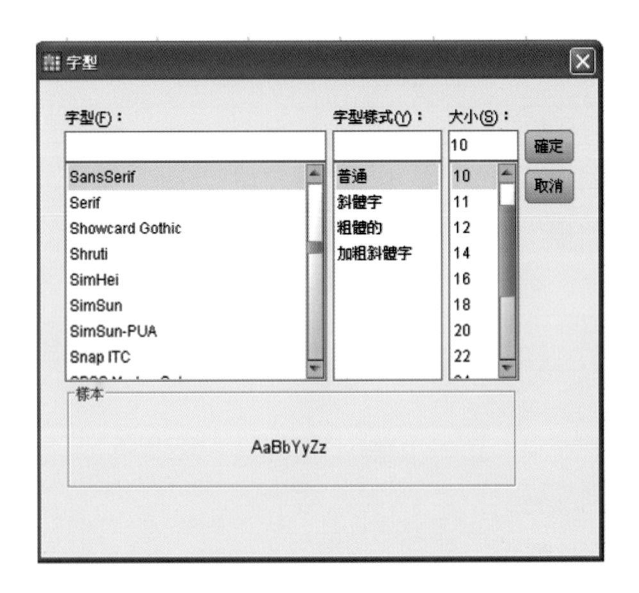

2. 格線之顯現或隱藏：檢視→勾選網格線與否

3. 網資料原始值與資料標記值之轉換：檢視→勾選數值標記與否

七、資料檔案之開啓、關閉、列印與儲存

1. 開啓資料檔

(1) 開啓新資料檔：檔案→開啓新檔→資料

(2)開啓舊資料檔：檔案→開啓→資料

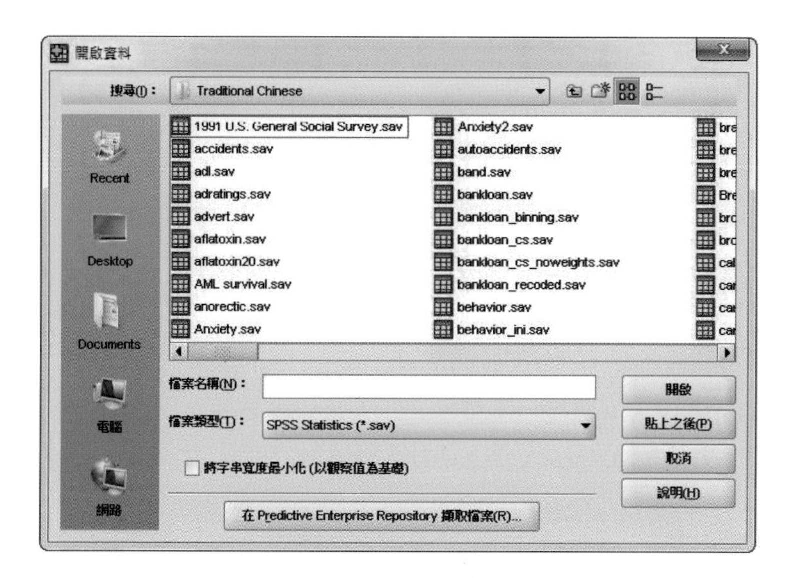

2. 關閉資料檔：檔案→結束

3. 列印資料檔：檔案→列印

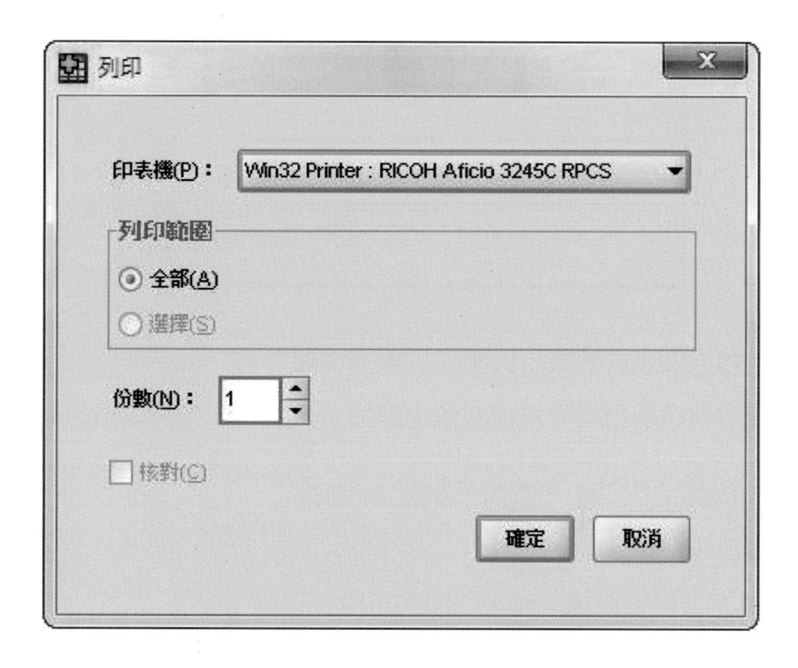

4. 儲存資料檔

(1) 儲存舊資料檔：檔案→儲存

(2) 儲存新建資料檔：檔案→另存新檔

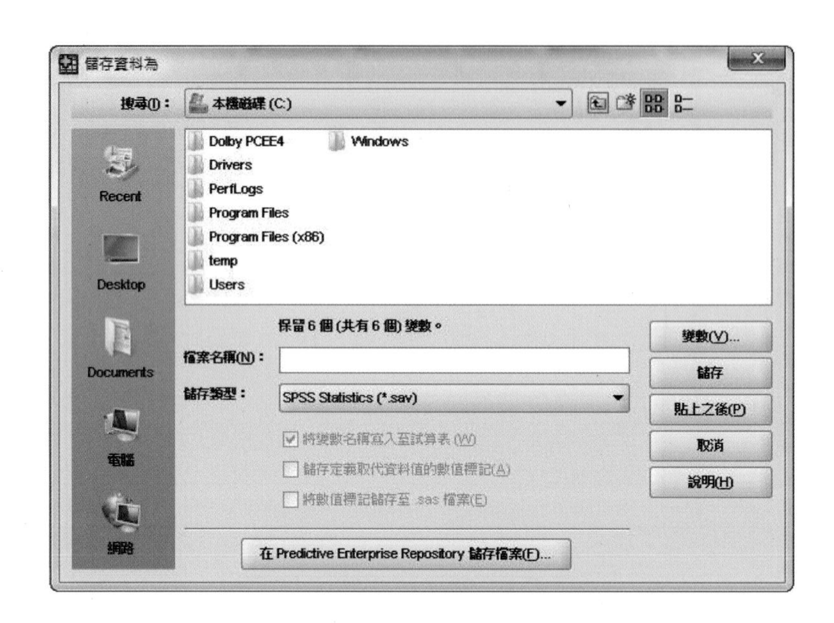

2.5 SPSS Viewer 視窗之操作

一、SPSS Viewer 視窗簡介

一執行 SPSS 之各種統計程序，SPSS 系統便會自動開啓 SPSS Viewer 視窗，將執行後各項統計分析的結果輸出於此視窗中，使用者可對輸出之結果，進行編修以符合所需之效果。並可將輸出檔存成 *.htm 、*.txt 、*.spv 檔。

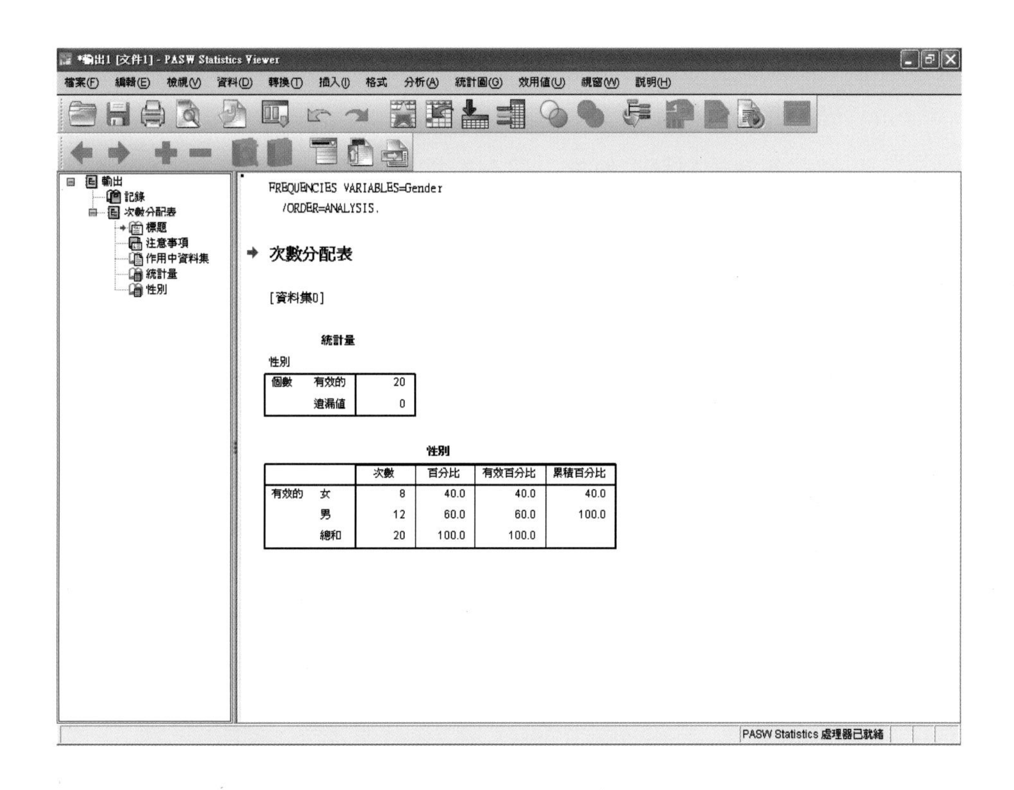

二、SPSS Viewer 輸出檔開啓、關閉、列印、與儲存

1. 開啓輸出檔

   (1) 開啓新輸出檔：檔案→開啓新檔→輸出

   (2) 開啓舊輸出檔：檔案→開啓→輸出

2. 關閉輸出檔：檔案→結束

3. 列印輸出檔：檔案→列印

4. 儲存輸出檔

   (1) 儲存舊資料檔：檔案→儲存

   (2) 儲存新建資料檔：檔案→另存新檔

三、SPSS 執行結果之輸出視窗的指定

SPSS 可同時開啓多個輸出視窗，欲指定現行 SPSS 之執行結果輸出於哪一個視窗，可在選定輸出視窗的工具列按下 。

2.6 習題

一、請將 Exercise2-1.xls 匯入 SPSS，其譯碼簿請參閱檔案中的另一活頁，說明不含病患編號（NO）外之名義（類別）變數有幾個？尺度（連續）變數有幾個？

二、某教學醫院牙科研究人員使用植體穩定度測量儀，記錄患者植牙部位測得的扭力數值，於 Excel 檔案裡，請將 Exercise2-2.xls 輸入或匯入 SPSS，以進行後續章節敘述統計之應用。

第三章 SPSS 資料檔之整合、篩選等各種處理與變數轉換

3.1 SPSS 資料檔處理

一、資料之重新排列（Sort Cases）與轉置（Transpose）

1. 欲將資料檔依某種方式排序，可操作如下：

資料→觀察值排序→選擇欲排序之變數→選定欲排序之方式→確定

【例 3-1】：開啓資料檔 3-1.sav，研究者欲將資料回復以按照 Case Number 順序排列，操作方式如下所示：

【解】

資料→觀察值排序→將 CaseNumber 變數選入→選擇預設之遞增排列方式→確定

2. 欲將資料檔作矩陣轉置（觀測值與變數之轉置），可操作如下：

資料→轉置→選擇欲轉置之變數→設定轉置後新變數名稱（亦可由 SPSS 內定之 var00001, var00002, … 方式呈現）→確定

二、資料檔之合併（Merge File）

1. 資料檔之垂直合併

欲將兩資料檔作垂直合併，可操作如下：

資料→合併檔案→新增觀察值→選擇欲合併的開啓資料集或輸入欲合併的外部檔名及其路徑→繼續→確定合併後新資料集之變數→確定

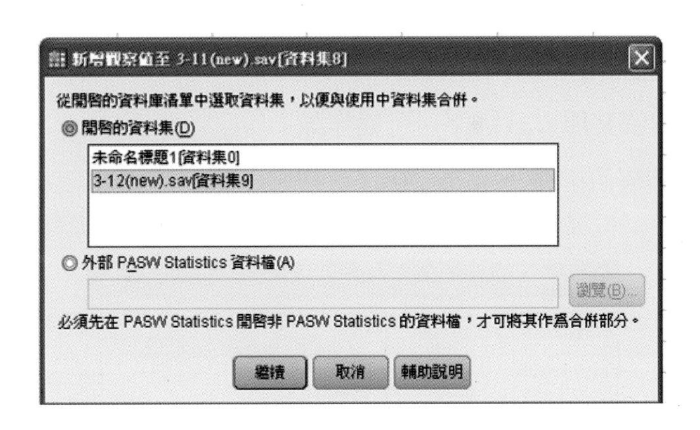

【例3-2】：開啓資料檔3-2-1.sav（50筆資料），研究者欲將其與3-2-2.sav（50筆資料）作垂直的觀察值合併，其中合併後的新資料集（共100筆資料）將不匯入「DATE」變數，操作方式如下所示：

【解】

資料→合併檔案→新增觀察值→選擇欲合併的3-2-2.sav→繼續→在新作用中資料集中變數點選「DATE」至非配對的變數欄裡→確定

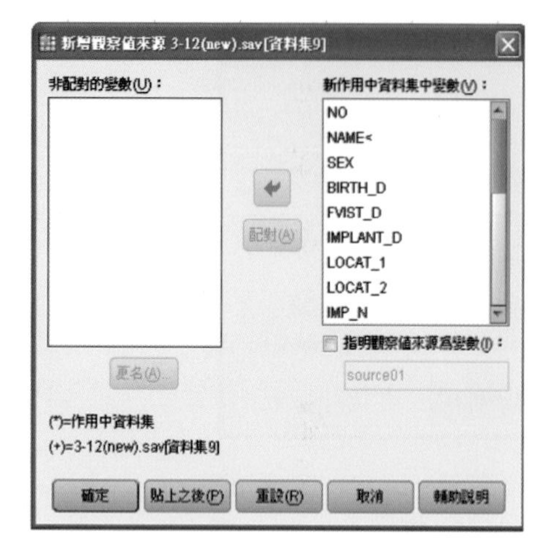

其中

(1) 非配對的變數：列出兩合併檔案不相同未對應之變數，屬於現行工作檔的變數會加註（*）；屬於外部資料檔的變數會加註（+）。

(2) 更名：當資料相同只是變數名稱不同，可用 Rename 直接更改變數名。

(3) 新作用中資料集中變數：選定合併後新資料檔之變數。

(4) 指明觀察值來源爲變數：顯示合併後資料檔每一筆觀測值是來自哪一資料檔，「0」表示來自原工作檔；「1」表示來自外部資料檔。

2. 資料檔之水平合併

欲將兩資料檔作水平合併，可操作如下

資料→合併檔案→新增變數→選擇欲合併的開啓資料集或輸入欲合併的外部檔名及其路徑→開啓舊檔→確定合併後新資料集之變數→確定

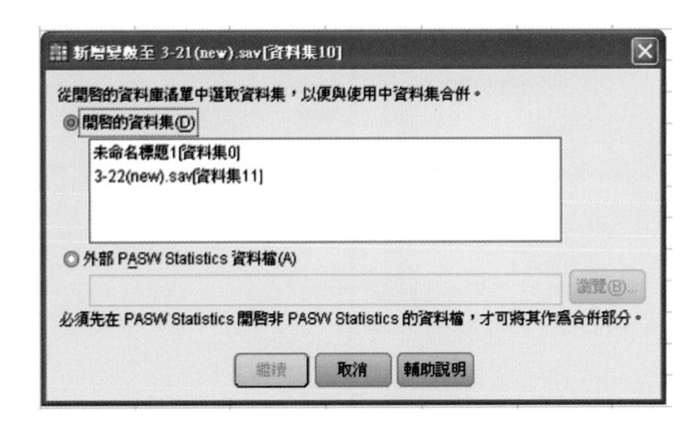

【例 3-3】：開啓資料檔 3-3-1.sav（4 個變數），研究者欲將其與 3-3-2.sav（6 個變數）作水平的合併，其中關鍵變數爲「NO」，合併後新資料集共有 9 個變數，操作方式如下所示：

【解】

資料→合併檔案→新增變數→選擇欲合併的 3-3-2.sav →繼續→勾選匹配已排序檔案關鍵變數的觀察值→將變數「NO」選入關鍵變數欄→確定

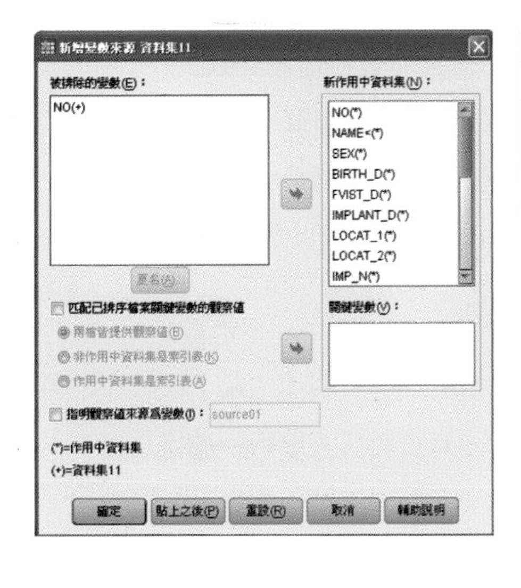

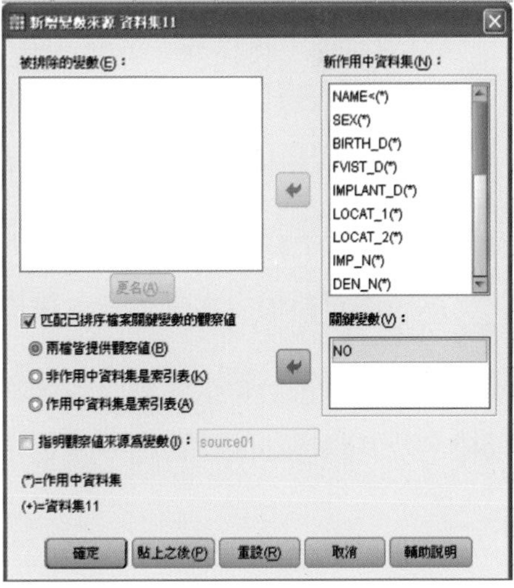

其中

(1) 被排除的變數：兩合併檔案重疊的變數，未包含在合併之工作檔。若欲將重疊之變數加入合併工作檔，可按更名更改變數名後再加入。

(2) 新作用中資料集：合併後新工作檔之變數。

(3) 勾選匹配已排序檔案關鍵變數的觀察值：當欲合併之兩檔有部分觀測值未對應，可運用關鍵變數來作判別對應的依據，欲合併之兩檔必須已針對關鍵變數作完排序（Sorted）才可使用。其中

a. 兩檔皆提供觀察值：兩檔一一對應觀察值，來提供合併檔之觀察值。

b. 非作用中資料集是索引表：以欲合併之外部檔爲合併查詢檔，若其有某一觀察值不在工作檔上，則不放入合併檔。

c. 作用中資料集是索引表：以工作檔爲合併查詢檔，若其有某一觀察值不在外部資料檔上，則不放入合併檔。

d. 指明觀察值來源爲變數：顯示合併後資料檔每一筆觀測值是來自哪一資料檔，「0」表示來自原工作檔；「1」表示來自外部資料檔

三、資料之整合（Aggregate）

欲將資料檔做某種整合處理，並將整合處理後之結果存成另一資料檔，可操作如下

資料→整合→選定要整合處理之分類變數→選擇要整合處理之變數→選擇整合處理之方式（選定整合函數）→選擇整合處理後檔案儲存方式→確定

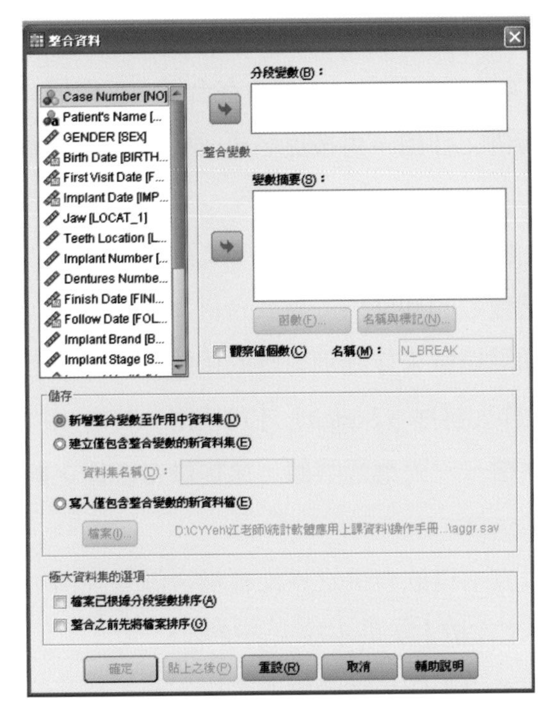

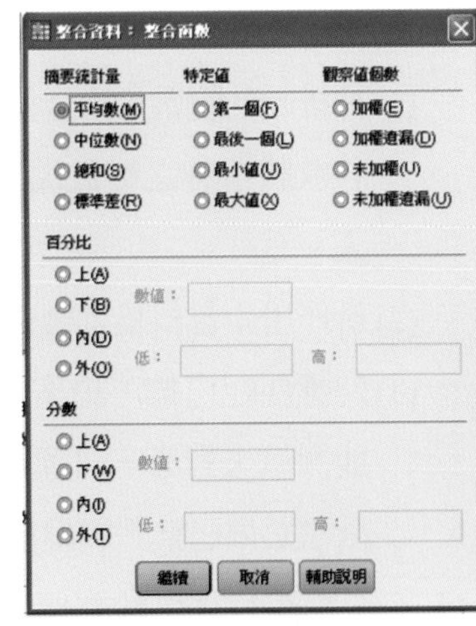

其中

(1) 分段變數：選定欲整合處理之分類變數。

(2) 變數摘要：選定要整合處理之變數。

(3) 函數：選擇整合處理之方式（選定整合函數），SPSS 預設整合函數爲 Mean（平均值）。

(4) 名稱與標記：設定整合後新變數之名稱及附註標籤。

(5) 觀察值個數：將分類後每一分類之資料筆數存成一新的變數資料，SPSS 預設此變數名稱爲 N_BREAK。

(6) 新增整合變數至作用中資料集：儲存新變數的方式爲在工作檔增加整合變數。

(7) 建立僅包含整合變數的新資料集：將整合後結果存成一新的資料檔，SPSS 預設新檔名爲 aggr.sav。

(8) 寫入僅包含整合變數的新資料檔：將整合後結果取代原資料檔，以原資料檔名來存取整合後結果。

【例 3-4】：開啓資料檔 3-1.sav，研究者欲依牙位分類（「LOCAT$_1$」和「LOCAT_2」的組合）後，整合其平均植體存活天數（「SUR_DAY」），並將分類之資料筆數存爲變數 N_BREAK，整合結果存成 3-4.sav 資料檔，操作方式如下所示：

【解】

資料→整合→將「LOCAT$_1$」和「LOCAT_2」選入分段變數→將「SUR_DAY」選入變數摘要→勾選觀察值個數→點選寫入僅包含整合變數的新資料檔並輸入新檔名「3-4.sav」與其儲存路徑→確定

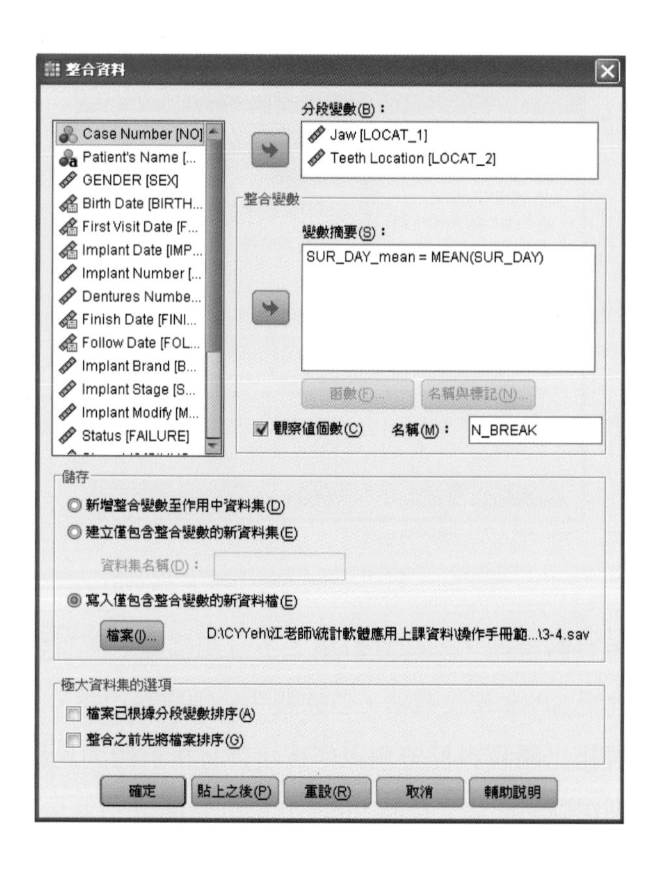

	LOCAT_1	LOCAT_2	SUR_DAY_mean	N_BREAK
1	maxillary	anterior	763.26	27
2	maxillary	premolar	546.51	35
3	maxillary	molar	502.74	35
4	mandible	anterior	864.83	18
5	mandible	premolar	893.92	13
6	mandible	molar	790.36	22

四、檔案之分割（Split File）

欲將資料檔依某一變數值分類，來進行各項統計分析處理，可操作如下：

資料→分割檔案

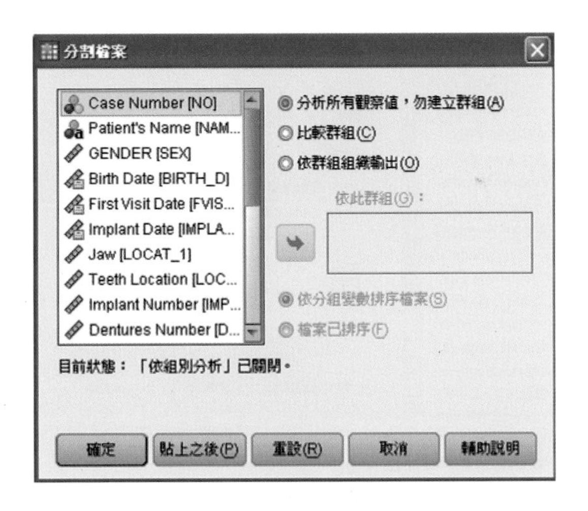

其中

(1) 分析所有觀察值，勿建立群組：不分割檔案，所有資料檔一起分析。此爲 SPSS 預設選項，若欲關閉分割檔案功能，亦選此項。

(2) 比較群組：將資料檔分割以作爲統計分析群體間比較之用，並將結果列在同一張表。此時 SPSS 狀態列會顯現 分割依據 訊息。

(3) 依群組組織輸出：將資料檔分割以作爲統計分析群體間比較之用，並將結果依不同分類個別列在不同表。此時 SPSS 狀態列會顯現分割依據 訊息。

(4) 依分組變數排序檔案：資料尚未依分類變數排序，則欲分類作統計分析前，須先排序。SPSS 預設選項。

(5) 檔案已排序：資料已排序，則可選擇此項以節省處理時間。

(6) 目前狀態：顯現 SPSS 目前是否有分割檔案的狀態。

【例 3-5】：開啓資料檔 3-1.sav ，研究者欲依牙位（「LOCAT$_1$」和「LOCAT_2」的組合）分割資料檔，並分別計算其存活天數之平均數、標準差與偏態係數，並將結果存成 3-5.spv，操作方式如下所示：

【解】

資料→分割檔案→點選比較群組→將「LOCAT$_1$」和「LOCAT_2」選入依此群組裡→確定

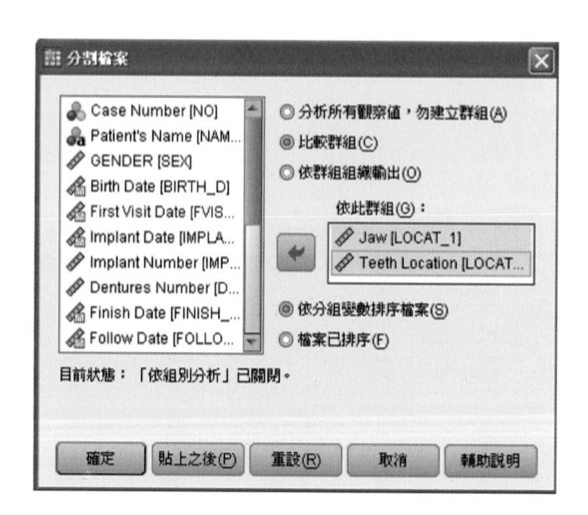

分析→敘述統計→描述性統計量→將「SUR_DAY」選入變數欄→選項→勾選平均數、標準差、偏態→繼續→確定

敘述統計

			個數	最小值	最大值	平均數	標準差	偏態	
Jaw	Teeth Location		統計量	統計量	統計量	統計量	統計量	統計量	標準誤
maxillary	anterior	SUR_DAY	27	77.00	1314.00	763.2593	323.46080	-.128	.448
		有效的 N（完全排序）	27						
	premolar	SUR_DAY	35	29.00	1314.00	546.5143	311.55996	.370	.398
		有效的 N（完全排除）	35						
	molar	SUR_DAY	35	29.00	873.00	502.7429	266.86914	-.024	.398
		有效的 N（完全排除）	35						
mandible	anterior	SUR_DAY	18	659.00	1223.00	864.8333	179.40531	1.282	.536
		有效的 N（完全排除）	18						
	premolar	SUR_DAY	13	659.00	1328.00	893.9231	202.91191	1.612	.616
		有效的 N（完全排除）	13						
	molar	SUR_DAY	22	377.00	1320.00	790.3636	163.3964	.893	.491
		有效的 N（完全排除）	22						

五、資料檔之篩選（Select Cases）

欲依特定條件篩選資料檔以進行分析，可操作如下：

資料→選擇觀察值→選擇欲篩選之方式→確定

其中

(1) 全部觀察值：關閉篩選功能。以全部資料作分析。此為 SPSS 預設選項。

(2) 如果滿足設定條件：利用條件運算式來篩選資料。點選若後出現下列視窗，輸入篩選條件即可篩選出所要的資料。

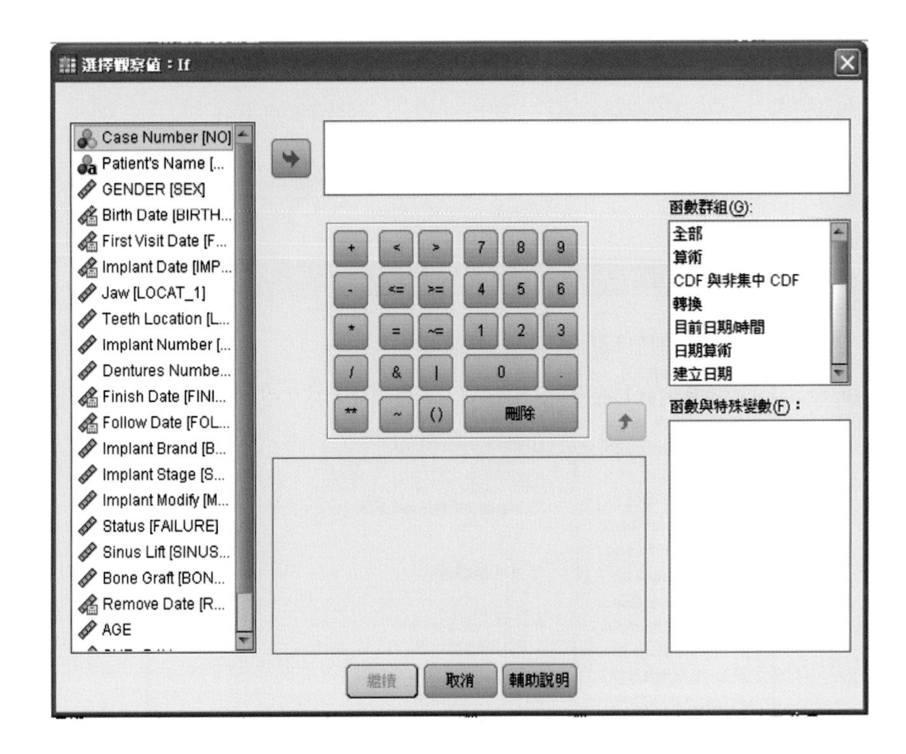

(3) 觀察值的隨機樣本：利用隨機抽樣法抽出資料檔的部分資料。點選樣本後出現下列視窗，設定隨機抽樣之方式後，即可篩選出所需要的資料。

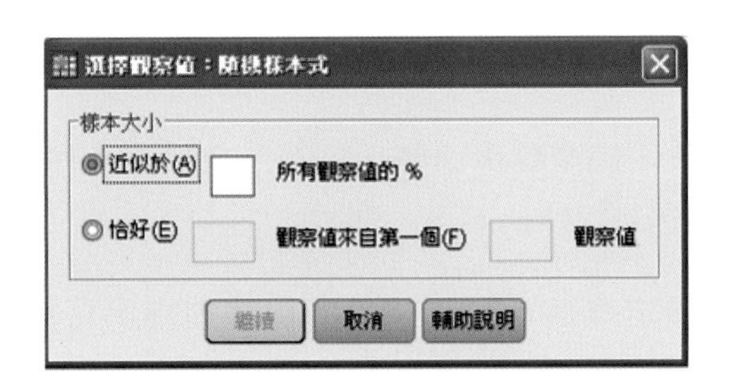

(4) 以時間或觀察值範圍爲準：設定篩選時，選定資料範圍以篩選資料。若爲時間序列資料，可選入所需時段的資料。點選範圍出現下列視窗，設定起訖的範圍後，即可篩選出所需要的資料。

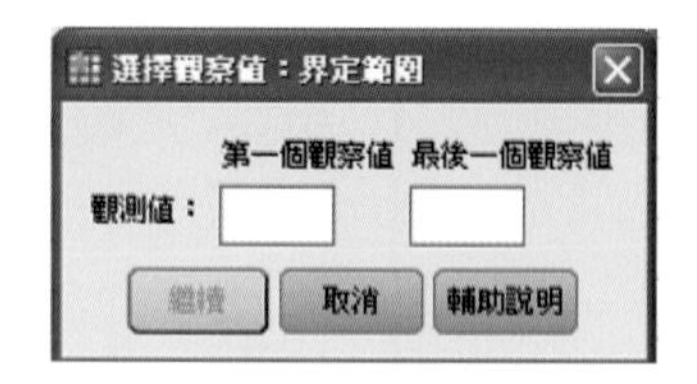

(5) 使用過濾變數：利用檔案中篩選變數值，以篩選資料。當篩選變數值不是 0 或遺失值者，皆會被選入。

(6) 篩選出未選擇的觀察值：未選擇的觀察值不列入分析但保留於資料集內。如果選擇一組隨機樣本或以條件運算式爲基礎選擇觀察值，將產生名爲 filter_$ 的變數，其包含數值 1 的選擇觀察值及數值 0 的未選擇觀察值。

(7) 複製已選擇觀察值至新資料集：選擇的觀察值被複製到新的資料集，不影響原始資料集。

(8) 刪除未選擇觀察值：自資料集刪除未選擇的觀察值。若將變更儲存於資料檔，觀察值便永久刪除。

(9) 目前狀態：顯示目前工作檔被篩選的狀態。

【例 3-6】：開啓資料檔 3-6.sav ，研究者欲計算男性患者接受植牙年齡之平均數與標準差，並將結果存成 3-6.spv ，操作方式如下所示：

【解】

資料→選擇觀察值→點選如果滿足設定條件→若→將「性別」選入並輸入「性別 =1」→繼續→確定

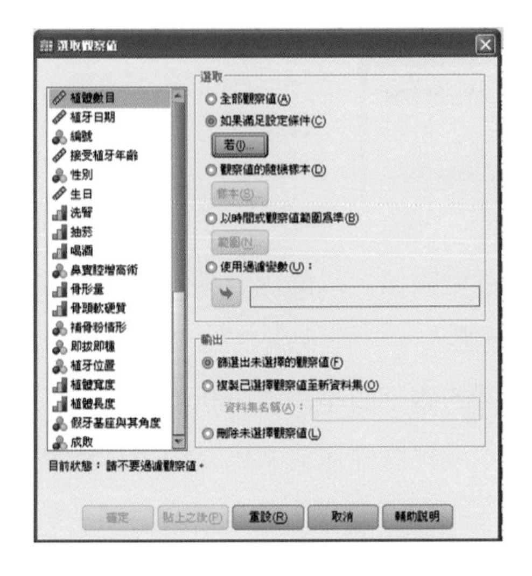

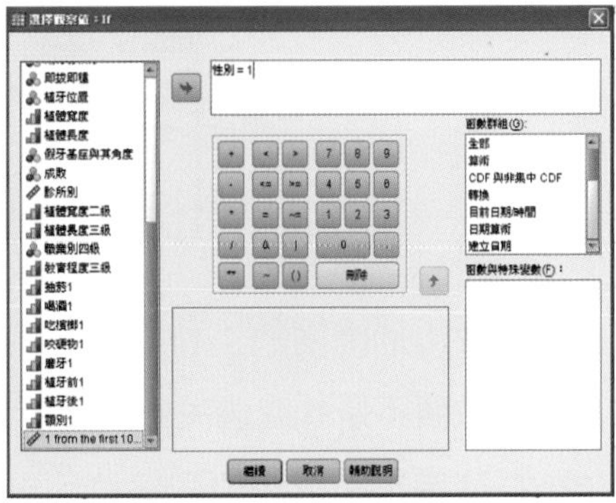

分析→敘述統計→描述性統計量→將「接受植牙年齡」選入變數欄 →選項→勾選平均數、標準差→繼續→確定

敘述統計

	個數	平均數	標準差
接受植牙年齡	13	46.2212	6.76472
有效的 N（完全排除）	13		

【例 3-7】：開啓資料檔 3-6.sav，研究者欲隨機挑選 20% 患者計算接受植牙年齡之平均數與標準差，並將結果存成 3-7.spv，操作方式如下所示：

【解】

資料→選擇觀察值→點選觀察值的隨機樣本→樣本→點選第一個選項並輸入「20」→繼續→確定

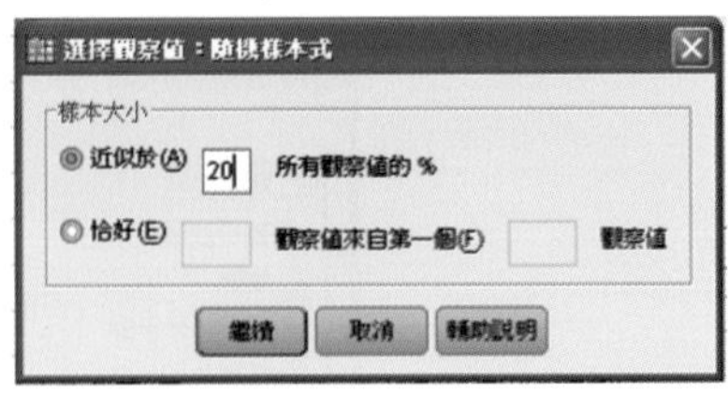

計算方式如【例 3-6】操作方式，本次隨機抽取後的結果如下圖。

敘述統計

	個數	平均數	標準差
接受植牙年齡	7	46.7095	6.79508
有效的 N（完全排除）	7		

六、資料檔的加權處理（Weight Cases）

當資料集不是原始資料檔，而是已經過分類整理的次數分配資料檔，或政府機關執行大型調查時，通常資料集都會給予一加權變數，則可使用下列方式進行加權計算處理：

資料→加權觀察值→選入加權變數→確定

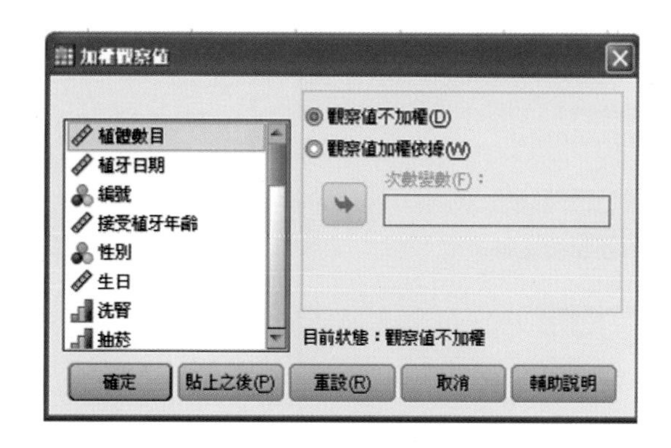

其中

(1)觀察值不加權：此為 SPSS 預設選項，關閉加權之功能。

(2)觀察值加權依據：輸入加權權數之變數名稱。此時 SPSS 狀態列會顯現 加權於 訊息。

(3)目前狀態：顯示目前工作檔之加權的狀態。

【例 3-8】：開啓資料檔 3-4.sav，研究者欲依不同顎別（列）與牙區（欄）設計交叉表表格，並將結果存成 3-8.spv，操作方式如下所示：

【解】

資料→加權觀察值→點選觀察值加權依據並選入「N_BREAK」→確定

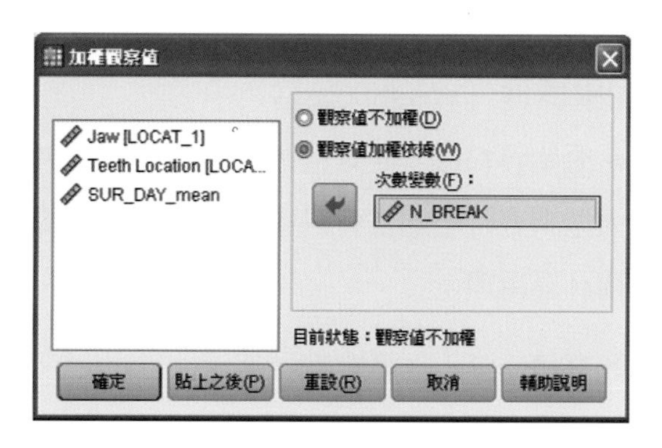

分析→敘述統計→交叉表→將「Jaw」選入列；將「Teeth Location」選入行→確定

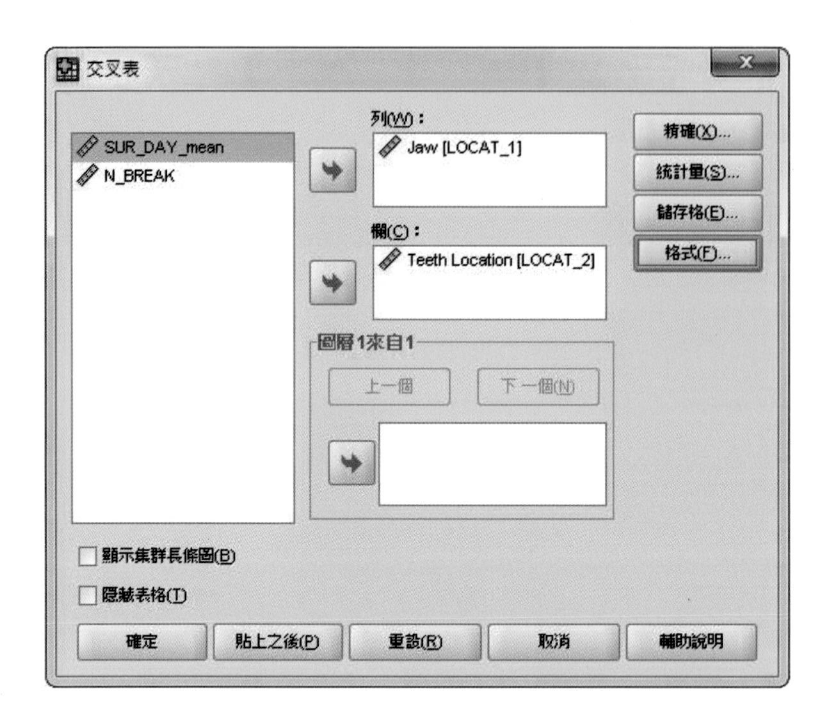

Jaw*Teeth Location 交叉表

個數		Teeth Location			總和
		anterior	premolar	molar	
Jaw	maxillary	27	35	35	97
	mandible	18	13	22	53
總和		45	48	57	150

3.2 SPSS 轉換資料（Transform）

一、變數值之計算（Compute）

欲計算變數值以產生新變數值時，可操作如下：

轉換→計算變數

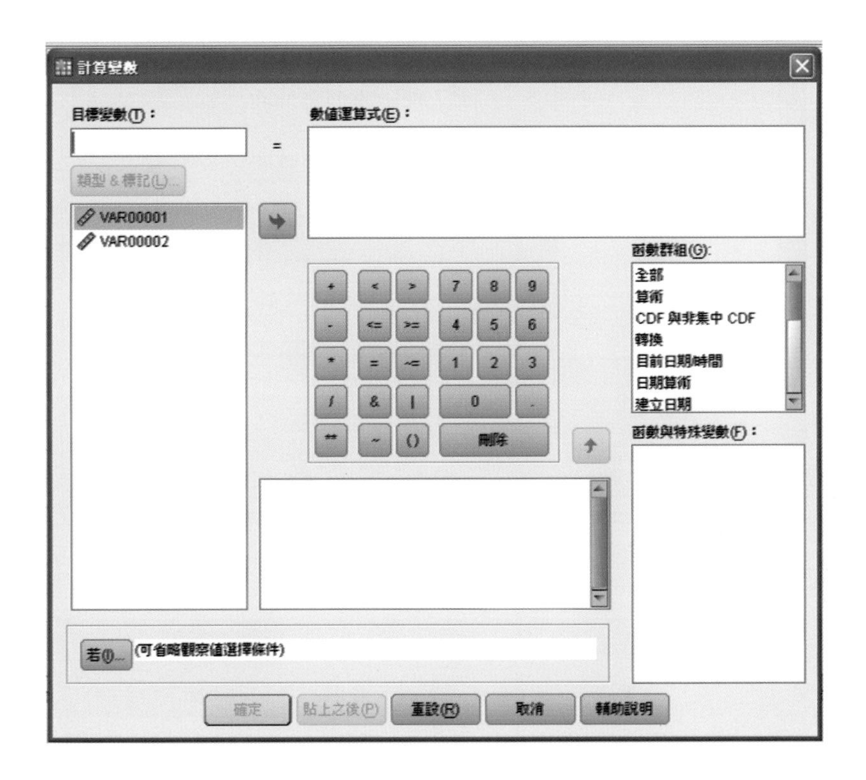

其中

(1) 目標變數：設定目標變數（可為新變數或舊變數）。

(2) 類型 & 標記：目標變數標籤與變數型態之設定。

(3) 數值運算式：計算目標變數值之運算式的設定。

(4) 若：計算目標變數值之條件的設定。

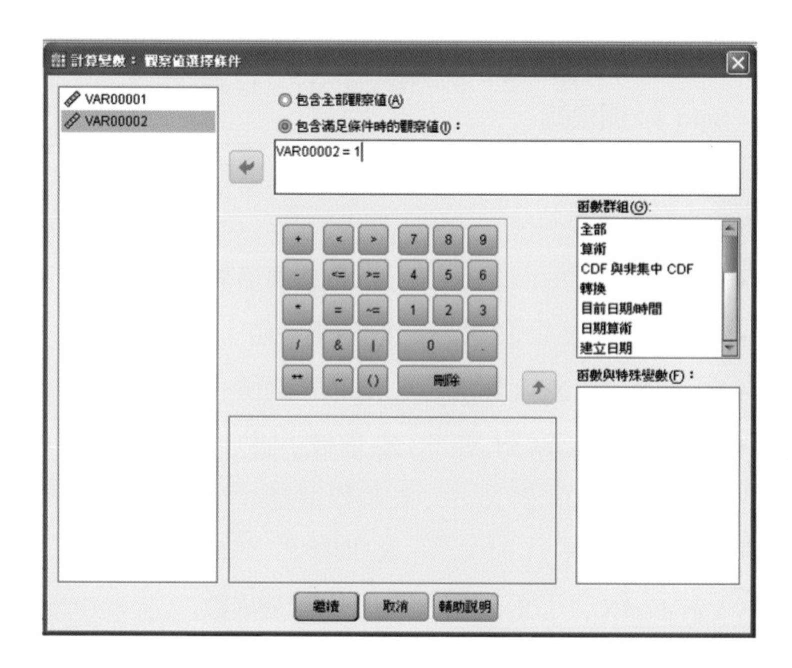

計算按鈕：

(1) 算數運算：+（加）、-（減）、*（乘）、/（除）、**（冪次），優先順序為先函數，再冪次，再乘除，再加減。

(2) 關係運算：<（小於）、>（大於）、< =（小於等於）、> =（大於等於）、=（等於）、 ～=（不等於）。

(3) 邏輯運算：&（且）、|（或）、 ～（否）。

SPSS 內建函數

(1) 算數類函數

- Abs( )：取絕對值
- Exp( )：取自然指數函數
- Lg10( )：取以 10 爲底之對數函數
- Ln( )：取以 EXP(1) 爲底之對數函數
- Mod(X, Y)：將 X 除以 Y 後取其餘數
- Rnd( )：取四捨五入
- Sqrt( )：開根號
- Trunc( )：截去小數位數

(2) 統計類函數

- Cfvar($X_1, \cdots, X_n$)：對 $X_1, \cdots, X_n$ 取變異係數
- Max($X_1, \cdots, X_n$)：對 $X_1, \cdots, X_n$ 取最大值
- Mean($X_1, \cdots, X_n$)：對 $X_1, \cdots, X_n$ 取平均值
- Min($X_1, \cdots, X_n$)：對 $X_1, \cdots, X_n$ 取最小值
- Sd($X_1, \cdots, X_n$)：對 $X_1, \cdots, X_n$ 取標準差
- Sum($X_1, \cdots, X_n$)：對 $X_1, \cdots, X_n$ 取總和
- Variance($X_1, \cdots, X_n$)：對 $X_1, \cdots, X_n$ 取變異數

(3) CDF（累積分布函數）與非集中 CDF

- Cdfnorm(x)：標準常態分配累積到 x 之機率
- Cdf.Bernoulli(x, p)：參數爲 p 之點二項分配累積到 x 之機率
- Cdf.Beta(x, a, b)：參數爲 a, b 之 BETA 分配累積到 x 之機率

- Cdf.Binom(x, n, p)：參數爲 n, p 之二項分配累積到 x 之機率
- Cdf.Cauchy(x, loc, sca)：參數爲 loc, sca 之科西分配累積到 x 之機率
- Cdf.Chisq(x, df)：參數爲 df 之卡方分配累積到 x 之機率
- Cdf.Exp(x, sca)：參數爲 sca 之指數分配累積到 x 之機率
- Cdf.F (x, df1, df2)：參數爲 df1, df2 之 F 分配累積到 x 之機率
- Cdf.Gamma(x, shape, sca)：參數爲 shape, sca 之 GAMMA 分配累積到 x 之機率
- Cdf.Geom(x, p)：參數爲 p 之幾何分配累積到 x 之機率
- Cdf.Normal(x, mean, std)：均數爲 mean, 標準差爲 std 之常態分配累積到 x 之機率
- Cdf.Poisson(x, mean)：參數爲 mean 之波松分配累積到 x 之機率
- Cdf.T(x, df)：參數爲 df 之 t 分配累積到 x 之機率

(4) 反 DF（機率分配函數）

- Idf.Chisq(p, df)：參數爲 df 之卡方分配累積機率爲 p 之反函數
- Idf.F (p, df1, df2)：參數爲 df1, df2 之 F 分配累積機率爲 p 之反函數
- Idf.Normal(p, m, s)：均數爲 m, 標準差爲 s 之常態分配累積機率爲 p 之反函數
- Idf.T(p, df)：參數爲 df 之 t 分配累積機率爲 p 之反函數

(5) 亂數類函數

- Rv.Normal(mean, std)：由具有均數 mean 和標準差 std 之常態分配母體抽出一隨機變數值
- Rv.Uniform(min, max)：由具有 U(min, max) 之均等分配母體抽出一隨機變數值

【例 3-9】：開啓資料檔 3-9.sav，研究者欲了解病患接受植牙的實際年齡，計算年齡方式如下所示：

【解】

轉換→計算變數

計算天數的函數：Ctime.Days(timevalue) ，其中 timevalue 必須符合 SPSS 的日期格式設定

計算方式：假設一年有 365.25 天，因此計算公式爲

$$\text{新變數 AGE} = \frac{(\text{Ctime.Days(植入日期)} - \text{Ctime.Days(出生日期)})}{365.25}$$

二、計算觀察值內的數值（Count）

欲計算某一變數之某特定值重複出現之次數，可操作如下

轉換→計算觀察值內的數值

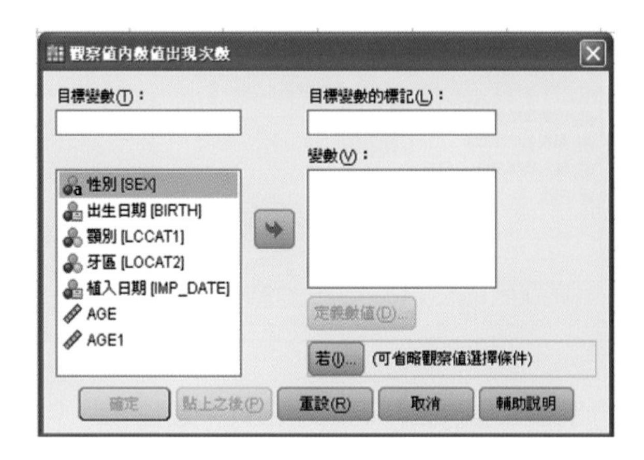

其中

(1) 目標變數：定義某一變數之某特定值重複出現次數之變數名稱。

(2) 目標變數的標記：定義目標變數之標記內容。

(3) 變數：選定欲計算發生次數之變數。

(4) 定義數值：定義欲計算發生次數之條件值。

【例 3-10】：開啓資料檔 3-10.sav，研究者欲調查所有後牙區植牙的數目，計數方式如下所示：

【解】

轉換→計算觀察值內的數值→在目標變數下輸入新變數名稱「Count」→將牙區（LOACT_2）選入數值變數欄→定義數值

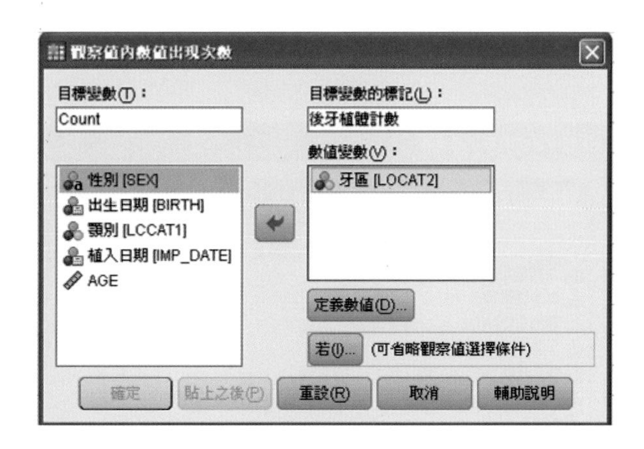

在數值處分別輸入屬於後牙區的小臼齒（數值 =2）與大臼齒（數值 =3），確認輸入完畢後再按下繼續。

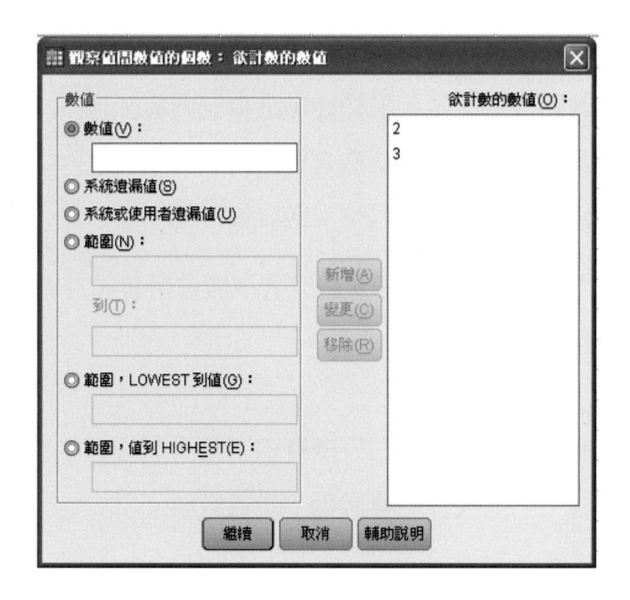

分析→敘述統計→次數分配表→將「Count」選入變數欄→確定

後牙植體計數

		次數	百分比	有效百分比	累積百分比
有效的	前牙	6	50.0	50.0	50.0
	後牙	6	50.0	50.0	100.0
	總和	12	100.0	100.0	

三、重新編碼（Recode）

欲將某一變數（數值或文字變數）之資料的值重新編碼做分類，以組合資料或重疊資料，方便做更進一步的分析，操作如下

1. 重新編碼後存到同一變數中

轉換→重新編碼成同一變數

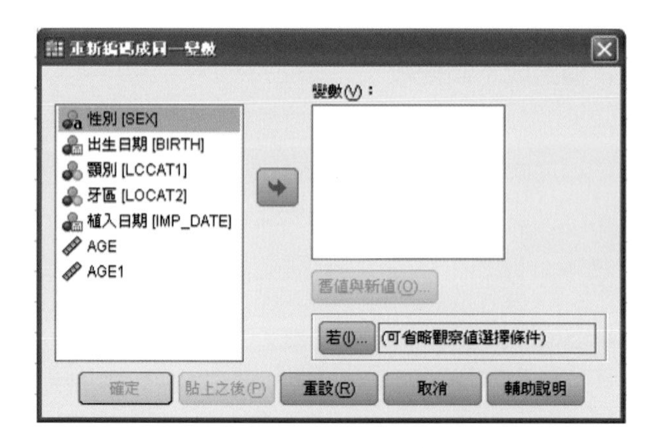

其中

(1) 變數：輸入欲重新編碼之變數。

(2) 舊值與新值：輸入欲重新編碼變數之原始值與編碼後之新值。

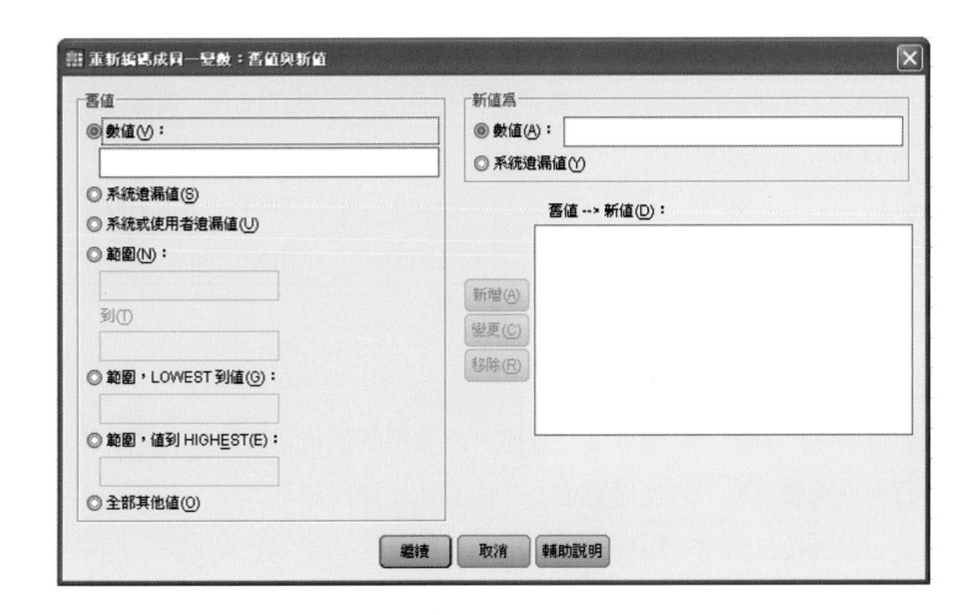

2. 重新編碼後存到不同變數

轉換→重新編碼成不同變數

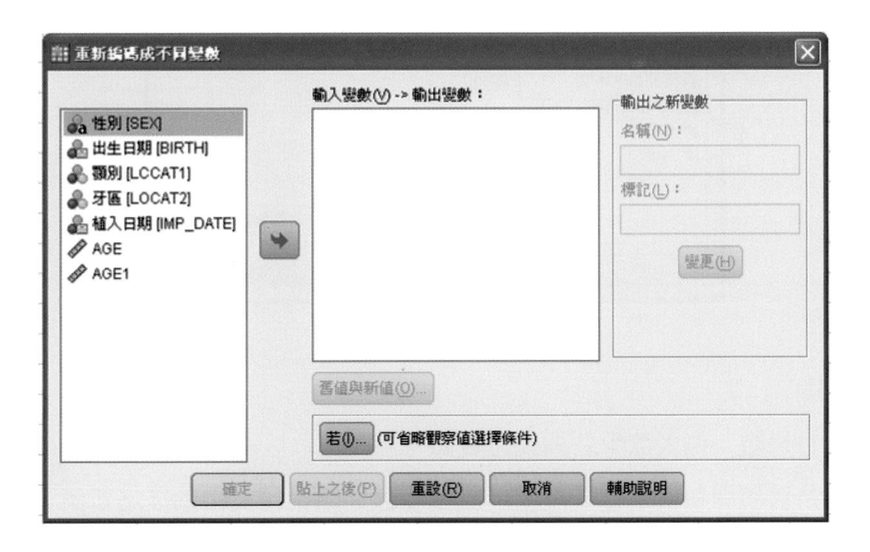

其中

(1) 輸入變數：輸入欲重新編碼之變數。

(2) 輸出變數：輸入編碼後之新變數名。

(3) 舊值與新值：輸入欲重新編碼變數之原始值與編碼後之新值。

【例 3-11】: 開啓資料檔 3-11.sav，研究者欲將牙區分做前牙與後牙兩類，並將重新編碼後結果存入新變數「牙區 1（LOCAT_RE）」操作方式如下所示：

【解】

轉換→重新編碼成不同變數→將牙區（LOCAT_2）選入數值變數欄→將新變數「牙區 1（LOACT_RE）」填入輸出變數欄→變更→舊值與新值

由於新變數的數值定義是前牙（數值 =1）與後牙（數值 =2），因此在此處只需將大臼齒（數值=3）改變新值爲 數值=2 即可，操作步驟如下：在舊值欄的數值空格處填入「3」→在新值欄的數值空格處填入「2」→新增→在舊值欄點選全部其他值→在新值欄點選複製舊值→新增→繼續→確定

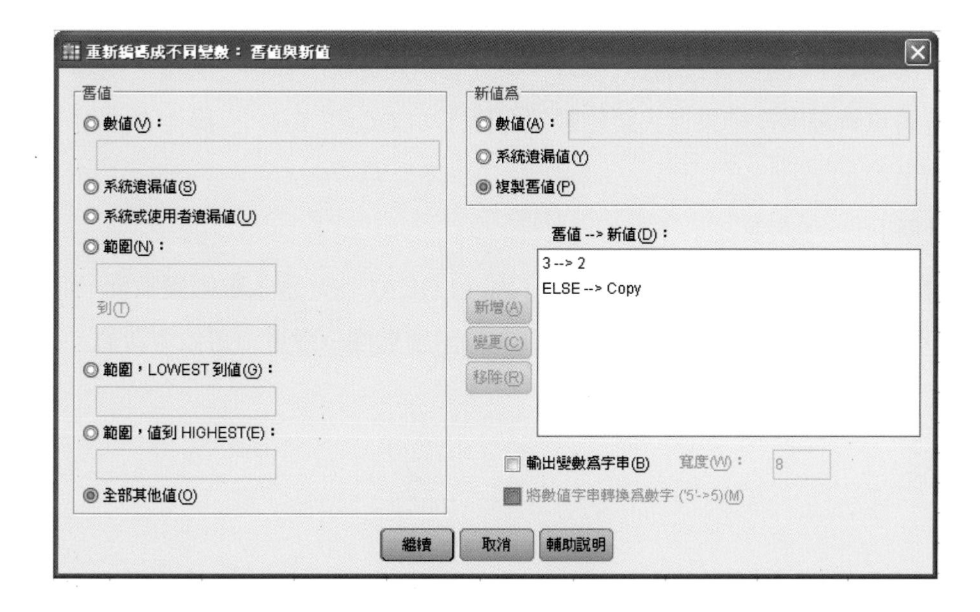

Teeth Location* 牙區交叉表

個數

		牙區		總和
		前牙	後牙	
Teeth Location	anterior	22	0	22
	premolar	0	13	13
	molar	0	12	12
總和		22	25	47

四、等級觀察值（Rank Cases）

欲依資料之四分位數（或十分位數、百分位數）來將資料分組，計算其等級，或計算其常態化分數，可操作如下：

轉換→等級觀察值→選定欲作等級化處理之變數→選定以升冪或降冪方式排列等級→選定等級化處理的方式→選定遇到有等值結（tie）資料時的等級定義→**確定**

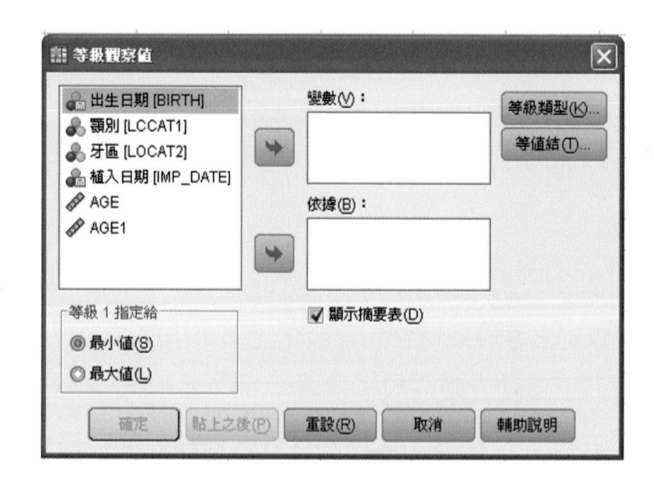

其中

(1) 變數：選定欲作等級化處理之變數。

(2) 等級 1 指定給：選定以升冪或降冪方式排列等級。

(3) 依據：和哪一變數交叉來做等級化。

(4) 等級類型：選定等級化處理的方式。

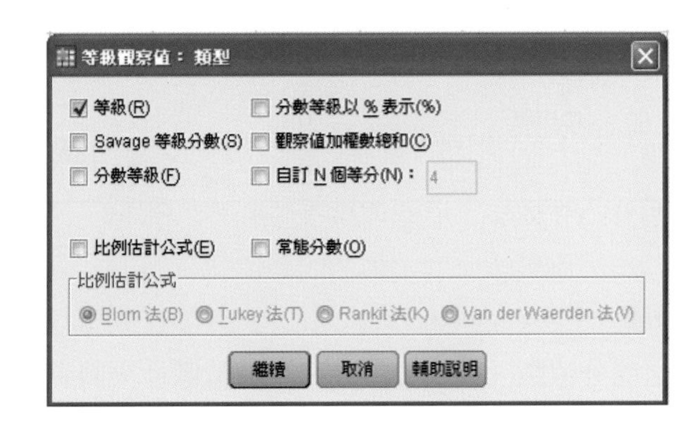

a. 等級：單純排等級，SPSS 預設。

b. Savage 等級分數：用指數分配來做等級化。

c. 分數等級：將上述 Rank 每一筆除以資料總個數。

d. 分數等級以 % 表示（%）：將上述分數等級以百分比呈現。

e. 觀察值加權數總和：新變數的值會等於觀察值加權的總和。對相同群體中所有的觀察值而言，新變數為常數。

f. 自訂 N 個等分：設定等級化的分類總數（即要將資料分成幾個等級）。

g. 比例估計公式：依 Blom 法、Tukey 法、Rankit 法、或 Van der Waerden 法等幾種特殊的等級化定義來排序並顯現等級化後每一筆資料之累積次數分配。

h. 常態分數：計算出上述比例估計各種特殊的等級化定義下，每一筆資料相對應的累積次數分配值的常態累積分配反函數值。

(5) 等值結：選定碰到有等值結（tie）資料時，等值結資料的等級定義。

a. 平均數：遇有同等級者，取其平均數給每一資料，SPSS 預設選項。

b. 低：遇有同等級者，取其最低等級給每一資料。

c. 高：遇有同等級者，取其最高等級給每一資料。

d. 同分觀察值依順序給唯一值：遇有相同資料者，給予相同等級，且等級為 1,2,3,… 依次排列。

【例 3-12】：開啓資料檔 3-11.sav，研究者欲將年齡資料以升冪方式分成 5 個等級，操作方式如下所示：

【解】

轉換→等級觀察值→將變數 AGE 選入變數欄→選定等級 1 指定給最小值→等級類型→勾選自訂 N 個等分並輸入「5」→繼續→確定

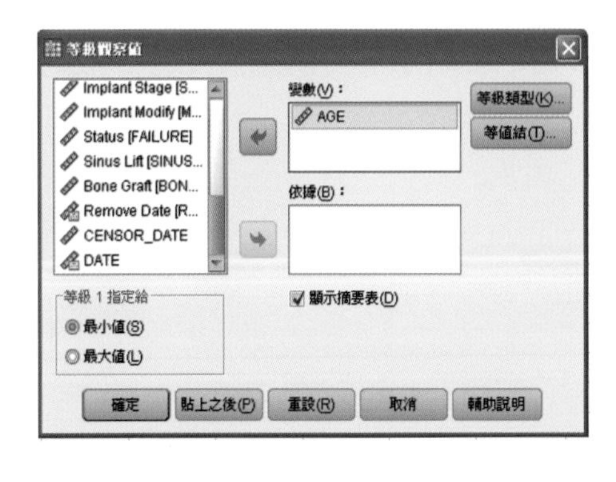

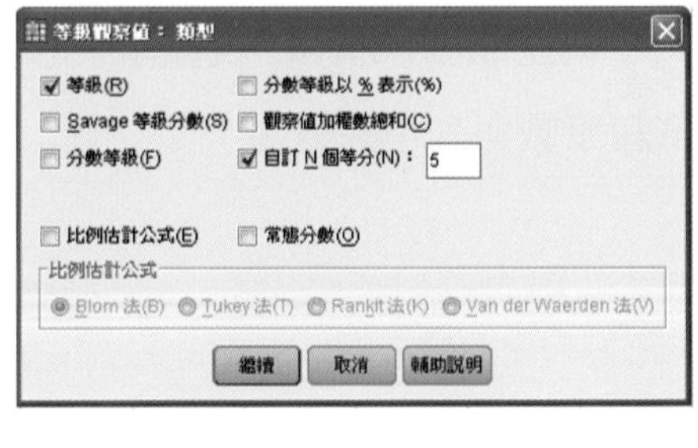

在資料編輯視窗即會出現兩個新變數，分別為 RAGE 與 NAGE，其

中 RAGE 的資料是以年齡由小到大從 1 開始作排序，遇到等值結是以預設方式呈現同樣排序者，皆以該組等值結的等級平均值表示之；NAGE 的資料是將資料由小到大分作 5 個等級，若要觀察此 5 個等級的年齡最小值與最大值，需再以下列操作方式呈現。

分析→報表→觀察值摘要→將變數 AGE 選入變數欄；將 NAGE 選入分組變數欄；取消勾選顯示觀察值→統計量→將最小值與最大值選入儲存格統計量→繼續→確定

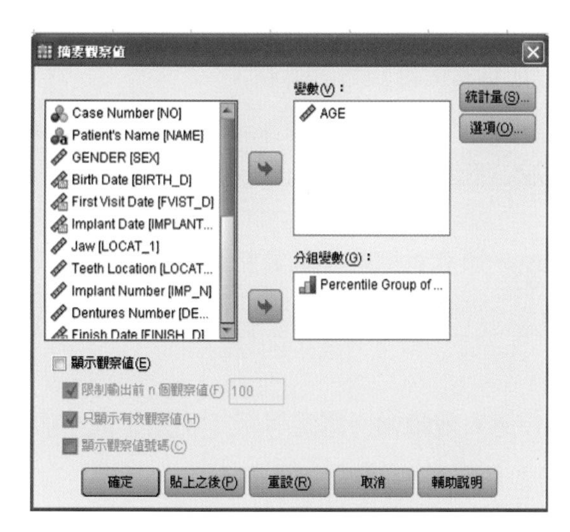

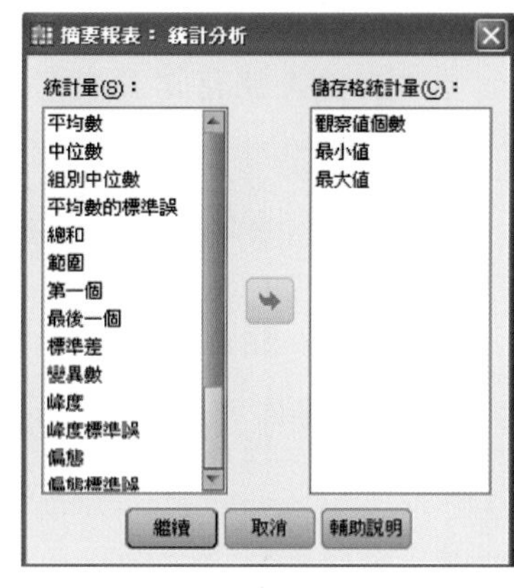

則在 SPSS Viewer 視窗產生的報表如下圖所示，可清楚得知各等級的資料筆數與其年齡範圍。

觀察值摘要

AGE

Percentile Group of AGE	個數	最小值	最大值
1	207	42.31	47.70
2	184	47.72	56.70

Percentile Group of AGE	個數	最小值	最大值
3	193	56.88	60.19
4	188	60.20	65.21
5	201	65.66	81.03
總和	973	42.31	81.03

五、遺失值（Missing Values）之差補

遇到資料中有遺失值時，可用下列操作來進行插補：

轉換→置換遺漏值

其中

(1) 新變數：輸入欲處理變數。

(2) 名稱與方法：設定插補後新變數名與插補方法，其中

a. 數列平均數：以變數全部資料之平均數取代遺失值。

b. 附近點的平均數：以遺失值相鄰的兩邊各 n 筆資料的平均數來取代該遺失值。

c. 附近點的中位數：以遺失值相鄰的兩邊各 n 筆資料的中位數來取代該遺失值。

d. 線性內插法：以線性插補法來估計遺失值（此法與 b 法當 n=1 時相同）。

e. 點上的線性趨勢：以線性迴歸的預測值來估計遺失值（此法之迴歸是以 1,2,⋯,n 作自變數，變數觀測值作應變數，作簡單直線迴歸）。

【例 3-13】：開啓資料檔 3-11.sav ，研究者欲將年齡資料以遺失值相鄰的兩邊各 5 筆資料的中位數來取代該遺失值，操作方式如下所示：

【解】

轉換→置換遺漏值→將變數 AGE 選入新變數欄→在方法選項選擇「附近點的中位數」→在鄰近點的範圍個數空格處填入「5」→變更→確定

在資料編輯視窗即會出現一個新變數 AGE_1，原先 AGE 爲遺失值的觀察值將會填入新值。

3.3 習題

一、某教學醫院牙科研究人員使用植體穩定度測量儀，記錄患者植牙部位測得的扭力數值，於 Excel 檔案裡，請將 Exercise3-1.xls 輸入或匯入 SPSS。

1. 重新編碼 LOCAT$_1$，將該變數改為二分類（上顎／下顎）的「顎別」；重新編碼 LOCAT_2，將該變數改為分成三類（前牙／小臼齒／大臼齒）的「牙位區」。
2. 依照第三章介紹的交叉表操作方式觀察不同顎別牙位的樣本數
3. 將重新編碼後的變數作為分割變數，依照第三章介紹的觀察值摘要操作方式，將 Torque（扭力）置入變數欄，觀察樣本數與最小／最大扭力值。

第四章 母體、樣本與抽樣

4.1 概述

研究者欲研究事物對象的全體，稱爲母體（Population）。而從研究對象全體中抽取某組特定個體，即稱爲樣本（Sample）。統計上，用以敘述母體性質的指標稱爲參數（Parameter），表示符號有 μ（平均數）、σ（標準差）等；敘述樣本性質的指標稱爲統計量（Statistic），表示符號有（平均數）、s（標準差）等。

母體可分無限母體（Infinite Population）與有限母體（Finite Population），無限母體如「到北醫牙科部求診的病患」；有限母體如「民國 100 年 1 月至 7 月到北醫牙科部求診的病患」。對母體作全部查訪稱爲普查（Census），抽出一部分作查訪則稱爲抽樣調查（Sampling），抽到的資料即爲樣本資料。

爲能獲得具有代表性的樣本，需對母體進行隨機抽樣，而隨機抽樣即滿足「全體對象有完整描述、具相同條件的對象、可以重複被抽到以及大量的觀測值規律出現」等條件的抽樣過程。隨機抽樣可分爲機率抽樣（Probability Sampling）和非機率抽樣（Nonprobability Sampling）。機率抽樣無參雜人爲意志，純依機率原則抽樣，且每一抽樣單位被抽取的機率皆相同，常用的方法有簡單隨機抽樣、分層隨機抽樣、集群隨機抽樣及系統隨機抽樣。非機率抽樣則按個人專業及意志選擇樣本且抽中機率未知，常用的方法有便利抽樣、立意抽樣、配額抽樣以及滾雪球抽樣等。

4.2 機率抽樣方法

一、簡單隨機抽樣（Simple Random Sampling）

假設母體全部成員皆有編號，其總共有 N 個代號，我們使用隨機亂數表或電腦亂數等方式，抽出 n 個作爲代表。今假設 N = 50；n = 10，則每一個體被抽到的機率即爲 1/5，如圖 4-1 所示，黑色實心之菱形表示被抽中之樣本。

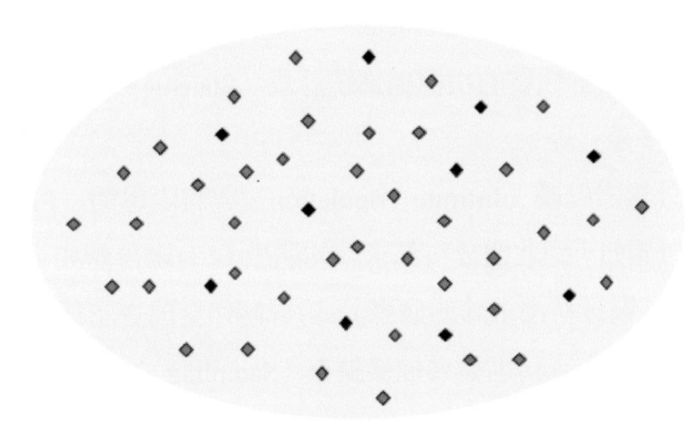

圖 4-1　簡單隨機抽樣示意圖

二、分層隨機抽樣（Stratified Random Sampling）

個體分佈不均勻時，可依其性質類似的歸類在一起，每一性質稱之爲層（Strata），每一層依簡單隨機抽樣法抽出所需樣本數，此抽樣方法重點在於層內差異愈小愈好；層外差異愈大愈好。同樣假設母體數（N）爲 50；抽出樣本數（n）爲 10；該母體依性質可分三層，每層母體數分別爲 $S_1 = 5$、$S_2 = 15$、$S_3 = 30$，依其權重分別抽取樣本數爲 $s_1 = 1$、$s_2 = 3$、$s_3 = 6$，如圖 4-2 所示，黑色實心者表示各層被抽中之樣本。

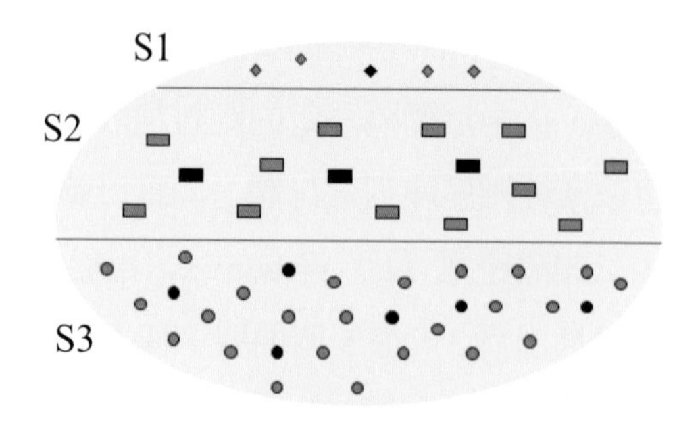

圖 4-2　分層隨機抽樣示意圖

三、集群隨機抽樣（Cluster Random Sampling）

將母體按某標準分成若干集群（Cluster），再隨機抽出數個集群，並對該集群作全面調查，此抽樣方法重點在於群內差異愈大愈好；群外差異愈小愈好。同樣假設母體數（N）為 50，該母體可分五個集群，各群母體數分別為 $C_1 = 10$、$C_2 = 9$、$C_3 = 10$、$C_4 = 10$、$C_5 = 11$，隨機抽出 2 個集群（C_1 及 C_5），樣本數（n）共為 21，如圖 4-3 所示，黑色實心者表示被抽中群集之樣本。

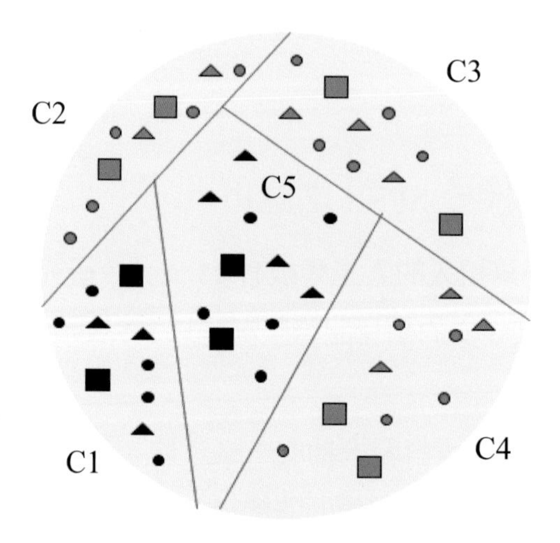

圖 4-3　群集隨機抽樣示意圖

四、系統隨機抽樣（Systematic Random Sampling）

將母體資料排序，從中每間隔一定的距離抽取一個樣本，通常應用於生產線之產品或可依某種順序陳列之母體。同樣母體數（N）爲 50；抽出樣本數（n）爲 10；間隔距離（k）爲 N/n=5，再從 1 至 5 隨機抽取一號碼爲起始編號。假設抽出爲 3，每 5 個抽取 1 樣本，樣本編號依序爲 3, 8, 13, 18, 23, 28, 33, 38, 43, 48，如圖 4-4 所示，黑色實心之圓形表示被抽中之樣本。

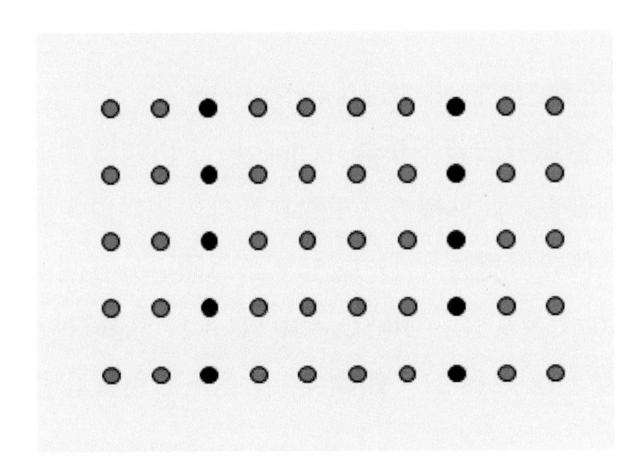

圖 4-4　系統隨機抽樣示意圖

4.3 簡單隨機抽樣於 SPSS 之應用

某牙醫診所記錄植入的人工牙根有 15 支，今研究者欲以簡單隨機抽樣抽出其 20% 或某 3 支的植牙記錄狀況，以 3-6.sav 爲例，操作步驟與介面如下：

1. 簡單隨機抽樣，15 筆資料隨機抽取 20%，約 3 筆資料。

資料→選擇觀察值→點選觀察值的隨機樣本→樣本→點選第一個選項並輸入「20」→繼續→確定

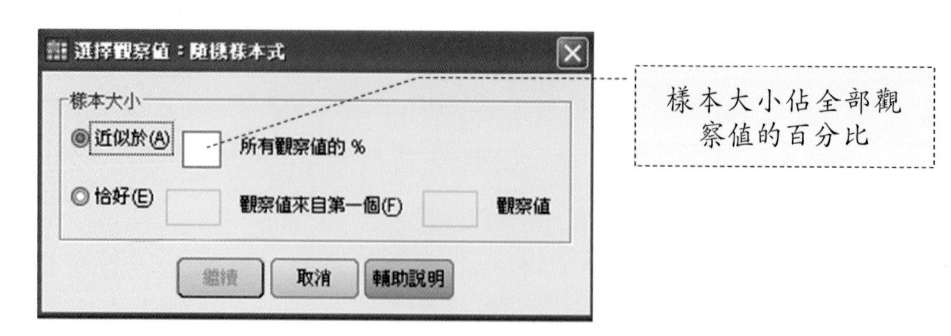

	植體數目	植牙日期	姓名	編號	接受植牙年齡	性別	生日	洗牙	抽菸	喝酒	鼻竇腔增高術	骨形量	骨頭軟硬質	補骨粉情形	即拔即種
1	1	920719	王小明	1.01	36.06	1	560626	1	1	0	0	1	1	0	
2	2	920719	王小明	1.02	36.06	1	560626	1	1	0	0	2	1	0	
3	3	920826	陳小英	2.01	33.23	0	590604	1	0	0	0	1	2	0	
4	4	920826	陳小英	2.02	33.23	0	590604	1	0	0	0	1	2	0	
5	5	920920	郭小華	3.01	54.50	1	380320	1	2	0	0	1	2	0	
6	6	920920	郭小華	3.02	54.50	1	380320	1	2	0	0	3	3	1	
7	7	920927	李小宏	4.01	50.79	1	411213	1	2	1	0	1	2	0	
8	8	920927	李小宏	4.02	50.79	1	411213	1	2	1	0	1	2	0	
9	9	921018	李小宏	4.03	50.85	1	411213	1	2	1	0	1	3	0	
10	10	921128	李小宏	4.04	50.96	1	411213	1	2	1	0	2	3	0	
11	11	921128	李小宏	4.05	50.96	1	411213	1	2	1	0	1	3	0	
12	12	921025	林阿信	5.01	42.81	1	500103	1	2	2	0	1	2	0	
13	13	921217	謝聰明	6.01	40.83	1	520219	1	0	0	0	1	1	0	
14	14	921217	謝聰明	6.02	40.83	1	520219	1	0	0	0	1	1	0	
15	15	930127	謝聰明	6.03	40.94	1	520219	1	0	0	0	1	2	0	

2. 簡單隨機抽樣，在前 15 筆資料裡，隨機抽取 3 筆。

資料→選擇觀察值→點選觀察值的隨機樣本→樣本→點選第二個選項並輸入「3」與「15」→繼續→確定

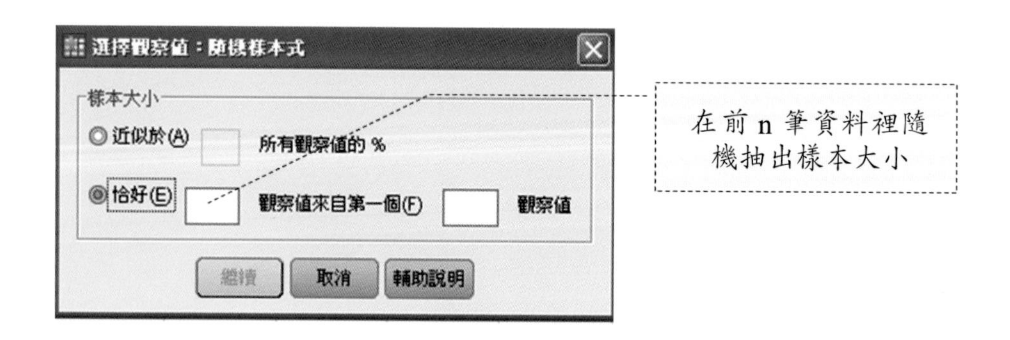

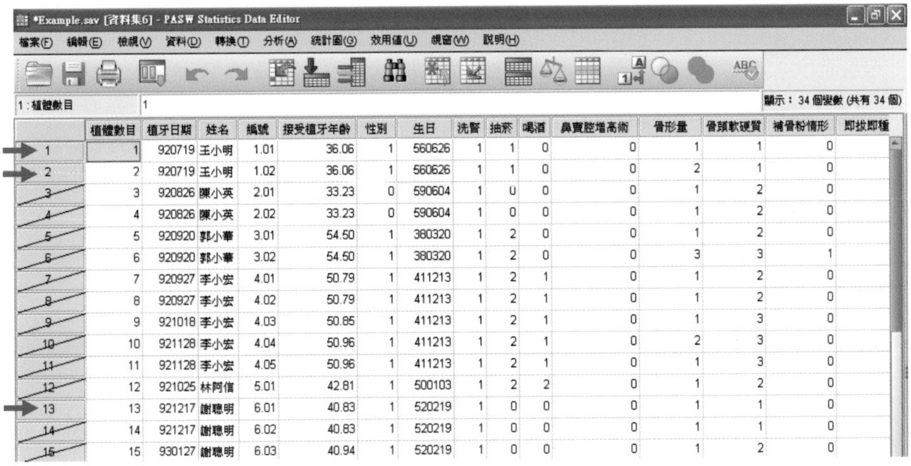

*Example.sav [資料集6] - PASW Statistics Data Editor

檔案(F) 編輯(E) 檢視(V) 資料(D) 轉換(T) 分析(A) 統計圖(G) 效用值(U) 視窗(W) 說明(H)

1 : 植體數目 1 顯示：34 個變數 (共有 34 個)

	植體數目	植牙日期	姓名	編號	接受植牙年齡	性別	生日	洗腎	抽菸	喝酒	鼻竇腔增高術	骨形量	骨頭軟硬質	補骨粉情形	即拔即種
1	1	920719	王小明	1.01	36.06	1	560626	1	1	0	0	1	1	0	
2	2	920719	王小明	1.02	36.06	1	560626	1	1	0	0	2	1	0	
3	3	920826	陳小英	2.01	33.23	0	590604	1	0	0	0	1	2	0	
4	4	920826	陳小英	2.02	33.23	0	590604	1	0	0	0	1	2	0	
5	5	920920	郭小華	3.01	54.50	1	380320	1	2	0	0	1	2	0	
6	6	920920	郭小華	3.02	54.50	1	380320	1	2	0	0	3	3	1	
7	7	920927	李小宏	4.01	50.79	1	411213	1	2	1	0	1	2	0	
8	8	920927	李小宏	4.02	50.79	1	411213	1	2	1	0	1	2	0	
9	9	921018	李小宏	4.03	50.85	1	411213	1	2	1	0	1	3	0	
10	10	921128	李小宏	4.04	50.96	1	411213	1	2	1	0	2	3	0	
11	11	921128	李小宏	4.05	50.96	1	411213	1	2	1	0	1	3	0	
12	12	921025	林阿信	5.01	42.81	1	500103	1	2	2	0	1	2	0	
13	13	921217	謝聰明	6.01	40.83	1	520219	1	0	0	0	1	1	0	
14	14	921217	謝聰明	6.02	40.83	1	520219	1	0	0	0	1	1	0	
15	15	930127	謝聰明	6.03	40.94	1	520219	1	0	0	0	1	2	0	

4.4 習題

一、實習訪員對週一早上 9 點經過學校大門的川堂學生任意訪問，此法是否可算是隨機抽樣？

二、二年 A 班學生共有 50 人，今老師要以隨機抽樣方式將同學分為 A, B 兩組，請問以「性別」或「學號末碼的單雙號」做抽樣依據會較為合適？

三、集群隨機抽樣（Cluster Random Sampling）的特性為？

群內差異______；群外差異______（請回答大或小）

四、分層隨機抽樣（Stratified Random Sampling）的特性為？

層內差異______；層間差異______（請回答大或小）

第五章 統計表與統計圖

5.1 統計表

一、資料分類

資料分類係指依資料的時間、空間或其他特性相同或相似者予以彙整，分類的種類不宜過多或過少，需依專業知識或實際需求作取捨。分類原則有：

1. 周延性：除列舉各種分類項目外，如不確定是否有未列舉上的項目，則會再加上「其他」，以免有未能歸類的項目。
2. 互斥性：資料可歸入至某分類時，絕不能歸入其他類，確保各筆資料分類沒有重複的問題。
3. 並列性：分類時應將性質類似或有密切關聯者需排在一起，如此將便於尋找或相互比較。

二、表格結構

表格結構大致如圖 5-1，標題放置在表格的上方，列為橫向；行為縱向。橫目是指橫列項目的統稱；縱目是指直行項目的統稱。本體的各個細格（Cell）則為各橫目和縱目彙總後填入資料的部分。其中有些需注意的細節，如表格內數據的小數位數需對齊；縱橫兩目表達的數字若是百分比，總和應恰為 100%；數字單位應標明清楚；無數字之細格應以「-」表示；引用他人資料需附註資料來源。

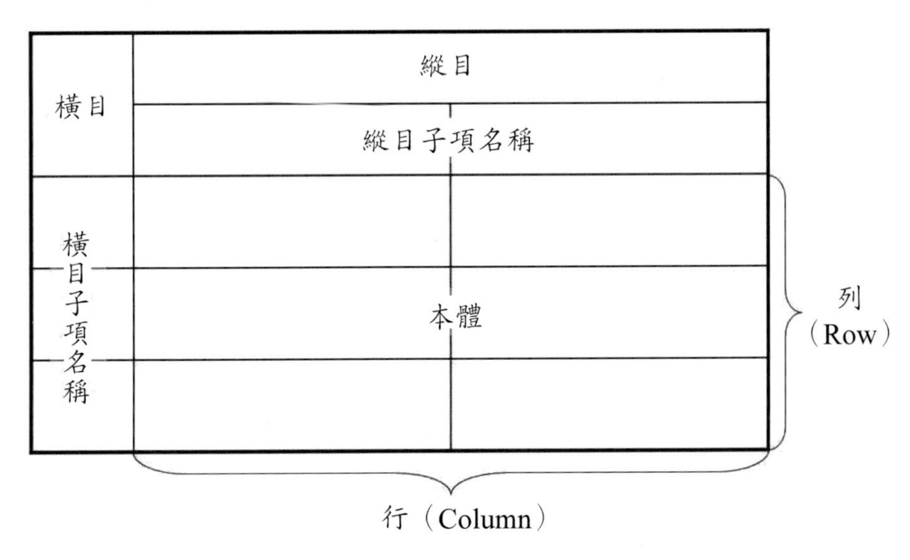

圖 5-1　表格結構示意圖

三、次數分配表

原始資料需經過整理後，才能顯現其資料分佈型態和其重要特性。而次數分配表即是將記錄的數據分成適當的組別數與其對應的次數所組成的表格。表 5-1 爲整理 50 位病患在門診掛號前測得的血壓收縮壓數值所得的累積次數分配表，其中資料經整理後，可觀察其出現次數，並計算在相同基礎下的相對次數或相對累積次數。

表 5-1　收縮壓累積次數分配表示意圖

50 位受試者收縮壓累積次數分配表

收縮壓 (mmHg)	組中點	次數	累積次數	相對累積次數
(90, 100]	95.5	2	2	0.04
(100, 110]	105.5	6	8	0.16
(110, 120]	115.5	10	18	0.36
(120, 130]	125.5	14	32	0.64
(130, 140]	135.5	11	43	0.86
(140, 150]	145.5	6	49	0.98
(150, 160]	155.5	1	50	1.00

四、次數分配表於 SPSS 之應用

某牙醫診所的人工牙根植入記錄如 5-1.sav，今研究者欲將其植入年齡作分組並呈現次數分配表，操作步驟與介面如下：

轉換→ Visual Binning →將「接受植牙年齡」點選進變數至 Bin 欄→繼續→已 Bin 的變數名稱輸入「Age_g」→製作分割點→點選相等寬區間→第一個分割點位置輸入「22」；分割點數目輸入「9」→套用→製作標記→確定

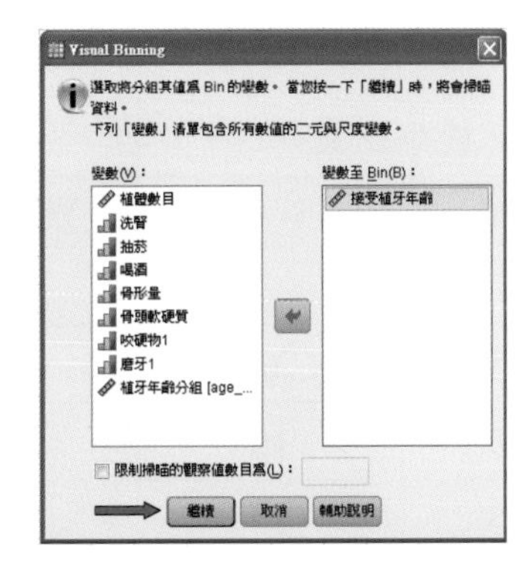
Visual Binning
選取將分組其值爲 Bin 的變數。當您按一下「繼續」時，將會掃瞄資料。
下列「變數」清單包含所有數值的二元與尺度變數。
變數(V)：
植體數目
洗臂
抽菸
喝酒
骨形量
骨頭軟硬質
咬硬物1
磨牙1
植牙年齡分組 [age_...
變數至 Bin(B)：
接受植牙年齡
限制掃瞄的觀察值數目爲(L)：
繼續
取消
輔助說明

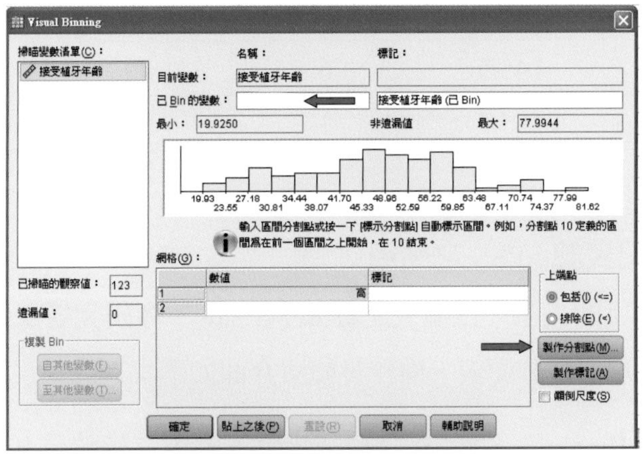
Visual Binning
掃瞄變數清單(C)：
接受植牙年齡
名稱：
標記：
目前變數：
接受植牙年齡
已 Bin 的變數：
接受植牙年齡 (已 Bin)
最小：
19.9250
非遺漏值
最大：
77.9944
19.93
23.55
27.18
30.81
34.44
38.07
41.70
45.33
48.96
52.59
56.22
59.85
63.48
67.11
70.74
74.37
77.99
81.62
輸入區間分割點或按一下 [標示分割點] 自動標示區間。例如，分割點 10 定義的區間爲在前一個區間之上開始，在 10 結束。
網格(G)：
數值
標記
高
已掃瞄的觀察值：
123
遺漏值：
0
複製 Bin
自其他變數(F)...
至其他變數(T)...
上端點
包括(I) (<=)
排除(E) (<)
製作分割點(M)...
製作標記(A)
顛倒尺度(S)
確定
貼上之後(P)
重設(R)
取消
輔助說明

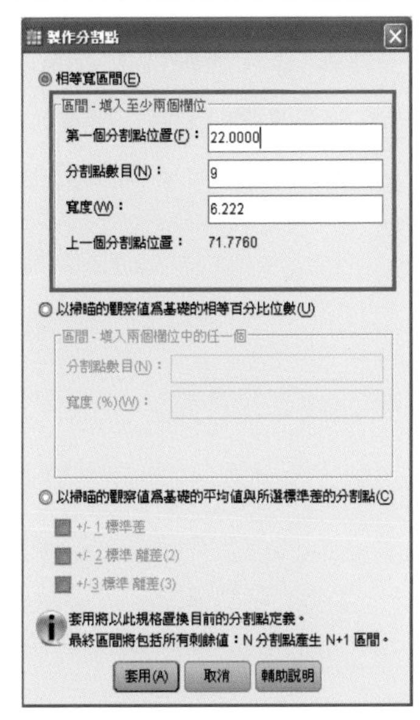
製作分割點
相等寬區間(E)
區間 - 填入至少兩個欄位
第一個分割點位置(F)：
22.0000
分割點數目(N)：
9
寬度(W)：
6.222
上一個分割點位置：
71.7760
以掃瞄的觀察值爲基礎的相等百分比位數(U)
區間 - 填入兩個欄位中的任一個
分割點數目(N)：
寬度 (%)(W)：
以掃瞄的觀察值爲基礎的平均值與所選標準差的分割點(C)
+/- 1 標準差
+/- 2 標準 離差(2)
+/- 3 標準 離差(3)
套用將以此規格置換目前的分割點定義。
最終區間將包括所有剩餘值：N 分割點產生 N+1 區間。
套用(A)
取消
輔助說明

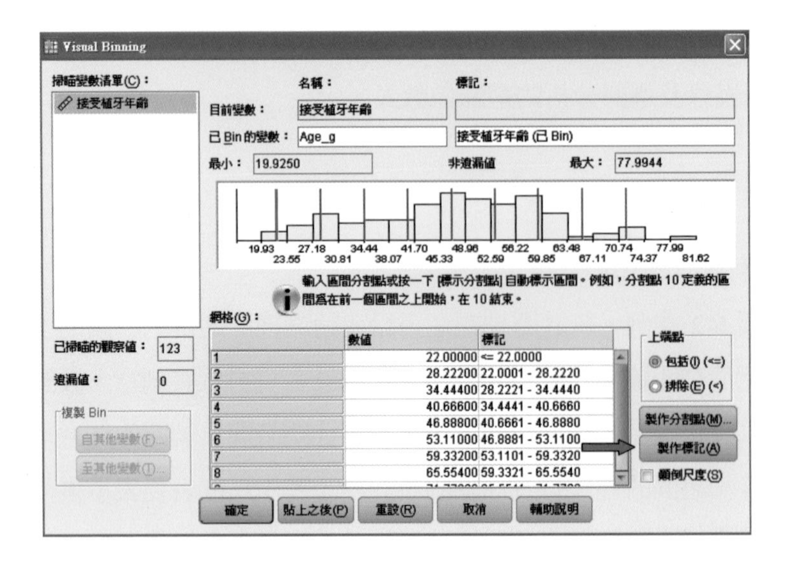

分析→敘述統計→次數分配表→將「Age_g」選入變數欄→確定

接受植牙年齡（已 Bin）

		次數	百分比	有效百分比	累積百分比
有效的	<=22.00	2	1.6	1.6	1.6
	22.00-28.22	8	6.5	6.5	8.1
	28.22-34.44	13	10.6	10.6	18.7
	34.44-40.67	12	9.8	9.8	28.5
	40.67-46.89	23	18.7	18.7	47.2
	46.89-53.11	22	17.9	17.9	65.0
	53.11-59.33	24	19.5	19.5	84.6
	59.33-65.55	12	9.8	9.8	94.3
	65.55-71.78	5	4.1	4.1	98.4
	71.78+	2	1.6	1.6	100.0
	總和	123	100.0	100.0	

其他常用統計表尚有應用於相關分析的交叉表、變異數分析的 ANOVA 表以及迴歸分析的迴歸係數表。

5.2 統計圖

一、統計圖的結構

以圖 5-2 爲例，統計圖標題在書籍或論文裡，通常列於圖的下方。圖本體以能清楚明瞭檢視資料全貌爲主，設計者可再依其創意，設計使用何種圖形以簡化陳示，如此可節省閱／聽者入門時間。製圖的注意事項有座標的尺度、組間的連線以及原點的設計等，其中尺度若要表示幾何關係時可採對數座標，但調整座標尺度時要格外注意是否會造成圖形失眞，致使錯誤解讀資料，或有過度解釋之虞；組間的連線是指組與組之間若有相關才可以線連結之，如時間的先後、或次數的順序。

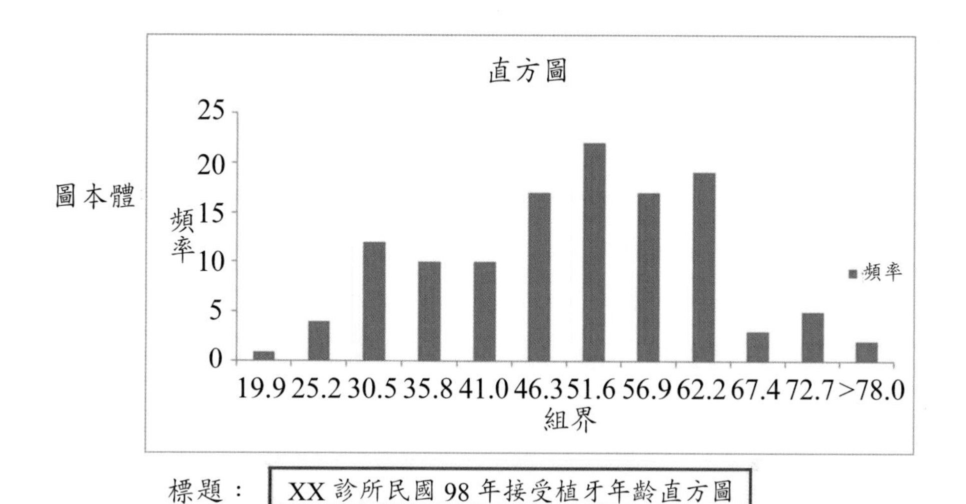

圖 5-2 統計圖結構示意圖

二、統計圖的種類

1. 點圖（散佈圖）：將每一觀察值以點描繪之。
2. 線圖（折線圖）：以線條表示統計資料變化，通常連線表示兩者資料有某種關聯性，如時間前後。
3. 長條圖：以等寬平行長條表示統計資料變化，直方圖亦是其中一種。
4. 面積圖（圓餅圖）：將圓形分成若干扇形，表達各項目所占百分比。

三、繪製統計圖

1. 直方圖（Histogram），如圖 5-3

(1) 以矩形長條顯示次數分配，組距為底邊；各組次數為其高度。

(2) 橫軸劃分組限或標示組中點。

(3) 最高的矩形代表次數最多的眾數組。

(4) 直方圖可助於判斷散佈類型，並瞭解散佈是否偏斜。

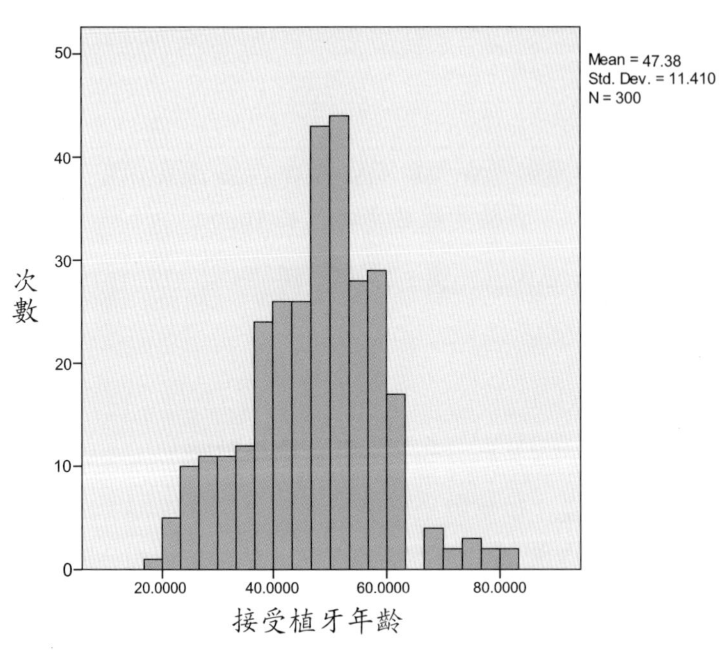

圖 5-3　直方圖

2. 次數多邊圖（Frequency polygon）

(1) 次數多邊圖亦爲折線圖的一種。

(2) 各組組中點（橫座標）對應各組次數（縱座標），標以圓點後連線。

(3) 累積次數多邊圖（肩形圖），如圖 5-4：各組組中點（橫座標）對應累積次數（縱座標），標以圓點後連線。

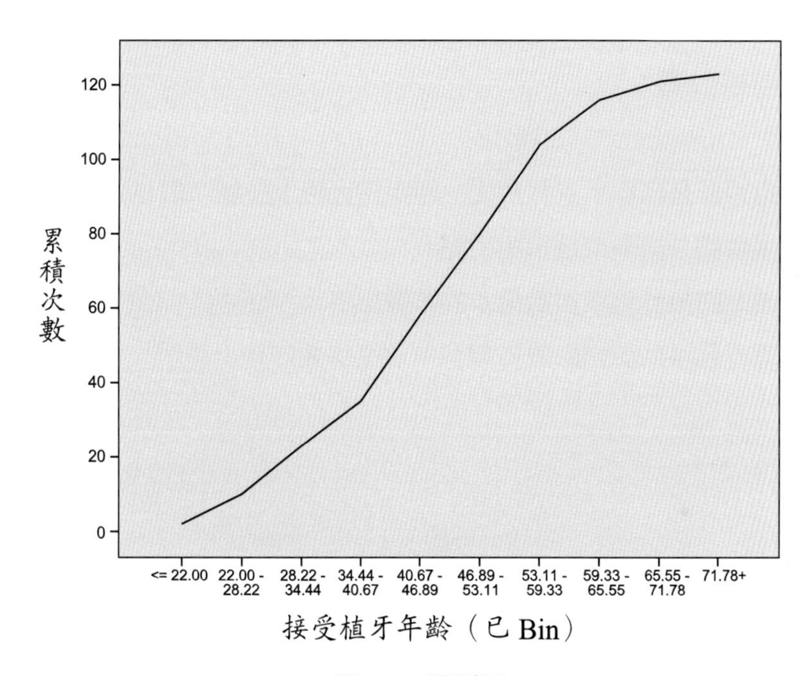

圖 5-4　肩形圖

3. 莖葉圖（Stem-and leaf plot）

(1) 類似長條圖表現資料分布，並保留原始數據。

(2) 前導數字爲莖；後續數字爲葉。

如圖 5-5：存活天數百位數部分爲莖；十位數以下部分爲葉。

```
CENSOR_DATE Stem-and-Leaf Plot for
BRAND= OCO Implant

 Frequency    Stem &  Leaf

     6.00        0 .  222588
     3.00        1 .  444
    11.00        2 .  33355555588
    10.00        3 .  0000003388
    22.00        4 .  4444466666666666677788
    12.00        5 .  000000000022
    19.00        6 .  4444444455555556666

 Stem width:     100.00
 Each leaf:        1 case(s)
```

圖 5-5　莖葉圖

4. 分配曲線（Distribution Curve）

(1) 觀測值若爲連續型變數或次數很大的間斷型變數。

(2) 以很小的組距將次數分配表畫成直方圖。

(3) 直方圖頂端描繪出的次數多邊圖即爲分配曲線。圖 5-6 即爲常態分配曲線。

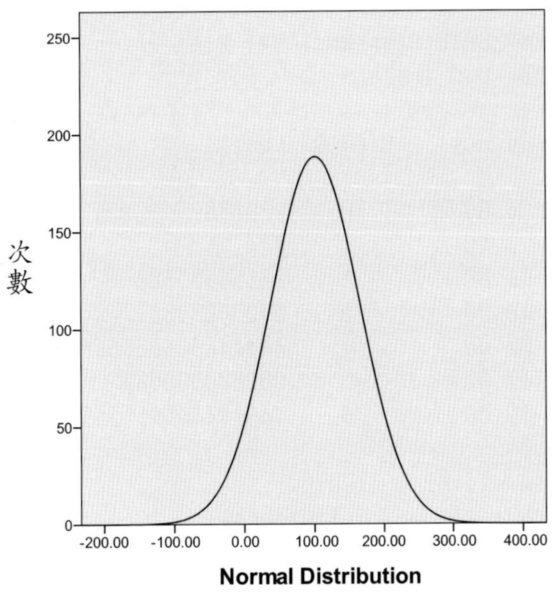

圖 5-6 常態分配曲線

5. 盒形圖（Box plot）

盒形圖是由五種統計量所構成，其爲最小值、第一個四分位數（Q1）、中位數（Q2）、第三個四分位數（Q3）和最大值，如圖 5-7 盒形外的兩條直線爲 1.5 倍的四分位距（IQR = Q3－Q1），在線外的數值我們稱之爲極端值（Outlier），表示其遠離資料中心群，有可能是異常值。盒形圖亦可協助瞭解類別間連續資料的散佈情形。

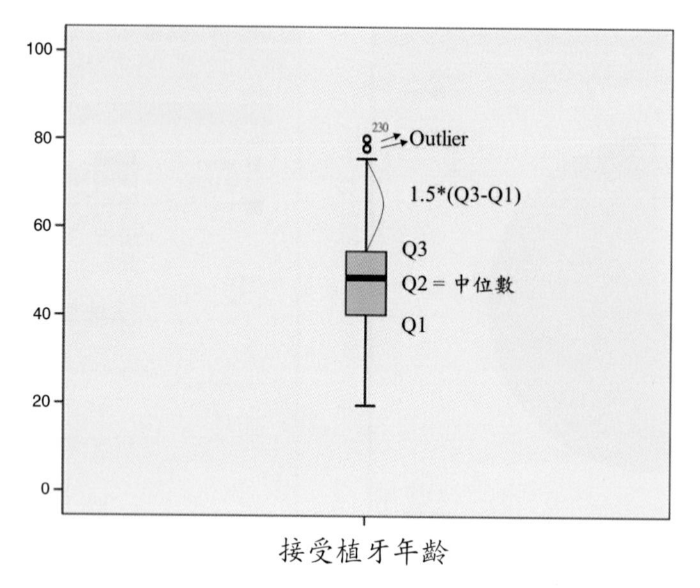

圖 5-7　盒形圖

五、統計圖於 SPSS 之應用

1. 圖形編輯視窗基本操作

執行 SPSS 之各種統計繪圖程序，SPSS 系統便會產生統計圖。使用者可進入圖表編輯器視窗對輸出之統計圖進行編修，以符合所需之效果。進入 SPSS Chart Editor 視窗之操作方式有下列幾種方式：

(1) 點選欲編修之統計圖兩下。

(2) 點選欲編修之統計圖→編輯→編輯內容→在個別視窗中。

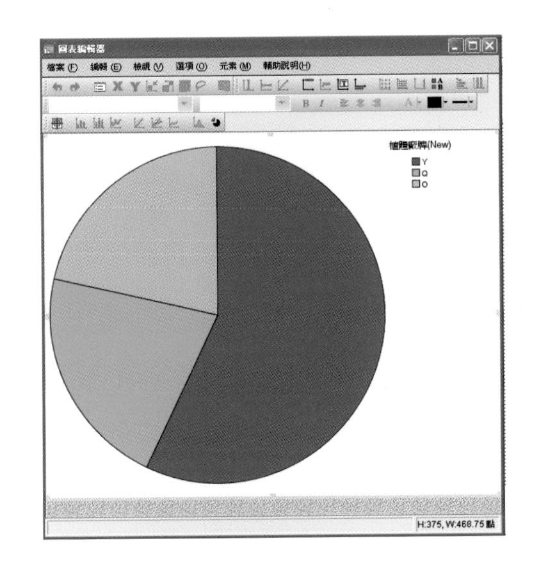

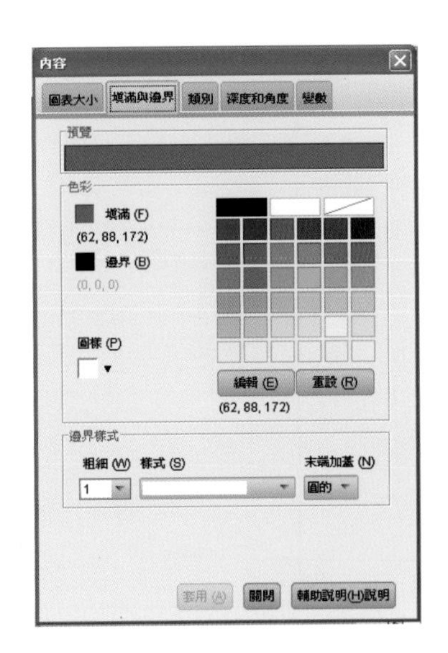

其中

a. 檔案：儲存或套用圖表範本，以及匯出圖表 XML 等功能。

b. 編輯：圖表內容設定，可選取圖表、X 軸、及 Y 軸，調整圖表大小等圖表使用環境，並可複製圖表、調整文字方塊層次順序或作刪除等動作。

c. 檢視：顯現或隱藏各式工具列。

d. 選項：設定編修開啓中統計圖之各項標註、參考線、內外框、圖形調整以及轉置圖表等。

e. 元素：顯現圖形資料標籤、配適線、插補線以及扇形脫離圓餅圖。

f. 輔助說明：查詢主題，或各種 SPSS 的輔助簡介等。

2. 各種常用統計圖之繪製

(1) 繪製直方圖、盒形圖、莖葉圖、常態機率圖

分析→敘述統計→預檢資料→選擇繪圖之變數（依變數清單）及分類變數（因子清單）→顯示點選「圖形」→圖形→選擇欲繪製之圖形

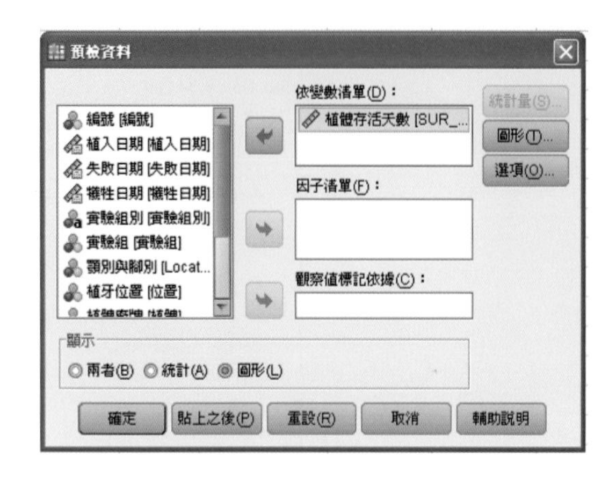

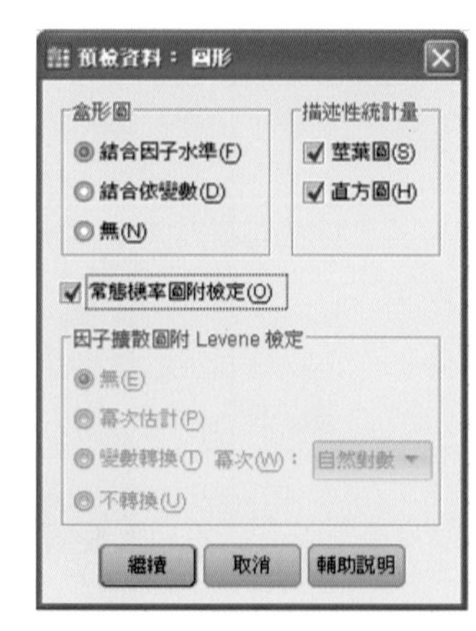

(2) 繪製直方圖

統計圖→歷史對話記錄→直方圖→選擇繪圖之「變數」→選擇是否在直方圖上加入常態曲線→選擇面板依據是否要依分類變數（輸入至列或欄）繪製圖形→選擇是否套用先前設計的圖形格式→圖形標題設定

以某研究中心動物實驗爲例，欲知 20 週（A 組）植體存活天數的分佈概況，以直方圖觀察之，發現其資料多分佈在 20 至 50 天，呈現右偏分佈。

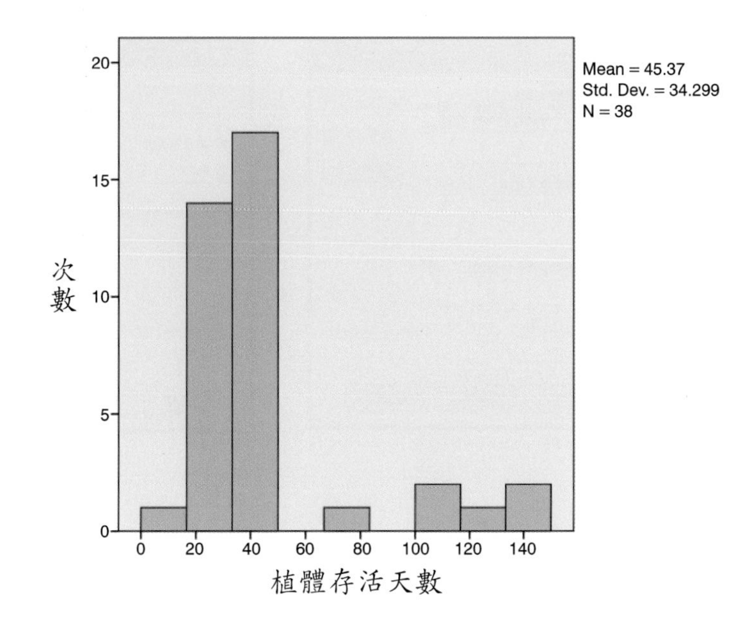

(3) 繪製盒形圖

統計圖→歷史對話記錄→盒形圖→選擇各種圖形設定，說明如下：

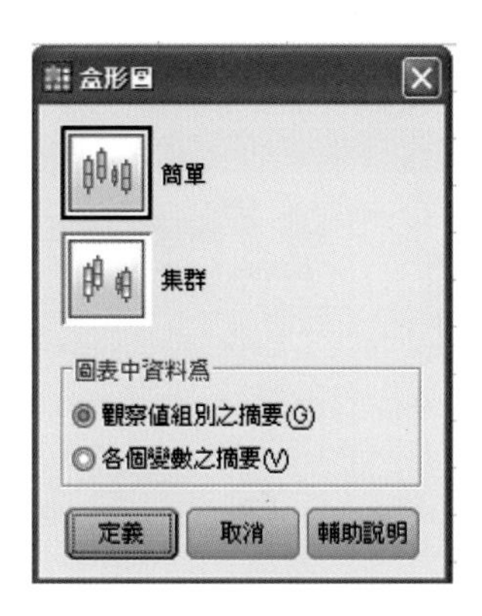

其中

a. 簡單：簡單盒形圖。

b. 集群：群集盒形圖。

c. 觀察值組別之摘要：彙總某一變數以繪製箱型圖。

d. 各個變數之摘要：針對分類變數分類以繪製箱型圖。

e. 定義：選取欲繪製圖形之變數、分類變數以及變數內容標註。

以某牙醫診所為例，研究者欲檢視接受植牙年齡的分佈概況，今若以盒形圖觀察之，可知分佈尚屬對稱，但有四筆極端值，其編號如圖片上所示為 68, 69, 156, 230。

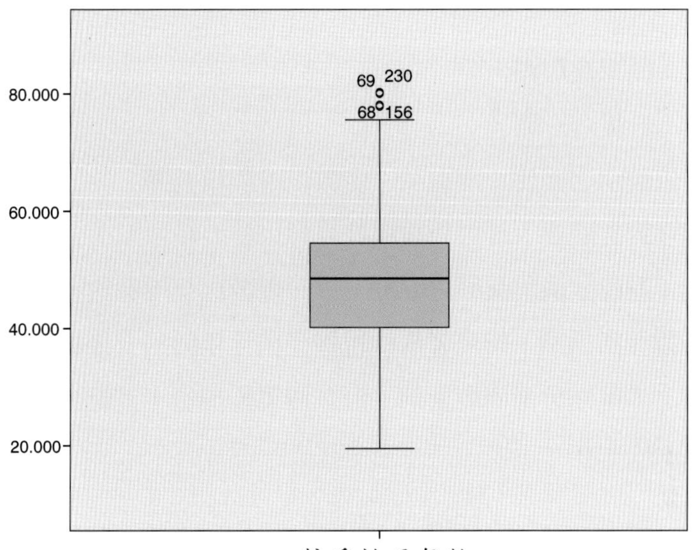

(4)繪製長條圖

統計圖→歷史對話記錄→條形圖→選擇繪圖之方式，說明如下：

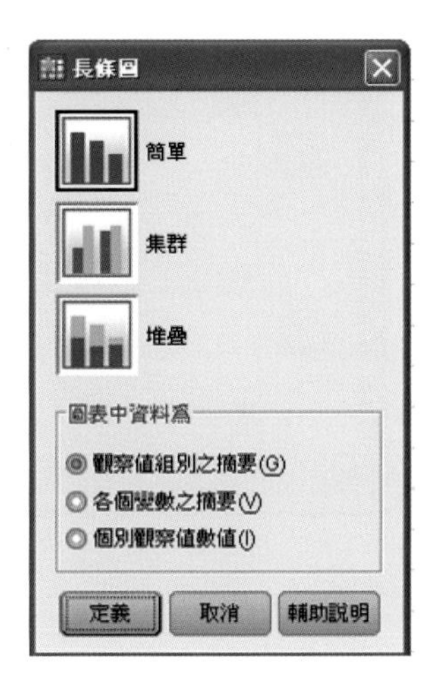

其中

a. 簡單：簡單長條圖。

b. 集群：群集長條圖。

c. 堆疊：堆疊長條圖。

d. 觀察值組別之摘要：彙總某一變數以繪製長條圖。

e. 各個變數之摘要：針對分類變數分類以繪製長條圖。

f. 個別觀察值數值：用個別資料繪製長條圖。

g. 定義：選取欲繪製圖形之變數、分類變數以及長條表現之意義。

以動物實驗爲例，研究者利用長條圖觀察實驗組和對照組的個數，可知實驗組植入人工牙根支數較對照組多。

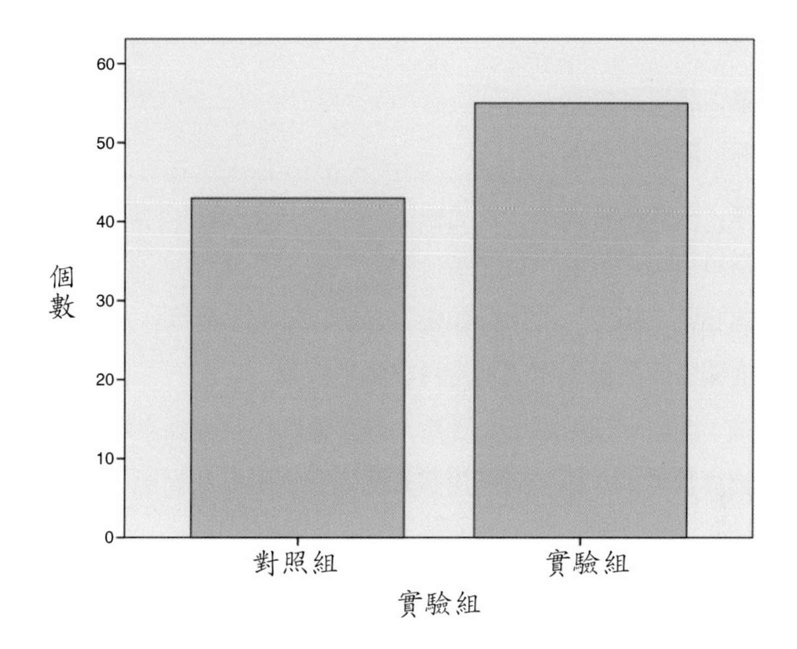

(5) 繪製資料散佈圖

統計圖→歷史對話記錄→散佈圖 / 點狀圖→選擇繪圖之種類，說明如下

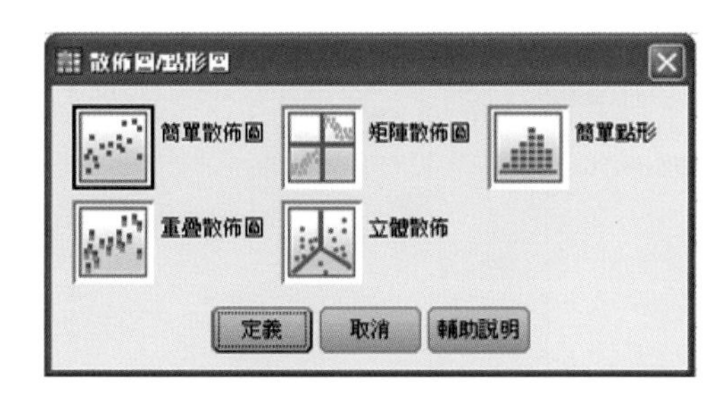

其中

a. 簡單散佈圖：兩變數之簡單平面散佈圖。

b. 矩陣散佈圖：將所選入之所有變數兩兩作簡單平面散佈圖，且並列成一矩陣。

c. 簡單點形：單一變數之簡單點圖。

d. 重疊散佈圖：將變數對變數之兩兩平面散佈圖重疊放在一圖中。

e. 立體散佈：繪製三個變數之 3D 立體散佈圖。

此例為某地區小型醫院一個月內的住院資料，其中記錄著病患的照顧天數與其費用，研究者欲了解兩者之關係，利用散佈圖描繪出平均每位病患的每天費用與照顧天數之關聯程度，大略可觀察兩者之間呈負向關係，有著照顧天數愈長平均每天支出費用愈少的趨勢。

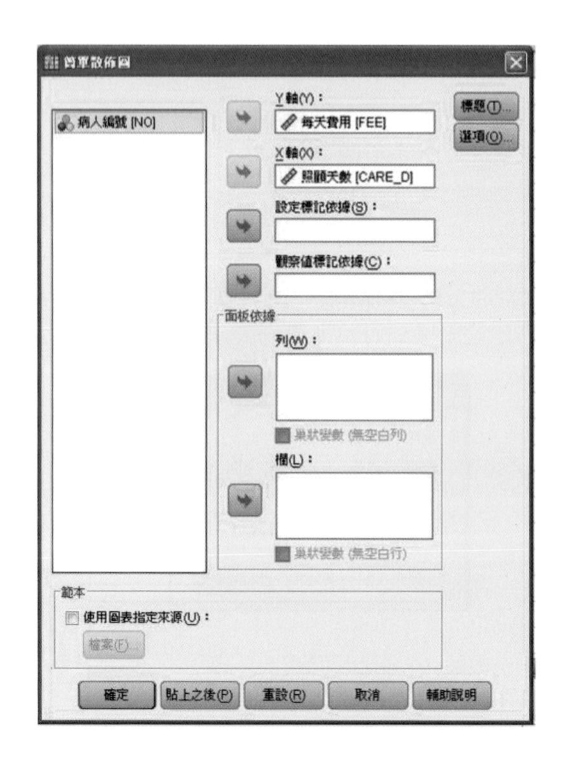

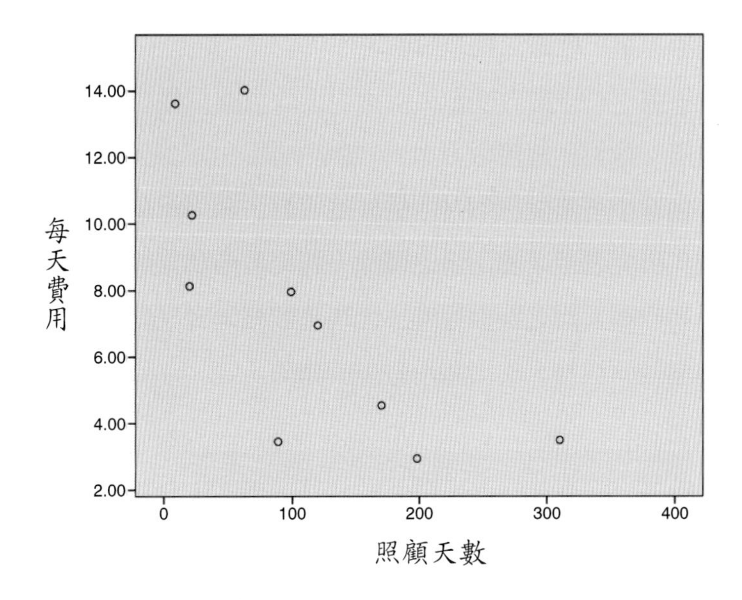

(6) 繪製圓餅圖

統計圖→歷史對話記錄→圓餅圖→選擇繪圖之方式，說明如下

其中

a. 觀察值組別之摘要：彙總某一變數以繪製圓餅圖。

b. 各個變數之摘要：針對分類變數分類以繪製圓餅圖。

c. 個別觀察值數值：用個別資料繪製圓餅圖。

d. 定義：選取欲繪製圖形之變數、分類變數及圓餅大小表現其意義。

以動物實驗為例，研究者利用圓餅圖觀察植體廠牌使用的比例，可知 Y 系列的使用比例最高，占 57.14%。

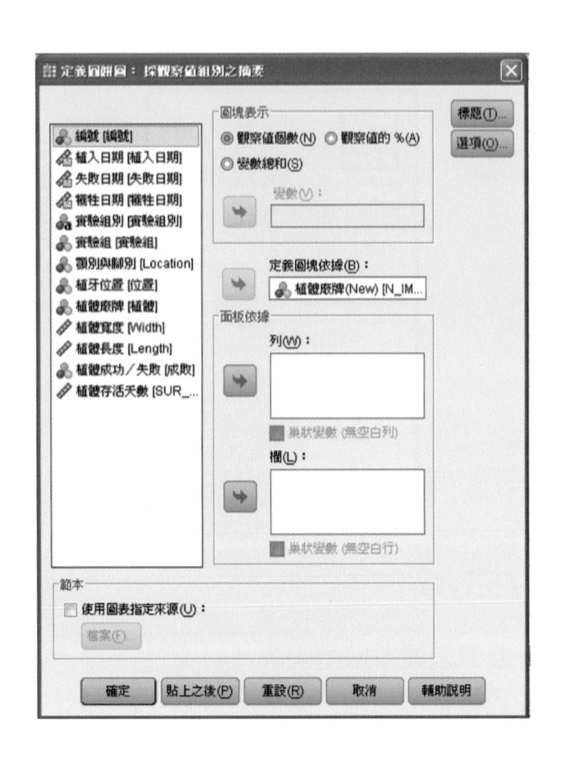

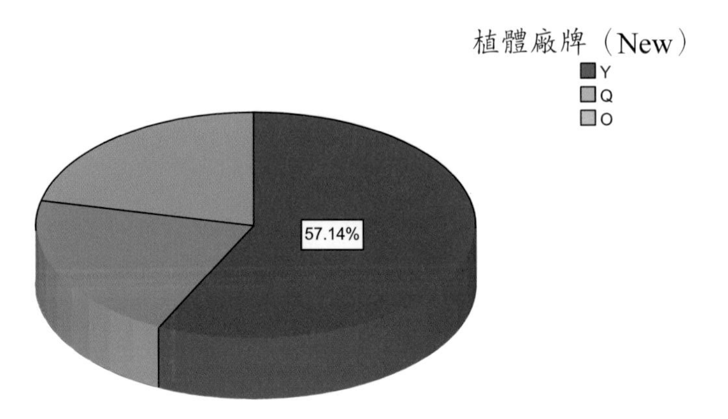

(7) 繪製線形圖

統計圖→歷史對話記錄→線形圖→選擇繪圖之方式，說明如下

其中

a. 簡單：單一變數之簡單線型圖。

b. 複線圖：多條線重疊繪製之線型圖。

c. 延伸線：依分類變數表示之複合線型圖。

d. 觀察值組別之摘要：彙總某一變數以繪製線型圖。

e. 各個變數之摘要：針對分類變數分類以繪製線型圖。

f. 個別觀察值數值：用個別資料繪製線型圖。

g. 定義：選取欲繪製圖形之變數、分類變數。

衛生署統計各年度國人醫療保健支出費用（NHE），研究者想了解平均每人 NHE 占 GDP 比重的趨勢變化，以線形圖描繪可發現 2001 年以前平均每人 NHE/GDP 比例從 4.5% 大幅攀升至 6%，2002 年以後即維持在 6% 左右。

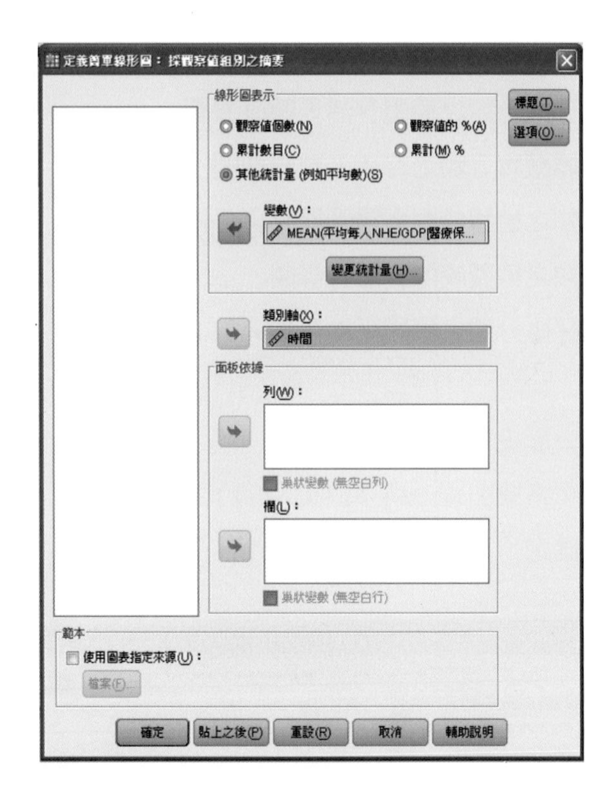
定義簡單線形圖：採觀察值組別之摘要
線形圖表示
觀察值個數(N)
觀察值的 %(A)
累計數目(C)
累計(M) %
其他統計量 (例如平均數)(S)
變數(V)：
MEAN(平均每人NHE/GDP醫療保...
變更統計量(H)...
類別軸(X)：
時間
面板依據
列(W)：
巢狀變數 (無空白列)
欄(L)：
巢狀變數 (無空白行)
範本
使用圖表指定來源(U)：
檔案(F)...
標題(T)...
選項(O)...
確定
貼上之後(P)
重設(R)
取消
輔助說明

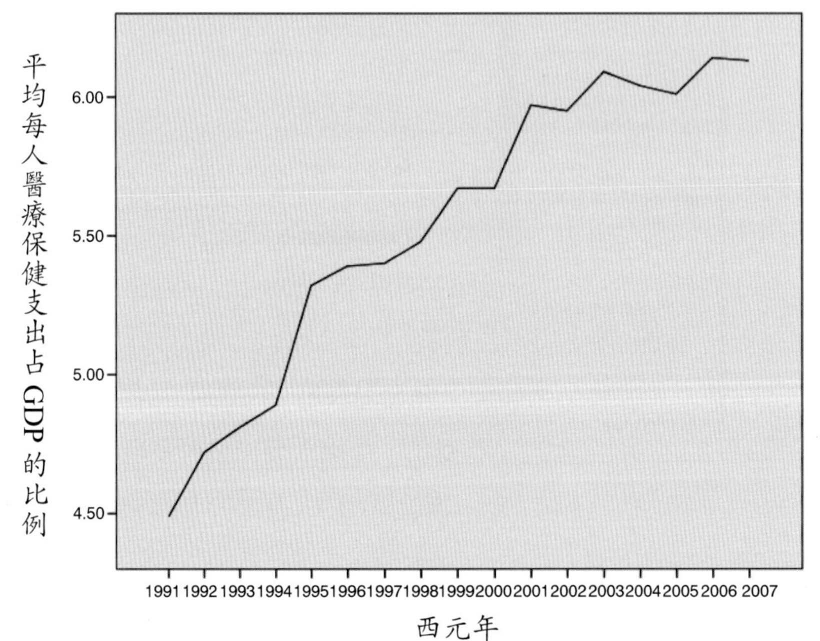
平均每人醫療保健支出占GDP的比例
6.00
5.50
5.00
4.50
1991 1992 1993 1994 1995 1996 1997 1998 1999 2000 2001 2002 2003 2004 2005 2006 2007
西元年

【例 5-1】：開啓資料檔 5-3.sav，研究者欲繪製：

(1) 顎別與牙區分類之植體存活天數直方圖

(2) 一階植體廠牌分類之存活天數箱型圖

(3) 顎別分類之植體成敗立體圓餅圖

(4) 牙區分類之植體成敗立體長條圖

(5) 顎別與牙區分類之植體平均存活天數 Drop-line

【解】

(1) 統計圖→歷史對話記錄→直方圖→將「SUR_DAY」選入變數欄→勾選顯示常態曲線→將「LOCAT_1」選入列並將「LOCAT_2」選入欄→確定

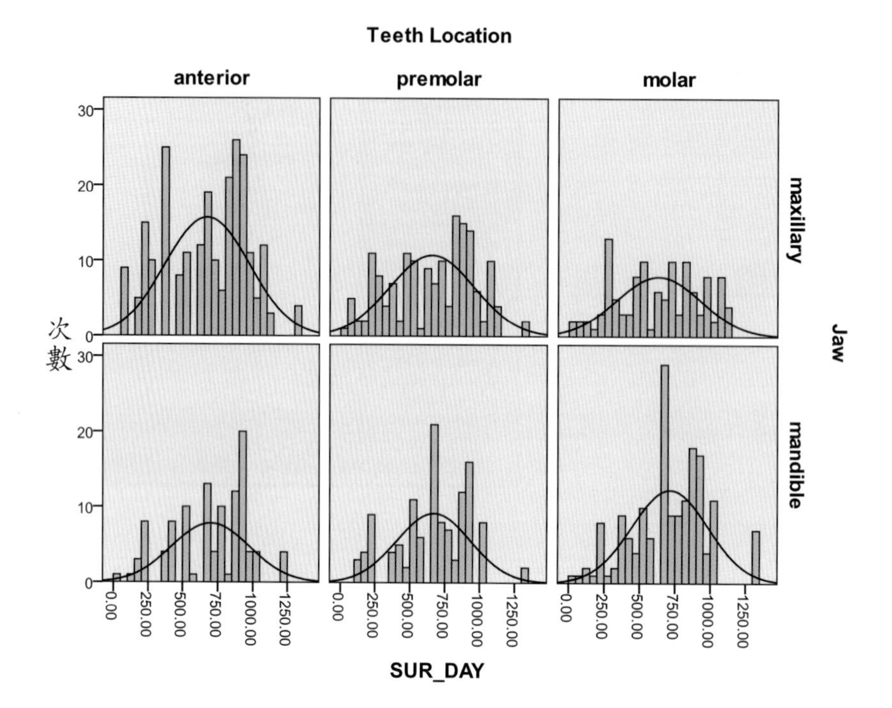

(2) 統計圖→歷史對話記錄→盒形圖→點選「簡單」與「觀察值組別之摘要」→定義→將「SUR_DAY」選入變數欄→將「BRAND」選入類別軸→確定

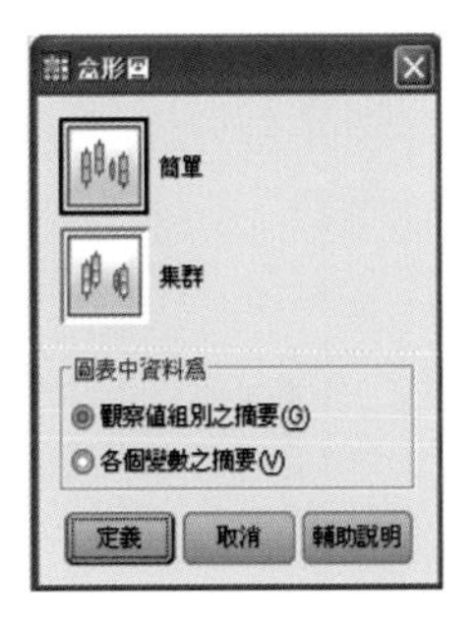

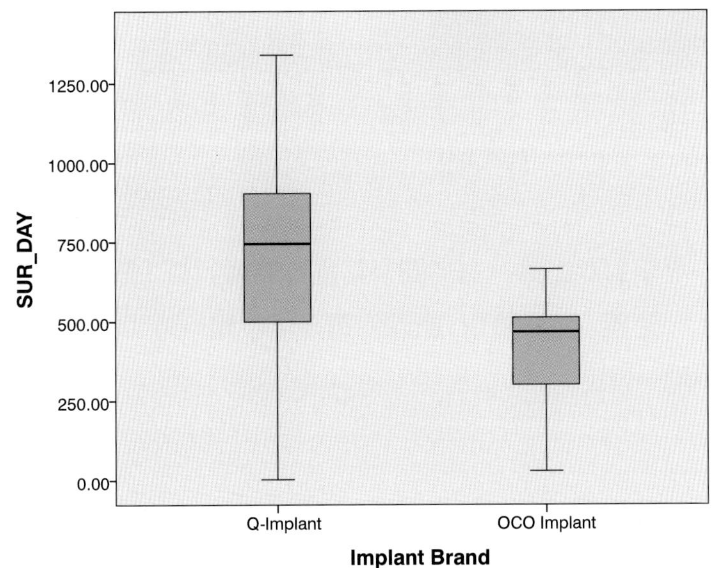

(3) 統計圖→歷史對話記錄→圓餅圖→點選「觀察值組別之摘要」→將「FAILURE」拖曳至定義圖塊依據→將「LOCAT_1」拖曳至欄→確定

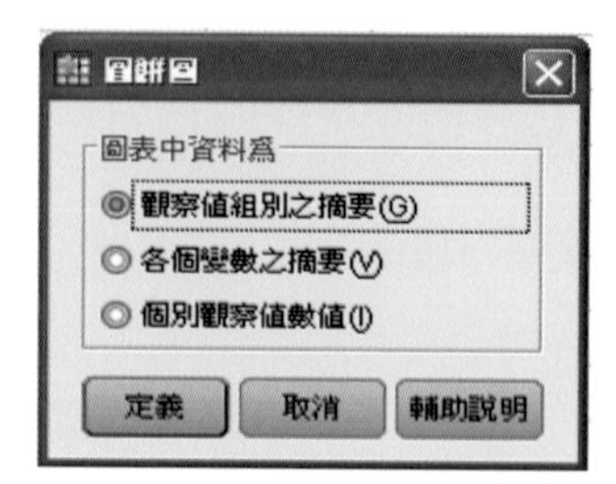
圓餅圖
圖表中資料為
觀察值組別之摘要(G)
各個變數之摘要(V)
個別觀察值數值(I)
定義
取消
輔助說明

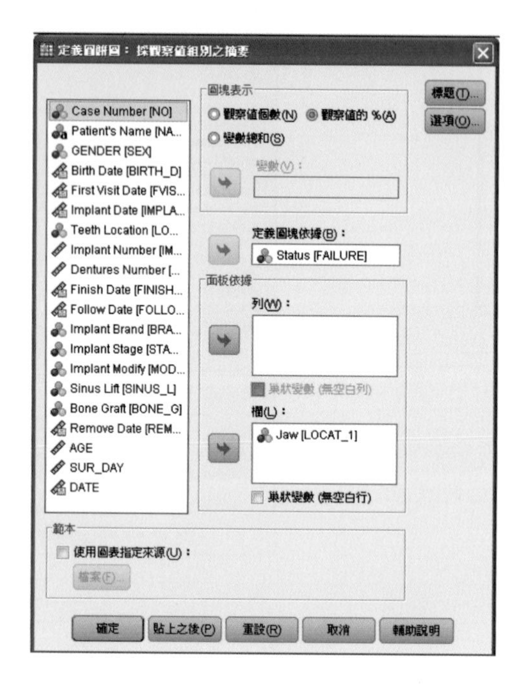
定義圓餅圖：採觀察值組別之摘要
Case Number [NO]
Patient's Name [NA...
GENDER [SEX]
Birth Date [BIRTH_D]
First Visit Date [FVIS...
Implant Date [IMPLA...
Teeth Location [LO...
Implant Number [IM...
Dentures Number [...
Finish Date [FINISH...
Follow Date [FOLLO...
Implant Brand [BRA...
Implant Stage [STA...
Implant Modify [MOD...
Sinus Lift [SINUS_L]
Bone Graft [BONE_G]
Remove Date [REM...
AGE
SUR_DAY
DATE
圖塊表示
觀察值個數(N)
觀察值的 %(A)
變數總和(S)
變數(V)：
定義圖塊依據(B)：
Status [FAILURE]
面板依據
列(W)：
巢狀變數 (無空白列)
欄(L)：
Jaw [LOCAT_1]
巢狀變數 (無空白行)
範本
使用圖表指定來源(U)：
檔案(F)...
標題(T)...
選項(O)...
確定
貼上之後(P)
重設(R)
取消
輔助說明

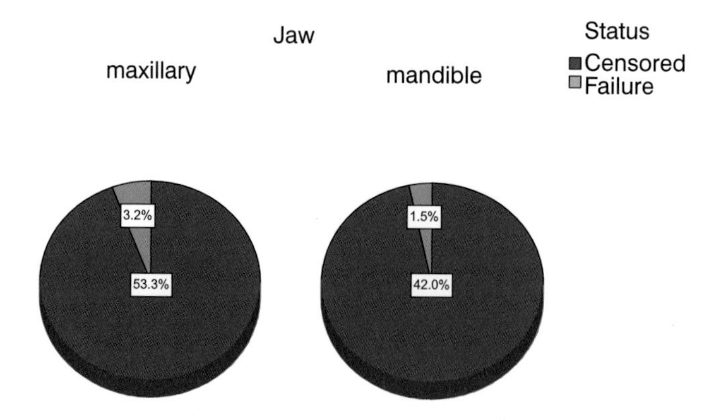
Jaw
maxillary
mandible
Status
Censored
Failure
3.2%
53.3%
1.5%
42.0%

(4) 統計圖→歷史對話記錄→條形圖→點選「堆疊」與「觀察值組別之摘要」→定義→將「LOCAT_2」拖曳至類別軸→將「FAILURE」拖曳至定義堆疊依據→確定

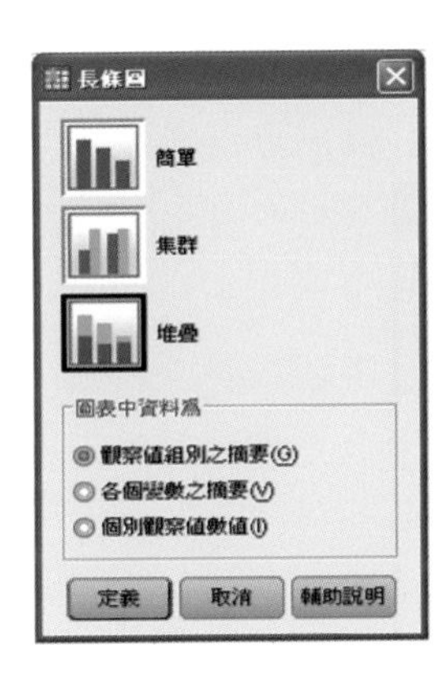

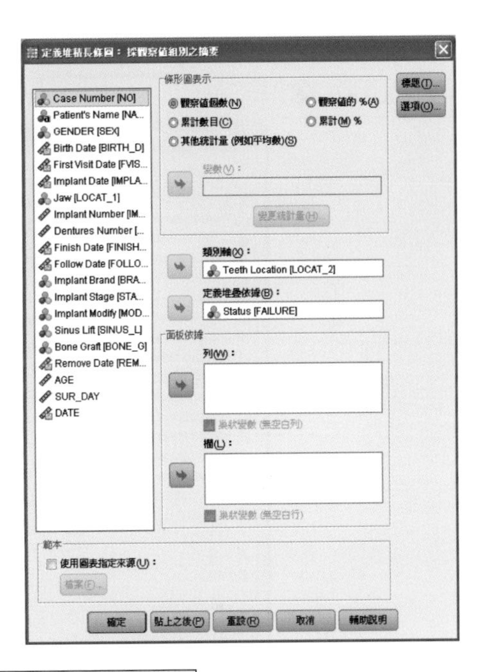

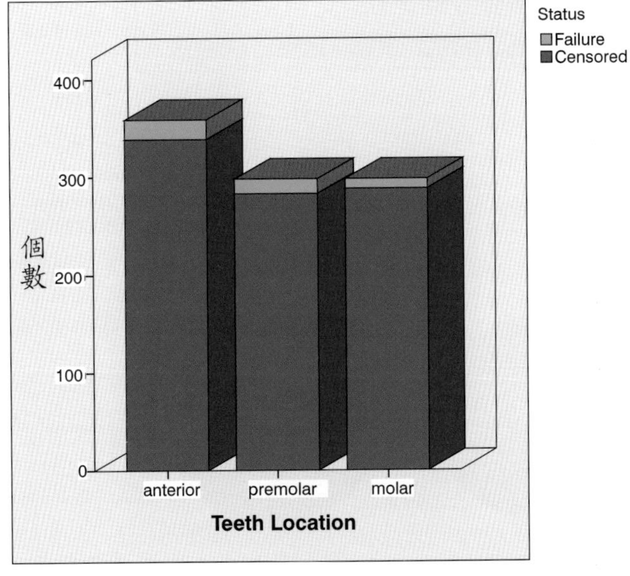

(5) 統計圖→歷史對話記錄→線形圖→點選「延伸線」與「觀察值組別之摘要」→定義→在點表示欄裡點選其他統計量並將「SUR_DAY」選入→將「LOCAT_2」選入類別軸→將「LOCAT_1」選入定義點依據→確定

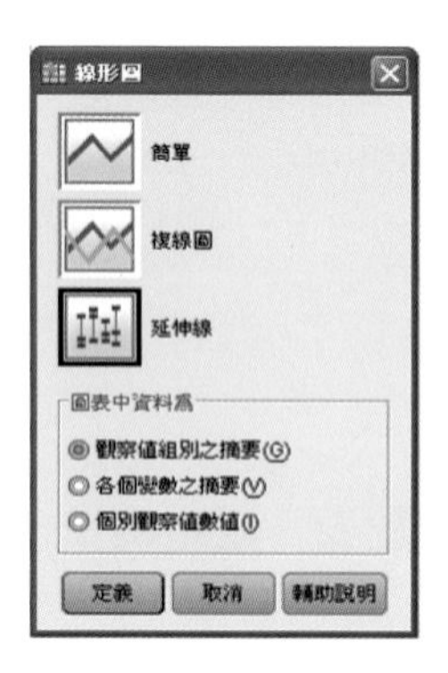

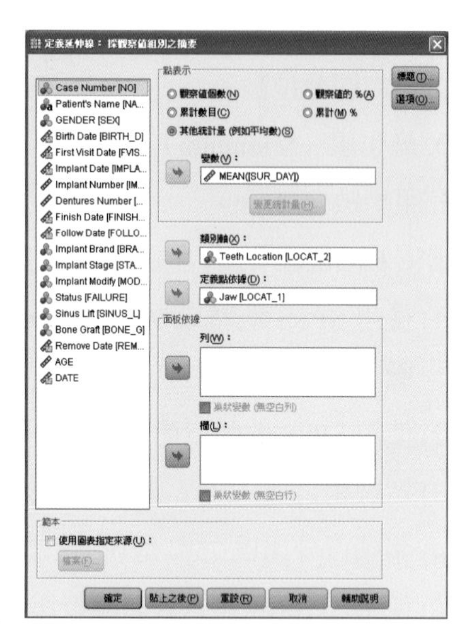

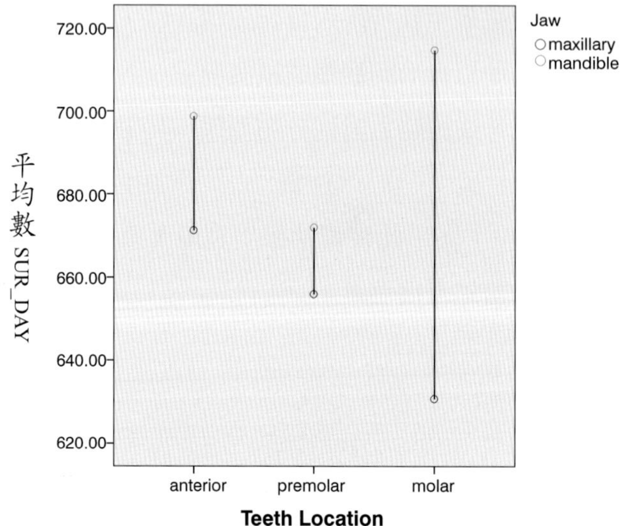

5.3 習題

一、下列何者無法從盒形圖（box plot）中得到？〈101 年台大流行病與預醫所甲組碩士考題〉

A. 全距（Range）

B. 第一四分位數

C. 第二四分位數

D. 最小值（Minimum）

E. 平均數（Mean）

二、請依 Exercise5-1.xls 記錄的學生投籃命中次數資料，

(1) 使用 SPSS 軟體以 Visual Binning 製作次數分配表（組距為 5，組數 6 組）；

(2) 使用 SPSS 軟體以簡單條形圖製作分組化的投籃命中次數長條圖；

(3) 眾數組是哪一組？其累積百分比為？

(4) 累積百分比為 75% 是在哪一組？

(5) 使用 SPSS 軟體以圓餅圖製作分組化的投籃命中次數圓餅圖。

三、今一醫事機構給予在校學生執行院內實習成績評核，某實習站成績敘述統計資料如下表，並以盒形圖觀察成績概況。

說明：由盒形圖形態觀之，成績略為對稱分布型態，其平均數與中位數約相同；由百分位數來看 Q1 為______，Q3 為______，由四分位距（IQR）來看其為 Q1 和 Q3 較集中；表示此實習站學生表現大致很均勻，唯有一位學生較落後，可加以討論是否為個案。

敘述統計資料表

項目	數值	單位
觀察值	12	人次
平均數	12.65	分數
中位數	13	分數
標準差	3.18	分數
最小值	3	分數
最大值	20	分數

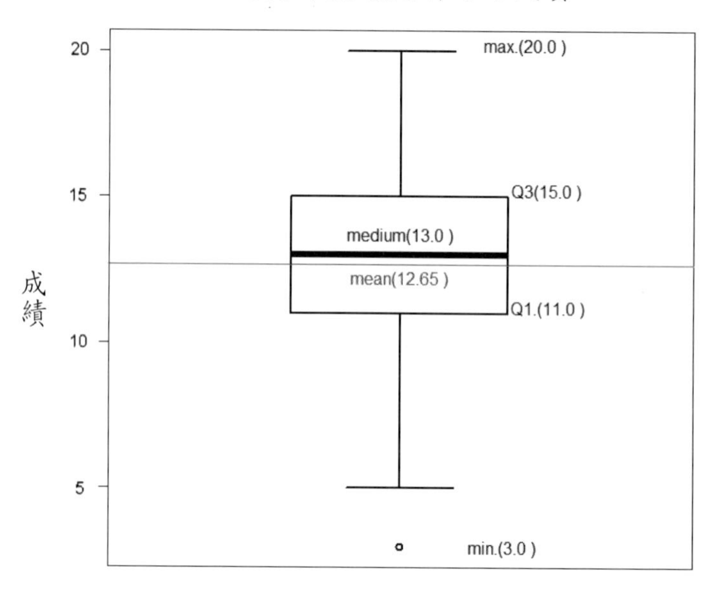

實習成績盒形圖

第六章 敘述統計量分析（Descriptive Statistics）

6.1 敘述統計量

一、意義

敘述統計係指描述資料特徵的方式，而用一數值描述此些資料特徵則稱爲敘述統計量。如集中趨勢測定數、分散趨勢測定數、偏態係數以及峰態係數等。

二、集中趨勢測定數

1. 集中趨勢：觀測的統計數據有向某種中間值集中的傾向。
2. 集中趨勢測定數（集中趨勢量數）：用以代表數據集中趨勢的測定值，如圖 6-1。
3. 常用集中趨勢測定數：如平均數、中位數、眾數以及百分位數。其中平均數有算術平均數、加權平均數、幾何平均數與調和平均數等，常用的是算術與加權平均數，一般母體平均數的表示符號爲μ，樣本平均數的表示符號爲 $\bar{x}$。

集中趨勢測定數
- 1. 平均數
  - 算術平均數
  - 加權平均數
  - 幾何平均數
  - 調和平均數
- 2. 中位數
- 3. 眾數
- 4. 百分位數

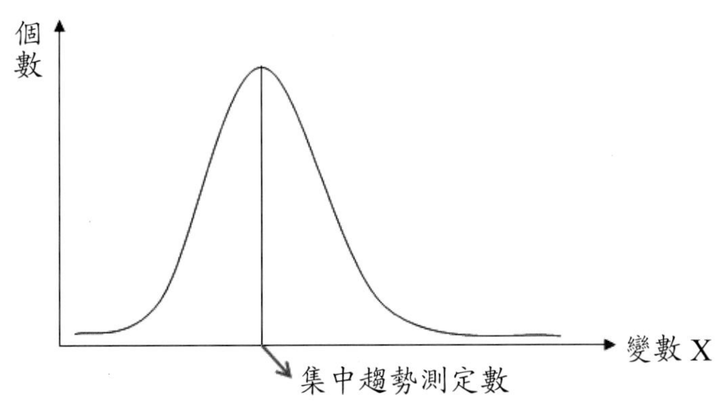

圖 6-1　集中趨勢測定數示意圖

(1) 平均數：$\bar{x}=\dfrac{f_1 x_1+f_2 x_2+\cdots+f_k x_k}{f_1+f_2+\cdots f_k}=\dfrac{\sum_{i=1}^{k} f_i x_i}{\sum_{i=1}^{k} f_i}=\dfrac{\Sigma f\cdot x}{n}$，

其中f_i為各筆資料出現次數（或頻率）；x_i若在未分組的資料裡，則為原始資料；x_i若在已分組的資料裡，則為第 i 組的組中點。

(2) 中位數（Me）：在統計資料序列或次數分配中最中間位置者的「數值」。

若 $x_1\le x_2\le\cdots\le x_n$，

當 n 為奇數時，$Me=x_{\frac{n+1}{2}}$；

當 n 為偶數時，$Me=\left(x_{\frac{n}{2}}+x_{\frac{n}{2}+1}\right)/2$

(3) 衆數（Mo）：統計資料中出現次數最多的數值，可能沒有或不止一個衆數。

如某一組數據的 10 筆資料為 1, 2, 2, 3, 3, 3, 3, 4, 4, 4，此組數據的衆數為 3。

(4) 百分位數（Percentiles）：可表示為集中趨勢測定數（第 50 百分

位數即爲中位數），亦可用來表示統計資料的散佈範圍及數值的相對位置。

4. 集中趨勢測定數特性

(1) 單峰對稱次數分配下，$\bar{x}=Me=Mo$，如圖 6-2：

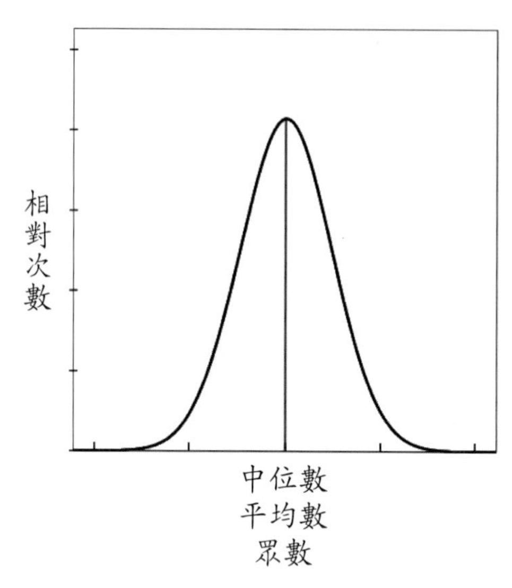

圖 6-2　單峰對稱次數分配

(2) 右偏（正偏）分配，$\bar{x}=Me=Mo$，如圖 6-3：

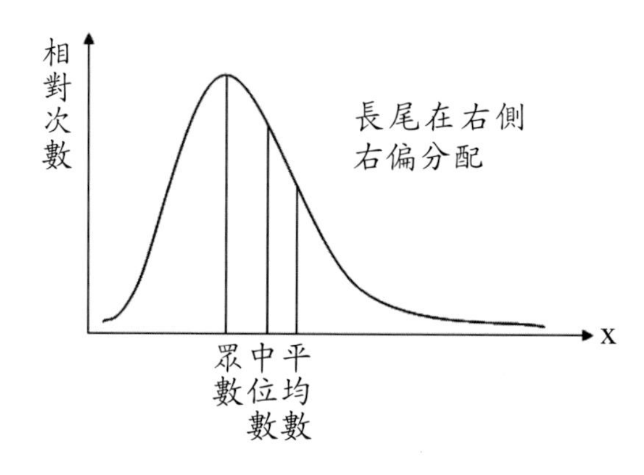

圖 6-3　右偏分配

(3) 左偏（負偏）分配，$\bar{x} = Me = Mo$，如圖 6-4。

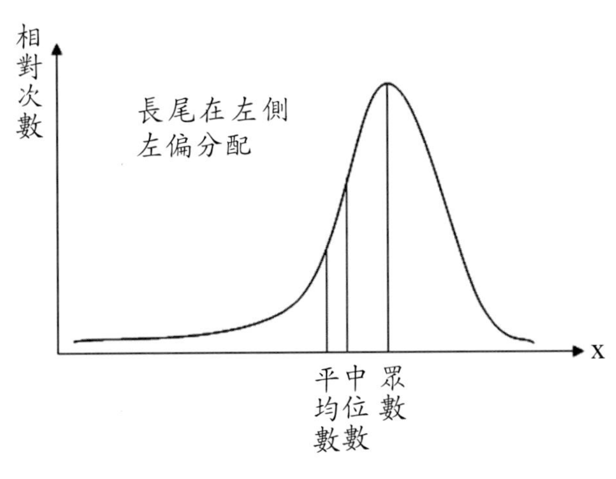

圖 6-4　左偏分配

三、分散趨勢測定數（離差量數）

1. 分散趨勢：觀測數據分佈情形。
2. 分散趨勢測定數：簡稱離差，顯示數據的分佈情況。
3. 常用分散趨勢測定數：全距、離均差平方和、變異數、標準差和變異係數等。

(1) 全距（R）：一組數據中最大值與最小值之間的差額，$R = x_{max} - x_{min}$。

(2) 離均差平方和（SS）：各項數值與平均數的差平方後加總，$SS = \sum_{i=1}^{n} (x_i - \bar{x})^2$。

(3) 變異數（V）：將離均差平方和除以數據總個數所得的平均平方和稱之。可分

a. 母體變異數（σ^2）：$\sigma^2 = \frac{\sum_{i=1}^{N} (x_i - \mu)^2}{N}$

b.樣本變異數（S^2）：$S^2=\frac{\sum_{i=1}^{n}(x_i-\overline{x})^2}{n}$

c.不偏樣本變異數（s^2）：$s^2=\frac{\sum_{i=1}^{n}(x_i-\overline{x})^2}{n-1}$

(4)標準差（SD）：將變異數開根號，可縮小擴大的變異且使單位回復原狀。

a.母體標準差（σ）：$\sigma=\sqrt{\frac{\sum_{i=1}^{N}(x_i-\mu)^2}{N}}=\sqrt{\frac{\Sigma x^2}{N}-\mu^2}$

b.樣本標準差（s）：$s=\sqrt{\frac{\sum_{i=1}^{n}(x_i-\overline{x})^2}{n-1}}=\sqrt{\frac{\Sigma x^2-\frac{(\Sigma x)^2}{n}}{n-1}}$

(5)變異係數（CV）：將標準差除以平均數即得變異情形佔平均數的相對變化量，可反映平均數的代表性。一般而言，變異係數應在 7% 或 8% 左右，若超過 35% 則平均數的代表性不好。使用於比較單位不同時，或比較單位相同但平均數不同時，其可判斷是否有特殊變異（準則：CV% > 35% 或 CV% < 5%）

$CV\%=\frac{\sigma}{\mu}\times 100\%$　　或　　$CV\%=\frac{s}{\overline{x}}\times 100\%$

四、偏態係數（α_3）

觀察資料分佈是對稱或偏向左右，動差法的偏態係數，公式如下：

$$\alpha_3=\frac{\frac{1}{N}\sum_{i=1}^{N}(x_i-\mu)^3}{\sigma^3}$$

若 $\alpha_3=0$ 表示對稱；$\alpha_3>0$ 表示右偏（正偏）；$\alpha_3<0$ 表示左偏（負偏）。

五、峰態係數（α_4）

$$\alpha_4 = \frac{\frac{1}{N}\sum_{i=1}^{N}(x_i-\mu)^4}{\sigma^4}$$

若 $\alpha_4 = 3$ 表示常態峰；$\alpha_4 > 3$ 表示高峽峰；$\alpha_4 < 3$ 表示低闊峰。

6.2 敘述統計量於 SPSS 之應用

一、次數分配表

欲求得資料之次數分配表及一些特徵量數，或繪製資料之圓餅圖、長條圖、以及直方圖，可操作如下：

分析→敘述統計→次數分配表→選入欲處理之變數→確定

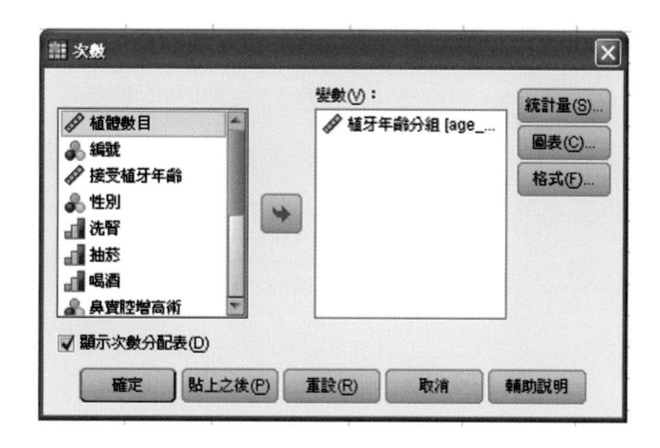

其中

1. 統計量：選擇欲計算、列出的統計量；
2. 圖表：選擇欲繪製的圖形，及繪製方式；
3. 格式：更改次數分配表輸出時的格式。

次數分配表選項設定與操作詳細介紹如下：

1. 點選「統計量」後出現下列視窗：

其中

(1) 四分位數：列出各個四分位數。

(2) 切割觀察組為：將資料等分成 n 份後，列出各個分割點。

(3) 百分位數：選擇列出使用者自訂的百分位數，如第 5 百分位數或第 95 百分位數等。

(4) 集中趨勢：選擇列出各種集中趨勢測定數，如平均數、中位數等。

(5) 分散情形：選擇列出各種離中趨勢測定數，如標準差、範圍、平均數的標準誤等。

(6) 觀察值為組別中點：若處理變數之內容代表每一組組中點，則選擇此項。

(7) 分配：選擇列出偏態或峰度係數。

2. 點選「圖表」後出現下列視窗：

其中

(1) 無：表不畫圖，此爲 SPSS 預設選項。

(2) 長條圖：繪製欲處理變數之長條圖。

(3) 圓餅圖：繪製與處理變數之圓餅圖。

(4) 直方圖：繪製欲處理變數之直方圖，處理之變數需爲數值變數。

(5) 在直方圖顯示常態分佈曲線：將常態曲線加入上述直方圖上。

(6) 圖表值：當繪製長條圖或圓餅圖時，選擇以資料之次數或百分比呈現。

3. 點選「格式」後出現下列視窗，

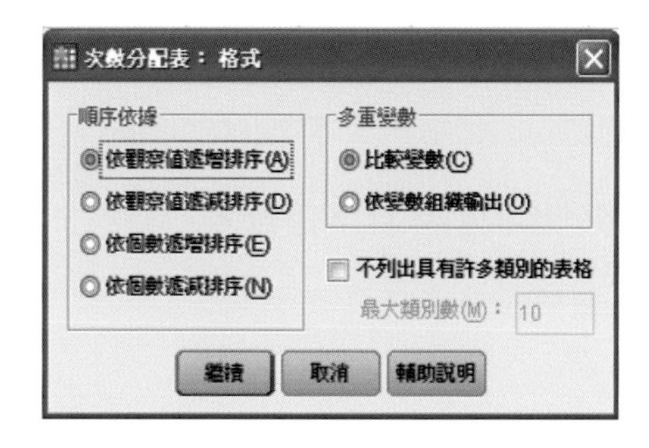

其中

(1) 順序依據：選擇資料呈現時排序的方式，依觀察值遞增排序－依變數數值之遞增方式排序；依觀察值遞減排序－依變數數值之遞減方式排序；依個數遞增排序－依變數不同類別發生次數之遞增方式排序；依個數遞減排序－依變數不同類別發生次數之遞減方式排序。

(2) 多重變數：若處理變數有多個時，在列印統計量時，選擇將多格變數列印在同一表中以作比較（比較變數），或分開列表（依變數組織輸出）。

(3) 不列出具有許多類別的表格：勾選的意思爲，當變數不同類別超過 10 類（預設最大類別數填 10）的話，將不列印出次數分配表。

【例 6-1】：開啓資料檔 6-1.sav，

(1) 列出實驗組植體比例之次數分配表，並繪製圓餅圖。

(2) 求算植體存活期間的平均數、變異數、偏態係數、峰態係數，並繪製直方圖。

(3) 求算植體存活期間的第一分位數與第 95 百分位數。

【解】

(1) 分析→敘述統計→次數分配表→選入「實驗組」→圖表→點選圓餅圖→繼續→確定

組別

		次數	百分比	有效百分比	累積百分比
有效的	對照組	43	43.9	43.9	43.9
	實驗組	55	56.1	56.1	100.0
	總和	98	100.0	100.0	

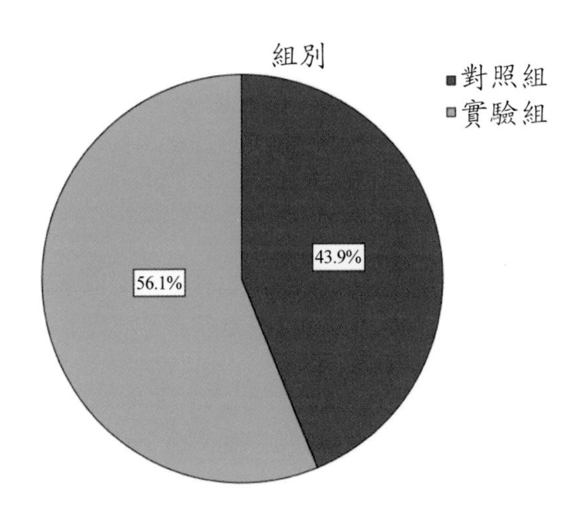

(2) 分析→敘述統計→次數分配表→將「植體存活天數」選入變數→統計量→勾選平均數、變異數，偏態，峰度→繼續→圖表→點選直方圖→繼續→格式→勾選不列出具有許多類別的表格→繼續→確定

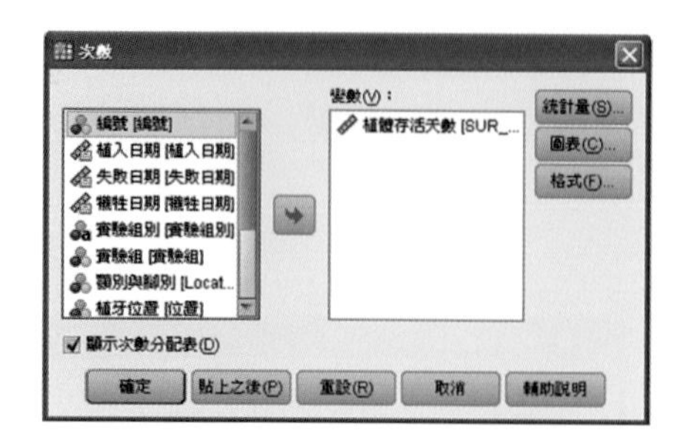

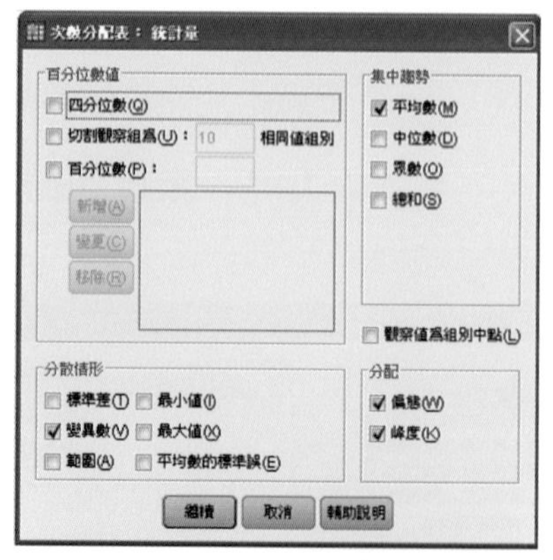

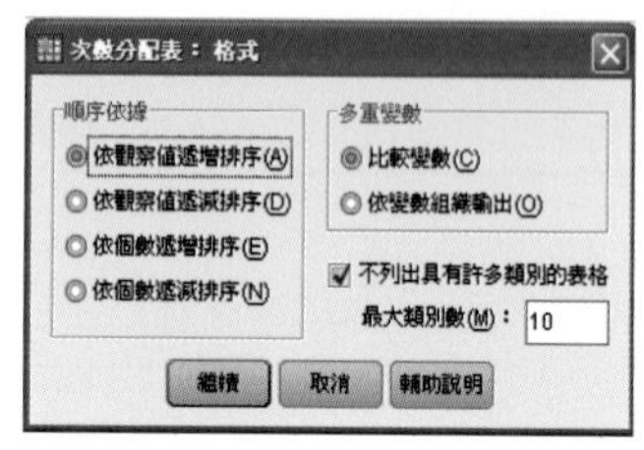

統計量

個體存活天數

個數	有效的	38
	遺漏值	60
平均數		45.37
變異數		1176.401
偏態		1.788
偏態的標準誤		.383
峰度		2.533
峰度的標準誤		.750

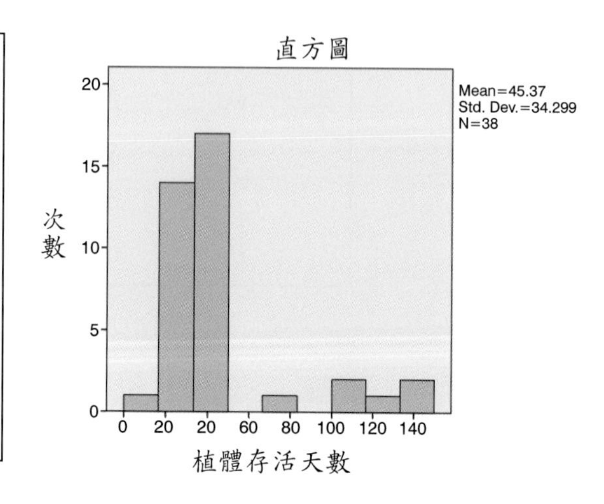

(3) 分析→敘述統計→次數分配表→將「植體存活天數」選入變數→取消勾選顯示次數分配表→統計量→勾選四分位數→勾選百分位數並輸入 95 →繼續→確定

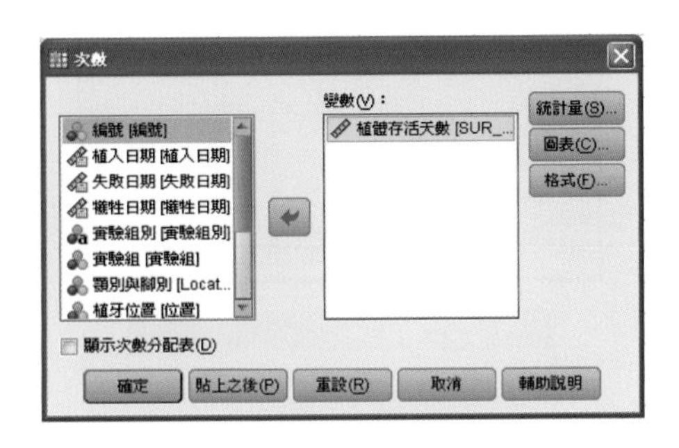

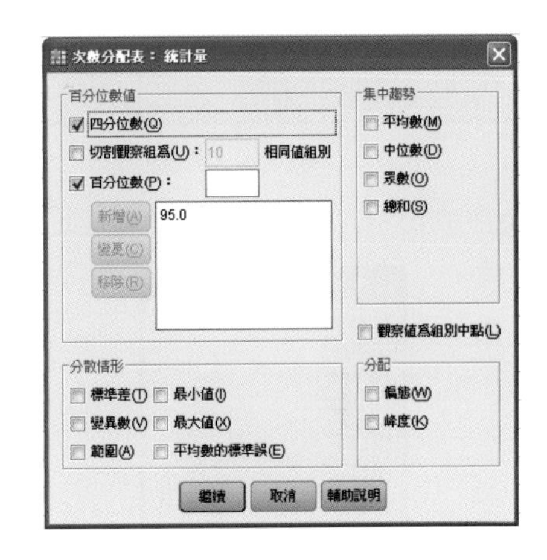

統計量

植體存活天數

個數	有效的	38
	遺漏值	60
百分位數	25	22.00
	50	42.00
	75	42.00
	95	142.00

二、描述性統計量

欲求得資料中之數值變數的敘述性統計量，可操作如下

分析→敘述統計→描述性統計量→選入欲處理之變數→確定

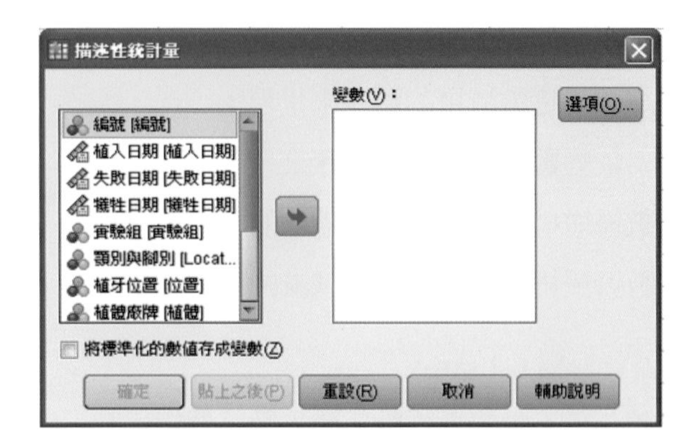

其中

1. 將標準化的數值存成變數：將欲處理變數內容標準化後之資料，以原變數名前面加 Z 命名爲新變數，並自動存於資料檔中。
2. 選項：選擇欲計算之統計量。

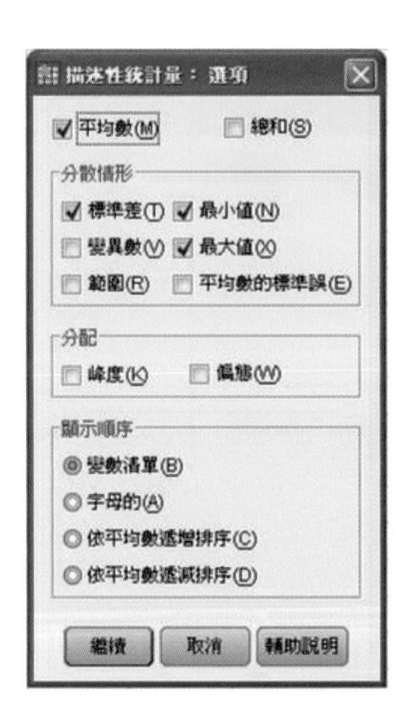

點選「選項」後出現上述視窗，其中與次數分配表相同的是都有集中趨勢測定數、分散趨勢測定數、以及偏態與峰度係數，另有顯示順序可選

擇輸出結果呈現時的排序方式，說明如下：

(1) 變數清單：依變數清單的順序來呈現；

(2) 字母的：依變數名稱的字母順序來呈現；

(3) 依平均數遞增排序：依平均數遞增的順序來呈現；

(4) 依平均數遞減排序：依平均數遞減的順序來呈現。

【例 6-2】：開啓資料檔 6-1.sav，

(1) 求算植體存活天數的平均數、變異數、偏態係數、峰態係數。

(2) 求算植體存活天數的標準化分數，並計算其最大值與最小值、平均數、變異數、偏態係數、峰態係數。

【解】

(1) 分析→敘述統計→描述性統計量→將「植體存活天數」選入變數→選項→勾選平均數 , 變異數 , 峰度 , 偏態→繼續→確定

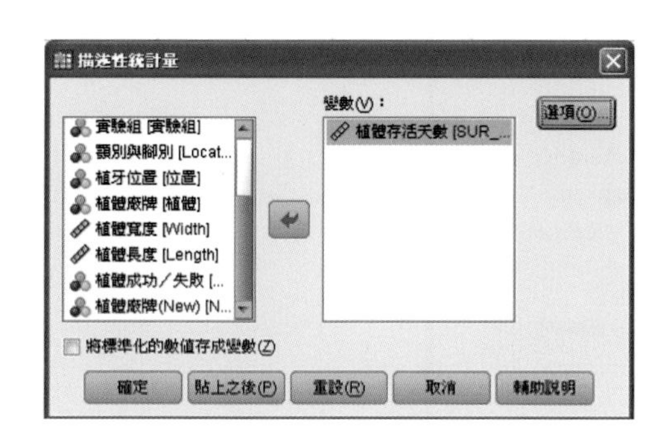

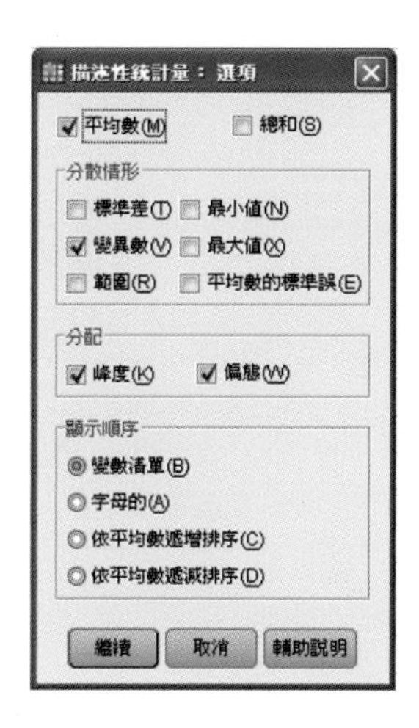

敘述統計

	個數	平均數	變異數	偏態		峰度	
	統計量	統計量	統計量	統計量	標準誤	統計量	標準誤
植體存活天數	38	45.37	1176.401	1.788	.383	2.533	.750
有效的 N（完全排除）	38						

(2) 分析→敘述統計→描述性統計量→將「植體存活天數」選入變數→勾選將標準化的數值存成變數→選項→勾選平均數，最小值，最大值，變異數，峰度，偏態→繼續→確定

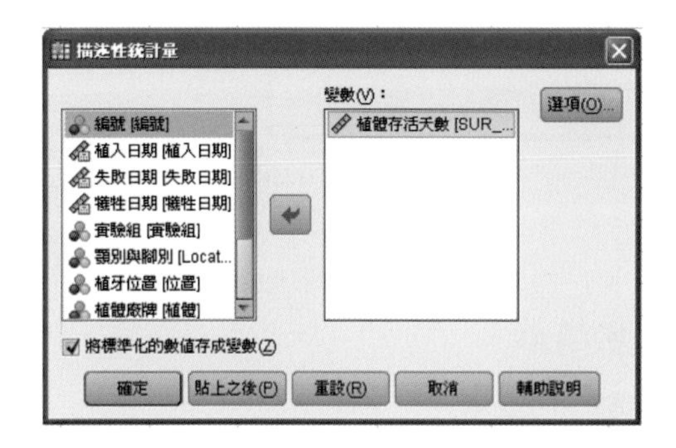

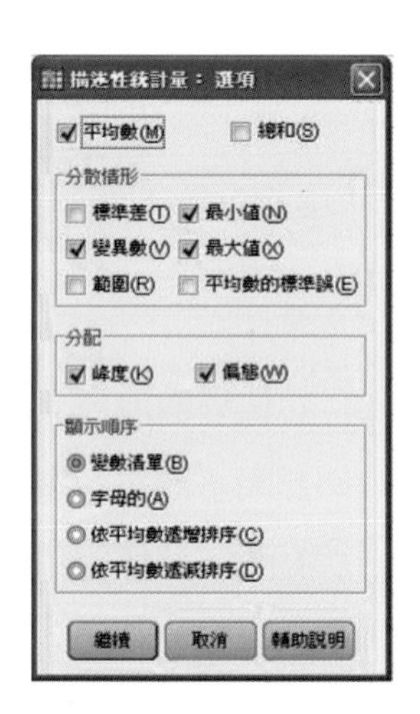

敘述統計

	個數	最小值	最大值	平均數	變異數	偏態		峰度	
	統計量	統計量	統計量	統計量	統計量	統計量	標準誤	統計量	標準誤
植體存活天數	38	0	142	45.37	1176.401	1.788	.383	2.533	.750
有效的 N（完全排除）	38								

三、預檢資料

對資料進行初步的觀察檢測，例如欲檢測資料是否符合常態分配，多個母體變異是否相等等…，可操作如下：

分析→敘述統計→預檢資料→選入欲處理之變數→確定

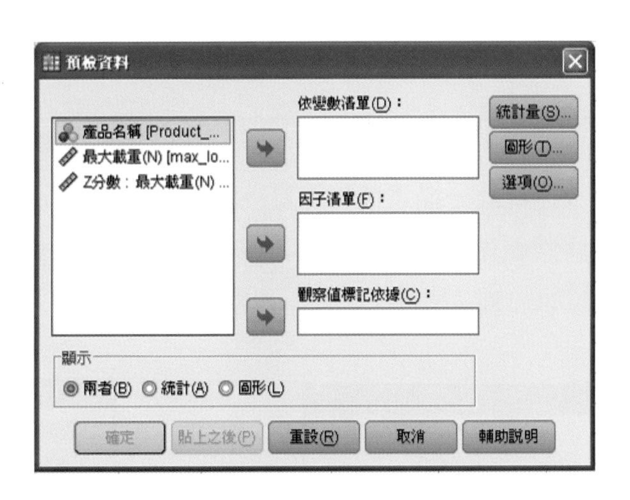

其中

1. 依變數清單：選入欲預檢的變數清單。
2. 因子清單：選入分組的名目變數。
3. 觀察值標記依據：選擇在呈現資料時，用何種變數的內容來標註觀測值。
4. 顯示：選擇只要顯現統計量，或是顯現統計圖形，或是兩者都顯示。
5. 統計量：選擇要顯示的各種統計量。
6. 圖形：選擇要顯示的各種統計圖形，其中包含常態性檢定。
7. 選項：選擇處理遺失值的方法。

預檢資料各式選項設定與操作詳細介紹如下：

1. 點選「統計量」後出現下列視窗：

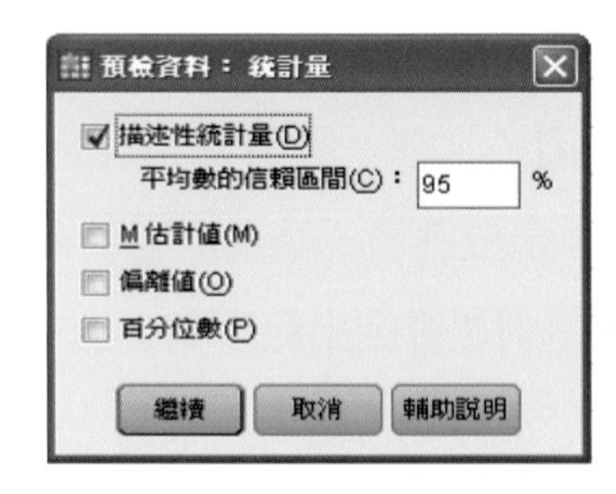

其中

(1) 描述性統計量：顯示各種描述性統計量，包含樣本平均數、標準誤、信賴區間（預設為 95% 信賴區間）、中位數、5% 修整平均數（截尾平均數）、變異數、標準差、最小值、最大值、範圍、四分位全距、偏態係數、及峰度係數。

(2) M 估計值：顯示各種方法下所計算之位置參數的穩健最大概似估計值。

(3) 偏離值：選示變數中最大和最小的五個極端值。

(4) 百分位數：顯示變數的第 5, 10, 25, 50, 75, 90, 95 百分位數，以及 Tukey 摘要值（即為第 25, 50, 75 百分位數）。

2. 點選「圖形」後出現下列視窗，

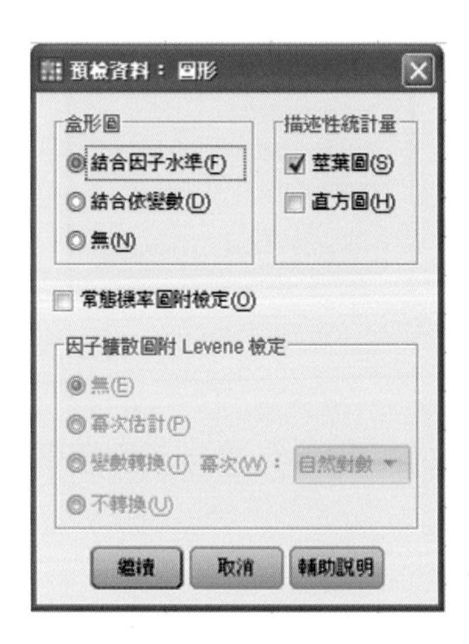

其中

(1) 盒形圖：結合因子水準－變數分開將所有組別之箱型圖並排列表，此為 SPSS 預設選項；結合依變數－將所有變數並排依某一分組變數所有組別並排列出箱型圖；無－選擇不繪製箱型圖。

(2) 描述性統計量：選擇是否繪製莖葉圖（Stem-and-leaf）或直方圖（Histogram）。

(3) 常態機率圖附檢定：選擇是否繪製常態機率圖及計算 Kolmogorov-Smirnov、Shapiro-Wilks 常態性檢定之統計量。

(4) 因子擴散圖附 Levene 檢定：控制散佈對水準（spread vs.level）之圖形的資料轉換。顯示的圖形會顯示迴歸線坡度以及變異數齊一性的 Levene robust 檢定。未選取任何因子變數，即不會產生散佈對水準之圖形。冪次估計為達成儲存格中相等變異數的冪次轉換估計值。變數轉換能自由選取冪次轉換的項目或依冪次估計所提的建議作轉換。不轉換則是產生原始資料的圖形，亦即冪次為 1 的轉換。

3. 點選「選項」後出現下列視窗：

其中

(1) 完全排除觀察值：將含有遺漏值的觀察值列，由全部欲分析處理變數中排除。

(2) 成對方式排除：個別變數排除其遺漏值的部分來分析或計算。

(3) 報表值：顯現遺漏值的次數，不併入計算與繪圖。

【例 6-3】：開啓資料檔 6-2.sav ，以最大載重作爲依變數清單選項，以產品名稱作爲因子清單選項，計算各種敘述統計量與極端值，操作方式如下所示：

【解】

分析→敘述統計→預檢資料→將「最大載重」選入依變數清單→將「產品名稱」選入因子清單→統計量→勾選描述性統計量與偏離值→繼續→確定

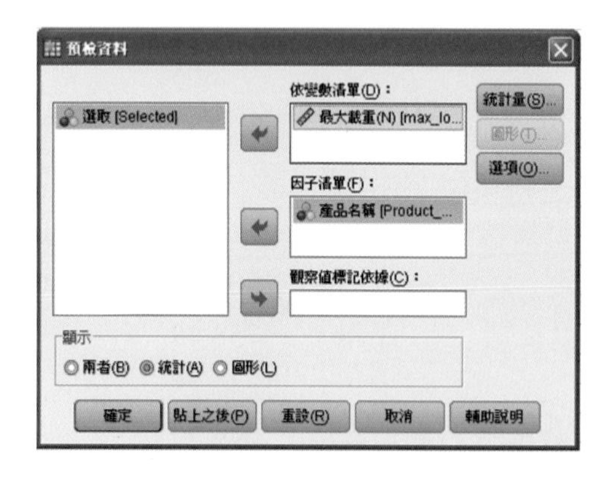

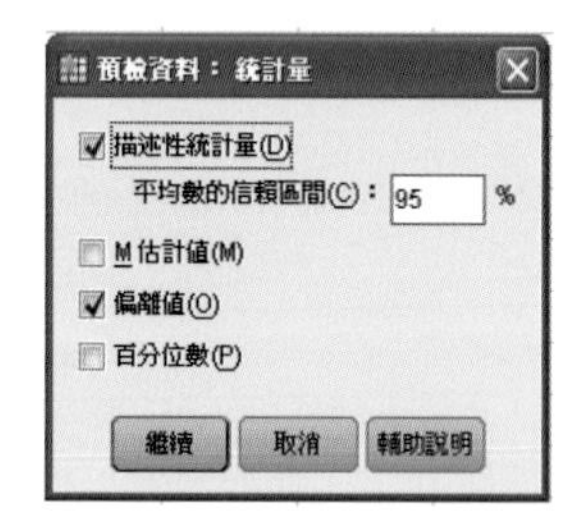

描述性統計量

產品名稱				統計量	標準誤
最大載重 (N)	A	平均數		1368.44	100.660
		平均數的 95% 信賴區間	下限	1136.32	
			上限	1600.57	
		刪除兩極端各 5% 觀察值之平均數		1371.33	
		中位數		1425.00	
		變異數		91192.278	
		標準差		301.981	
		最小值		940	
		最大值		1745	
		範圍		805	
		四分位全距		597	
		偏態		-.096	.717
		峰度		-1.593	1.400
	Cercon	平均數		1002.89	105.986
		平均數的 95% 信賴區間	下限	758.48	
			上限	1247.29	
		刪除兩極端各 5% 觀察值之平均數		988.77	
		中位數		842.00	
		變異數		101098.111	
		標準差		317.959	
		最小值		701	
		最大值		1559	
		範圍		858	
		四分位全距		558	
		偏態		.947	.717
		峰度		-.700	1.400

極端值[a]

產品名稱				觀察值個數	數值
最大載重 (N)	A	最高	1	3	1745
			2	9	1702
			3	4	1671
			4	5	1446
		最低	1	1	940
			2	7	1016
			3	8	1163
			4	6	1208
	Cercon	最高	1	17	1559
			2	16	1424
			3	18	1225
			4	14	912
		最低	1	10	701
			2	13	712
			3	12	822
			4	11	829

a. 要求的極端值個數超過資料點的個數，會顯示較少的極端值個數。

6.3 習題

一、次數分配圖若為左偏（Left Skewed）分配，請問平均數可能會在中位數的哪一側？

二、某醫院檢驗科的例行健康檢查項目其中有一項為血清總膽固醇（Serum Total Cholesterol; TC）檢查，單位mg/dl，隨機抽樣某天15位男性，記錄其數據如下：

207, 204, 194, 210, 220, 232, 243, 207, 197, 206, 204, 215, 209, 201, 207

經 SPSS 軟體計算得知描述性統計量如：平均數（Mean）為 210.40

mg/dl、中位數（Median）爲 207.00 mg/dl、第 25 百分位數（Q1）爲 204.00、第 75 百分位數（Q_3）爲 215.00

(1) 請問統計學上，上述平均數的符號會寫成？______（μ 或 $\bar{x}$）

(2) 此資料的分配圖形會呈現對稱（Symmetric）、左偏（Left Skewed）、或右偏（Right Skewed）？______

(3) 四分位距（Interquartile Range, IQR）？______

(4) 第 50 百分位數（Q_2）爲？______

(5) 請依據題目資料畫出此檢查項目的盒型圖（Box Plot）。

三、變異數（Variance）數值愈大，是否表示資料愈分散？______（請回答是或否）

四、母體變異數（Variance）若以 σ^2 表示，理論上 σ^2 與樣本平均數的變異數之間的關係是否爲 $\sigma^2 \leq$ 樣本平均數的變異數？______（請回答是或否）

五、今手術有六種治療方式，其施行於病患的記錄如 Exercise6-1.sav，試整理次數分配表，並說明治療方式三的病患占整體比例爲多少？（提示：加權觀察值）

六、某技工所去年在信義區所接的齒模 Case 數目按月份記錄如 Exercise6-2.xls，試問 Q1、Q2、Q3。

第七章 母體平均數之推論（Compare Means）

7.1 機率分配與抽樣分配

一、機率分配

1. 投擲一公正硬幣（意指出現正反面的機率相等）兩次的實驗之樣本空間為 S ＝{（正 , 正）、（正 , 反）、（反 , 正）、（反 , 反）}，今欲研究擲出正面的個數，則有 0, 1, 或 2 這三種可能，以表 7-1 與圖 7-1 來表示，可知隨機變數（x_i）與其對應出現的機率（$P(x_i)$）之間的函數關係，此即稱為機率分配函數（Probability Distribution Function, p.d.f.）。

表 7-1　硬幣正面個數機率分配表

硬幣正面個數 x_i	機率 $P(x_i)$
$x_1 = 0$	$P(x_1) = 1/4$
$x_2 = 2$	$P(x_2) = 2/4$
$x_3 = 2$	$P(x_3) = 1/4$
合計	$\sum_{i=1}^{3} P(x_i) = 1$

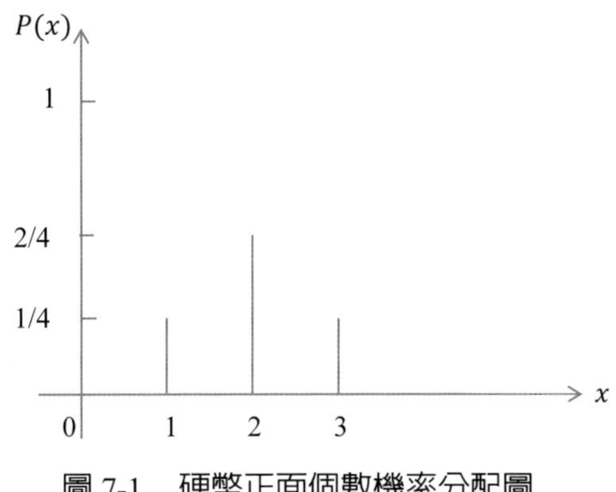

圖 7-1　硬幣正面個數機率分配圖

2. 當為一連續型變數，與其對應出現機率之間的函數關係寫作 $P(x)$ 或 $f(x)$，如圖 7-2 為一連續機率密度函數圖，曲線與 x 軸所圍的總面積為 1，介於 a 與 b 之間的機率以 $P(a < x < b)$ 表示之，$f(x)$ 稱為機率密度函數（Probability Density Function, p.d.f.）。

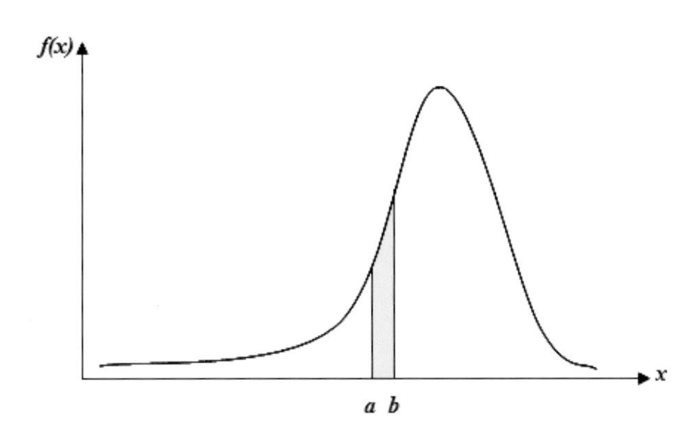

圖 7-2　連續型變數之機率密度函數圖

3. 間斷型的機率分配函數如伯努利分配（Bernoulli Dist.）、二項分配（Binomial Dist.）、或超幾何分配（Hypergeometric Dist.）等；連續

型的機率密度函數如均勻分配（Uniform Dist.）、指數分配（Exponential Dist.）、或大家熟知的常態分配（Normal Dist.）。

4. 常態分配特性

(1) 爲一單峰且對稱的鐘形分配，中心點在 $x = \mu$ 處，同時 $\mu = Me = Mo$。

(2) 常態分配爲連續隨機變數的函數，數值範圍爲 $-\infty$ 至 $+\infty$，曲線兩端不與橫座標相交。

(3) 一般表示 X 符合常態分配平均數爲 μ；變異數爲 σ^2 的表示方法爲 $X \sim N(\mu, \sigma^2)$。

(4) 常態曲線在 $\mu \pm 1\sigma$ 處爲反折點，在此兩點之間曲線爲向下彎，之外爲向上彎。

(5) 在常態曲線下，μ 及 σ 之相對關係內所包含的面積爲固定。

範圍	所占面積
$\mu \pm 1\sigma$	68.27%
$\mu \pm 2\sigma$	95.45%
$\mu \pm 3\sigma$	99.73%

(6) 標準化：$z = \dfrac{x - \mu}{\sigma}$，若 $X \sim N(\mu, \sigma^2)$，標準化後 $Z \sim N(0, 1)$，此稱爲標準常態分配。

二、抽樣分配

1. 抽樣分配的組成爲某一母體分配的平均數爲 μ；標準差 σ，每次從中抽取 n 個樣本，可求得一個 $\bar{x}$，抽了 k 組以後可得 k 個 $\bar{x}$，其所組成的分配即爲平均數的抽樣分配。

2. 平均數的抽樣分配，其平均數表示爲 $\mu_{\bar{x}}$；標準差表示爲 $\sigma_{\bar{x}}$。理論上，$\mu_{\bar{x}} = \mu$；$\sigma_{\bar{x}} < \sigma$，其中

(1) 在有限母體的情況下，$\sigma_{\bar{x}} = \frac{\sigma}{\sqrt{n}}\sqrt{\frac{N-n}{N-1}}$，其中 $\sqrt{\frac{N-n}{N-1}}$ 稱爲有限母體修正項（Finite Population Correction, FPC）。

(2) 在無限母體的情況下，$\sigma_{\bar{x}} = \frac{\sigma}{\sqrt{n}}$。

3. 特性

(1) 每一組的樣本個數 n 愈大時，$\bar{x}_i$ 會愈接近 μ。

(2) 母群體變異數愈大，$\bar{x}$ 的抽樣分配的變異數亦愈大。

(3) 樣本個數 n 愈大，$\sigma_{\bar{x}}$ 會趨近於零。亦即 $\bar{x}$ 的抽樣分配會收斂至 μ。

(4) 當 n 相當大時，儘管原來 $\bar{x}$ 之母群體不是常態分配，但其 $\bar{x}$ 的抽樣分配會是常態分配。

4. 中央極限定理（Central Limit Theorem, C.L.T.）

(1) 定義：無論母群體分配爲何，只要該分配有平均數與標準差，若自該母體中隨機抽出 k 組 n 個樣本（n 夠大），則樣本平均數的分配會趨近於常態分配。

(2) 若爲無限母群體時，$\bar{x} \sim N\left(\mu, \frac{\sigma^2}{n}\right)$。

(3) 若爲有限母群體時，$\bar{x} \sim N\left(\mu, \frac{\sigma^2}{n} \cdot \frac{N-n}{N-1}\right)$。

7.2 母體平均數推論之重點整理

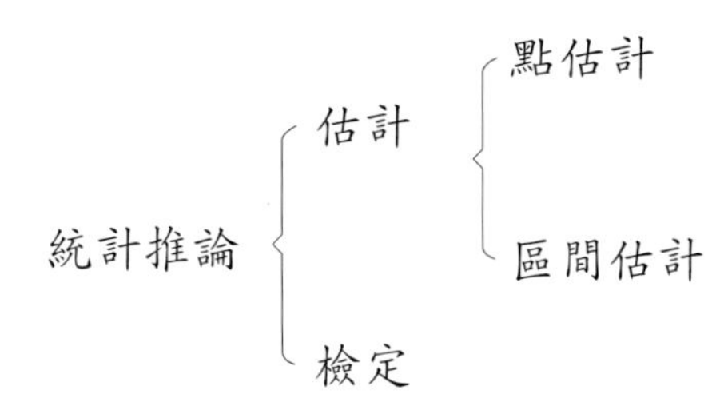

一、估計

1. 估計：即利用樣本統計量來推估母體機率分配之未知母數的統計方法。

2. 估計方法之種類

(1) 點估計：利用樣本資料求得某一統計量的觀察值以作爲未知母數的估計值。

(2) 區間估計：利用樣本資料配合機率分配原理，求得某一涵蓋未知母數的區間，並用此區間來表示未知母數之大小範圍。

(3) 信賴區間：在某一信賴程度內，樣本統計量所求得預期可包含母體參數的範圍。

如：某一電視台節目收視率在 95% 信賴水準下其信賴區間爲 18%～20%，即表示由某一母群體（所有該時段看電視的人，平均數爲 μ）中，重複抽樣 100 次的話（每次調查方式與樣本數 n 皆相同），可由該 100 組樣本分別估計出 100 個 μ 的可能區間，其中約有 95 個區間會包括眞正的 μ 值。

3. t 分配：多數研究中，母體的變異未知，必須由樣本資料加以估計，通常用以小樣本資料來估計母體標準差，其小樣本的抽樣分配即爲 t 分配。

(1) 自 $N(\mu, \sigma^2)$ 之母群體中，隨機抽取 n 個爲一組樣本，每組樣本可求得一 t 統計量

$$t_i = \frac{\overline{x}_i - \mu}{s_x}$$

抽 k 組後，此 k 個 t 值所形成的分配稱爲自由度（df）爲 n-1 的 t 分配。

註：自由度（Degree of Freedom, df）：係指一統計量中各變量可自由變動的個數，當統計量每含一個限制條件，即失去一

個自由度。

(2) t 分配特性：爲一連續對稱的鐘形分配，其分布形狀隨自由度而改變，n 大於 30 即趨近常態分配，但其分散程度較常態分配大，且分配尾端面積亦大於常態分配，如圖 7-3 所示。

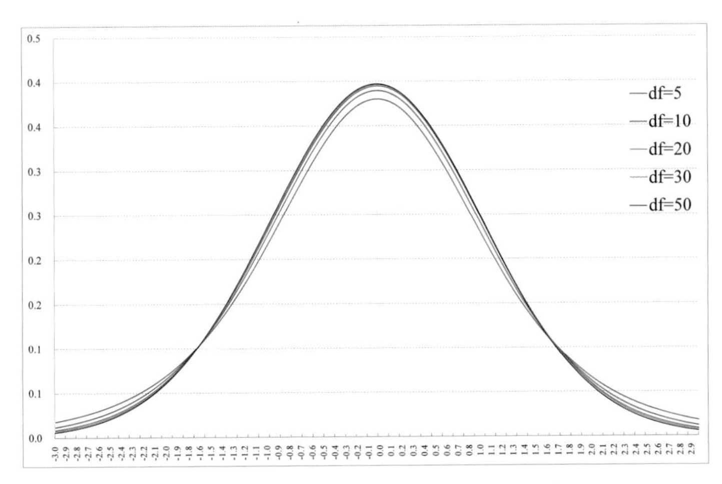

圖 7-3　不同自由度的 t 分配與常態分配示意圖

4. 各種狀況下之區間估計

(1) 母體均數 μ 之 100(1-α)% 信賴區間

若母體爲常態分配 N(μ, σ^2) 且

a. σ^2 已知：μ 之 100(1−α)% 信賴區間爲 $\left[\overline{X}-Z_{\alpha/2}\frac{\sigma}{\sqrt{n}}, \overline{X}+Z_{\alpha/2}\frac{\sigma}{\sqrt{n}}\right]$

b. σ^2 未知：μ 之 100(1−α)% 信賴區間爲

$$\left[\overline{X}-t_{(\alpha/2,\ n-1)}\frac{s}{\sqrt{n}}, \overline{X}+t_{(\alpha/2,\ n-1)}\frac{s}{\sqrt{n}}\right]$$

若母體分配未知，但樣本數夠大（$n \geq 30$）

a. σ^2 已知：μ 之 100(1−α)% 信賴區間爲 $\left[\overline{X}-Z_{\alpha/2}\frac{\sigma}{\sqrt{n}}, \overline{X}+Z_{\alpha/2}\frac{\sigma}{\sqrt{n}}\right]$

b. σ^2 未知：μ 之 100(1−α)% 信賴區間爲 $\left[\overline{X} - Z_{\alpha/2}\frac{s}{\sqrt{n}}, \overline{X} + Z_{\alpha/2}\frac{s}{\sqrt{n}}\right]$

(2) 兩母體均數差或和 $\mu_1 \pm \mu_2$ 之 100(1-α)% 信賴區間

若兩母體各別獨立之常態分配 N(μ_1, σ^2_1)；N(μ_2, σ^2_2) 且

a. σ^2_1, σ^2_2 已知：$\mu_1 \pm \mu_2$ 之 100(1−α)% 信賴區間爲

$$\left[\overline{X}_1 \pm \overline{X}_2 - Z_{\alpha/2}\sqrt{\frac{\sigma_1^2}{n_1} + \frac{\sigma_2^2}{n_2}}, \overline{X}_1 \pm \overline{X}_2 + Z_{\alpha/2}\sqrt{\frac{\sigma_1^2}{n_1} + \frac{\sigma_2^2}{n_2}}\right]$$

b. σ^2_1, σ^2_2 未知，但知 $\sigma^2_1 = \sigma^2_2(\sigma^2)$：$\mu_1 \pm \mu_2$ 之 100(1−α)% 信賴區間爲

$$\left[\overline{X}_1 \pm \overline{X}_2 - t_{(\alpha/2,\ n_1+n_2-2)}s_p \cdot \sqrt{\frac{1}{n_1} + \frac{1}{n_2}}, \overline{X}_1 \pm \overline{X}_2 + t_{(\alpha/2,\ n_1+n_2-2)}s_p \cdot \sqrt{\frac{1}{n_1} + \frac{1}{n_2}}\right]$$

其中 $s_p^2 = \frac{(n_1-1)s_1^2 + (n_2-1)s_2^2}{n_1+n_2-2}$。

若兩母體分配未知，但兩組樣本數皆夠大（$n_1 \geq 30$；$n_2 \geq 30$）

a. σ^2_1, σ^2_2 已知：$\mu_1 \pm \mu_2$ 之 100(1−α)% 信賴區間爲

$$\left[\overline{X}_1 \pm \overline{X}_2 - Z_{\alpha/2}\sqrt{\frac{\sigma_1^2}{n_1} + \frac{\sigma_2^2}{n_2}}, \overline{X}_1 \pm \overline{X}_2 + Z_{\alpha/2}\sqrt{\frac{\sigma_1^2}{n_1} + \frac{\sigma_2^2}{n_2}}\right]$$

b. σ^2_1, σ^2_2 未知：$\mu_1 \pm \mu_2$ 之 100(1−α)% 信賴區間爲

$$\left[\overline{X}_1 \pm \overline{X}_2 - Z_{\alpha/2}\sqrt{\frac{s_1^2}{n_1} + \frac{s_2^2}{n_2}}, \overline{X}_1 \pm \overline{X}_2 + Z_{\alpha/2}\sqrt{\frac{s_1^2}{n_1} + \frac{s_2^2}{n_2}}\right]$$

二、假設檢定

1. 名詞定義

(1) 統計假設：對於母體機率分配或未知參數所提出之假設，稱爲統計假設。

(2) 假設檢定：利用樣本資料結果，並運用機率之原理，去判斷所提出之假設是否正確之過程與方法，稱爲假設檢定，或顯著性檢定（是指模型參數是否爲 0 的檢定）。

(3) 虛無假設：所定之假設中，希望被否定，具有高度不確定性的

假設稱之，以 H_0 表示。

(4) 對立假設：所定之假設中與虛無假設對立之假設稱之，以 H_1 表示。

(5) 簡單假設：所定之假設若只含某一特定值，則稱該種假設為簡單假設。

如 $H_0：\theta=\theta_0$ vs. $H_1：\theta=\theta_1$

(6) 複合假設：所定之假設，若非簡單假設則稱之（假設值不只一點）

如 $H_0：\theta=\theta_0$ vs. $H_1：\theta\neq\theta_0$；$H_0：\theta\leq\theta_0$ vs. $H_1：\theta>\theta_0$；

$H_0：\theta\geq\theta_0$ vs. $H_1：\theta<\theta_0$

(7) 拒絕域（危險域；棄卻域）：樣本空間的部分集合，若實際觀察值落於該集合，則拒絕虛無假設。

(8) 檢定時可能犯的誤差

檢定結果		真實情況 H_0 為真	真實情況 H_0 為假
檢定結果	接受	抉擇正確	型二誤差（β）
檢定結果	拒絕	型一誤差（α）	抉擇正確

a. 型一誤差（Type Ⅰ error）：虛無假設實際上是正確的，但因各種因素使得檢定結果為否定虛無假設，此種誤差稱之。

b. 型二誤差（Type Ⅱ error）：虛無假設實際上是錯的，但因各種因素使得檢定結果為接受虛無假設，此種誤差稱之。

(9) 檢定時可能犯錯的機率

a. α 風險：發生型一誤差的機率稱之，亦即 α = P[型一誤差] = P[拒絕 $H_0|H_0$ 為真]

b. β 風險：發生型二誤差的機率稱之，亦即 β = P[型二誤差] =

P[接受 $H_0|H_0$ 不爲眞]

c. 接受顯著水準：發生型一誤差之機率的最大值稱之。

		假設	
		H_0 爲眞	H_0 爲假
決策	接受（negative）	True Negative (TN)	False Negative (FN)
	拒絕（positive）	False Positive (FP)	True Positive (TP)

a. 敏感度（Sensitivity）爲 TP/(TP+FN)。患病者測試結果爲陽性的比率。

b. 特異度（Specificity）爲 TN/(TN+FP)。無病者測試結果爲陰性的比率。

(10) 假設檢定之型態

a. 雙尾檢定：即對立假設在虛無假設之雙尾，如 H_0：$\theta = \theta_0$ vs. H_1：$\theta \neq \theta_0$

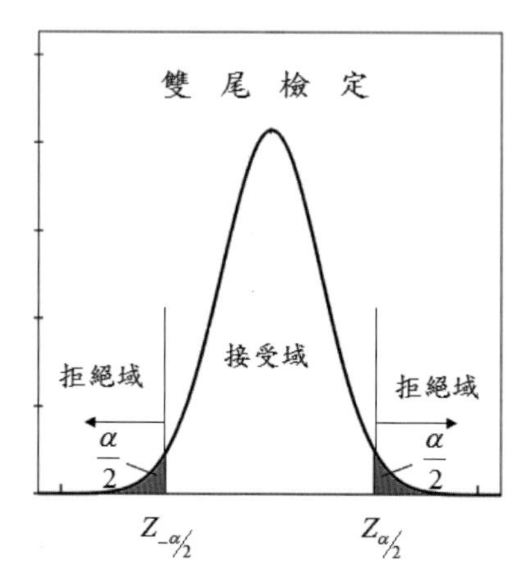

b. 單尾檢定：

左尾檢定：即對立假設在虛無假設之左尾，如 H_0：$\theta \geq \theta_0$ vs. H_1：$\theta < \theta_0$

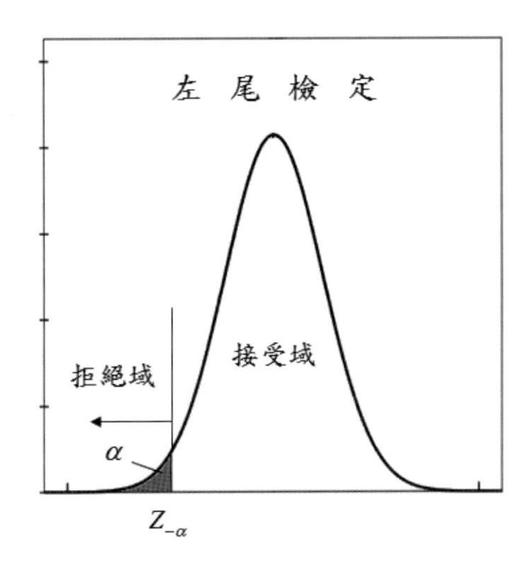

右尾檢定：即對立假設在虛無假設之右尾，如 H_0：$\theta \leq \theta_0$ vs. H_1：$\theta > \theta_0$

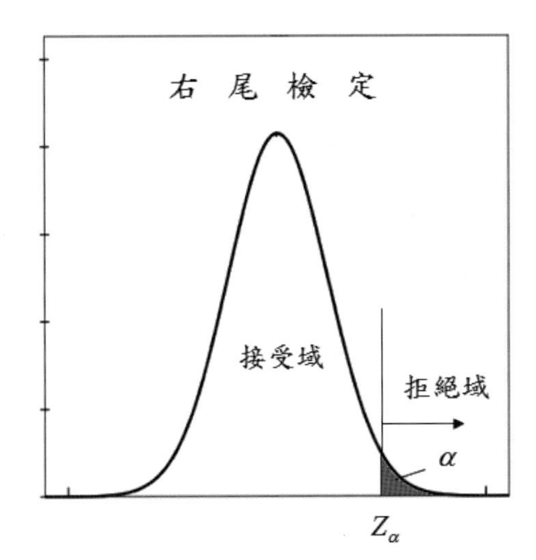

2. 單一母體平均數檢定

單一母體平均數 μ 之檢定：H_0：$\mu \geq \mu_0$ 或 $\mu = \mu_0$ 或 $\mu \leq \mu_0$

(1) 若母體爲常態分配 $N(\mu, \sigma^2)$ 且 σ^2 已知

a. 檢定統計量爲 $Z = \dfrac{\overline{X} - \mu_0}{\sigma/\sqrt{n}}$

b. 若 $Z > Z_\alpha$，則拒絕 H_0：$\mu \leq \mu_0$（vs. H_1：$\mu > \mu_0$）

若 $Z < -Z_\alpha$，則拒絕 H_0：$\mu \geq \mu_0$（vs. H_1：$\mu < \mu_0$）

若 $Z > Z_{\alpha/2}$ 或 $Z > -Z_{\alpha/2}$，則拒絕 H_0：$\mu = \mu_0$（vs. H_1：$\mu \neq \mu_0$）

(2) 若母體爲常態分配 $N(\mu, \sigma^2)$ 且 σ^2 未知

a. 檢定統計量爲 $T = \dfrac{\overline{X} - \mu_0}{s/\sqrt{n}}$，其中 $s = \sqrt{\dfrac{\sum_i (X_i - \overline{X})^2}{n-1}}$

b. 若 $T > t_{(\alpha, n-1)}$，則拒絕 H_0：$\mu \leq \mu_0$（vs. H_1：$\mu > \mu_0$）

若 $T > -t_{(\alpha, n-1)}$，則拒絕 H_0：$\mu \geq \mu_0$（vs. H_1：$\mu < \mu_0$）

若 $T > t_{(\alpha/2, n-1)}$ 或 $T < -t_{(\alpha/2, n-1)}$，則拒絕 H_0：$\mu = \mu_0$（vs. H_1：$\mu \neq \mu_0$）

(3) 若母體分配未知，但 σ^2 已知，且樣本數夠大（$n \geq 30$），則

a. 檢定統計量爲 $Z = \dfrac{\overline{X} - \mu_0}{\sigma/\sqrt{n}}$

b. 若 $Z > Z_\alpha$，則拒絕 H_0：$\mu \leq \mu_0$（vs. H_1：$\mu > \mu_0$）

若 $Z < -Z_\alpha$，則拒絕 H_0：$\mu \geq \mu_0$（vs. H_1：$\mu < \mu_0$）

若 $Z > Z_{\alpha/2}$ 或 $Z < -Z_{\alpha/2}$，則拒絕 H_0：$\mu = \mu_0$（vs. H_1：$\mu \neq \mu_0$）

(4) 若母體分配未知，且 σ^2 未知，但樣本數夠大（$n \geq 30$），則

a. 檢定統計量爲 $T = \dfrac{\overline{X} - \mu_0}{s/\sqrt{n}}$

b. 若 $T > Z_\alpha$，則拒絕 H_0：$\mu \leq \mu_0$（vs. H_1：$\mu > \mu_0$）

若 $T < -Z_\alpha$，則拒絕 H_0：$\mu \geq \mu_0$（vs. H_1：$\mu < \mu_0$）

若 $T > Z_{\alpha/2}$ 或 $T < -Z_{\alpha/2}$，則拒絕 H_0：$\mu = \mu_0$（vs. H_1：$\mu \neq \mu_0$）

3. 兩母體平均數差之檢定

兩母體平均數差之檢定：H_0：$\mu_1-\mu_2 \geq C$ 或 $\mu_1-\mu_2 = C$ 或 $\mu_1-\mu_2 \leq C$（C 爲一常數，可爲 0）。

(1) 若兩母體爲獨立之常態分配 $N(\mu_1, \sigma^2{}_1)$；$N(\mu_2, \sigma^2{}_2)$ 且 σ^2 已知，則

a. 檢定統計量爲 $Z=\dfrac{(\overline{X}_1-\overline{X}_2)-C}{\sqrt{\dfrac{\sigma_1^2}{n_1}+\dfrac{\sigma_2^2}{n_2}}}$

b. 若 $Z > Z_\alpha$，則拒絕 H_0：$\mu_1-\mu_2 \leq C$（vs. H_1：$\mu_1-\mu_2 > C$）

若 $Z < -Z_\alpha$，則拒絕 H_0：$\mu_1-\mu_2 \geq C$（vs. H_1：$\mu_1-\mu_2 < C$）

若 $Z > Z_{\alpha/2}$ 或 $Z < -Z_{\alpha/2}$，則拒絕 H_0：$\mu_1-\mu_2 = C$（vs. H_1：$\mu_1-\mu_2 \neq C$）

(2) 若兩母體爲獨立之常態分配 $N(\mu_1, \sigma^2{}_1)$；$N(\mu_2, \sigma^2{}_2)$ 且 $\sigma^2{}_1, \sigma^2{}_2$ 未知，但知 $\sigma^2{}_1 = \sigma^2{}_2 = \sigma^2$，則

a. 檢定統計量爲 $Z=\dfrac{(\overline{X}_1-\overline{X}_2)-C}{s_p\sqrt{\dfrac{1}{n_1}+\dfrac{1}{n_2}}}$，其中 $s_p=\sqrt{\dfrac{(n_1-1)s_1^2+(n_2-1)s_2^2}{n_1+n_2-2}}$

b. 若 $T > t_{(\alpha,\, n_1+n_2-2)}$，則拒絕 H_0：$\mu_1-\mu_2 \leq C$（vs. H_1：$\mu_1-\mu_2 > C$）

若 $T < -t_{(\alpha,\, n_1+n_2-2)}$，則拒絕 H_0：$\mu_1-\mu_2 \geq C$（vs. H_1：$\mu_1-\mu_2 < C$）

若 $T > t_{(\alpha/2,\, n_1+n_2-2)}$ 或 $T < -t_{(\alpha/2,\, n_1+n_2-2)}$，則拒絕 H_0：$\mu_1-\mu_2 = C$（vs. H_1：$\mu_1-\mu_2 \neq C$）

(3) 若兩獨立母體分配未知，但 $\sigma^2{}_1$, $\sigma^2{}_2$ 已知，且樣本數皆夠大（$n_1 \geq 30$；$n_2 \geq 30$），則

a. 檢定統計量爲 $Z=\dfrac{(\overline{X}_1-\overline{X}_2)-C}{\sqrt{\dfrac{\sigma_1^2}{n_1}+\dfrac{\sigma_2^2}{n_2}}}$

b. 若 $Z > Z_\alpha$，則拒絕 H_0：$\mu_1-\mu_2 \leq C$（vs. H_1：$\mu_1-\mu_2 > C$）

若 $Z < -Z_\alpha$，則拒絕 H_0：$\mu_1-\mu_2 \geq C$（vs. H_1：$\mu_1-\mu_2 < C$）

若 $Z > Z_{\alpha/2}$ 或 $Z < -Z_{\alpha/2}$，則拒絕 H_0：$\mu_1-\mu_2 = C$（vs. H_1：$\mu_1-\mu_2 \neq C$）

(4) 若兩獨立母體分配未知，且 σ^2_1, σ^2_2 未知，但樣本數皆夠大（$n_1 \geq 30$；$n_2 \geq 30$），則

a. 檢定統計量爲爲 $T=\dfrac{(\overline{X}_1-\overline{X}_2)-C}{\sqrt{\dfrac{s_1^2}{n_1}+\dfrac{s_2^2}{n_2}}}$

b. 若 $T > Z_\alpha$，則拒絕 H_0：$\mu_1-\mu_2 \leq C$（vs. H_1：$\mu_1-\mu_2 > C$）

若 $T < -Z_\alpha$，則拒絕 H_0：$\mu_1-\mu_2 \geq C$（vs. H_1：$\mu_1-\mu_2 < C$）

若 $T > Z_{\alpha/2}$ 或 $T < -Z_{\alpha/2}$，則拒絕 H_0：$\mu_1-\mu_2 = C$（vs. H_1：$\mu_1-\mu_2 \neq C$）

4. K 個母體平均數是否相等之檢定：使用變異數分析

5. 兩母體變異數 σ^2_1, σ^2_2 大小比較之檢定：H_0：$\sigma^2_1 \geq \sigma^2_2$ 或 $\sigma^2_1 = \sigma^2_2$ 或 $\sigma^2_1 \leq \sigma^2_2$，若兩母體爲獨立之常態分配，且 μ_1, μ_2 未知，則

(1) 檢定統計量爲 $F=\dfrac{s_1^2}{s_2^2}$，其中 $s_i^2=\dfrac{\sum_{j=1}^{n_1}(X_{ij}-\overline{X}_i)^2}{n_i-1}$。

(2) 若 $F > F_{(\alpha;\, n_1-1,\, n_2-1)}$，則拒絕 H_0：$\sigma^2_1 \leq \sigma^2_2$（vs. H_1：$\sigma^2_1 > \sigma^2_2$）

若 $F < F_{(1-\alpha;\, n_1-1,\, n_2-1)}$，則拒絕 H_0：$\sigma^2_1 \geq \sigma^2_2$（vs. H_1：$\sigma^2_1 < \sigma^2_2$）

若 $F > F_{(\alpha/2;\, n_1-1,\, n_2-1)}$ 或 $F < F_{(1-\alpha/2;\, n_1-1,\, n_2-1)}$，則拒絕 H_0：$\sigma^2_1 = \sigma^2_2$（vs. H_1：$\sigma^2_1 \neq \sigma^2_2$）

7.3 平均數比較之方法於 SPSS 之應用

一、擷取變數在分群後各群之平均數等敘述統計量

欲求得資料中某些變數依另一些分類變數分層後，各層之敘述統計量的值，可操作如下：

分析→比較平均數法→平均數→選入欲處理之變數及分層之變數→選取欲計算之統計量→確定

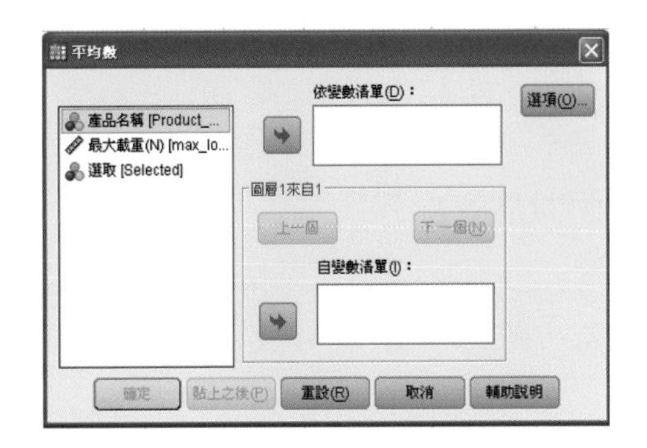

其中

(1) 依變數清單：選擇欲處理的變數。

(2) 自變數清單：選擇欲分類的變數。

(3) 圖層 1 來自 1：若欲同時針對多個分類變數，作交叉分類處理，可操作此處以一層一層輸入分類變數。

(4) 選項：選擇欲計算之統計量。

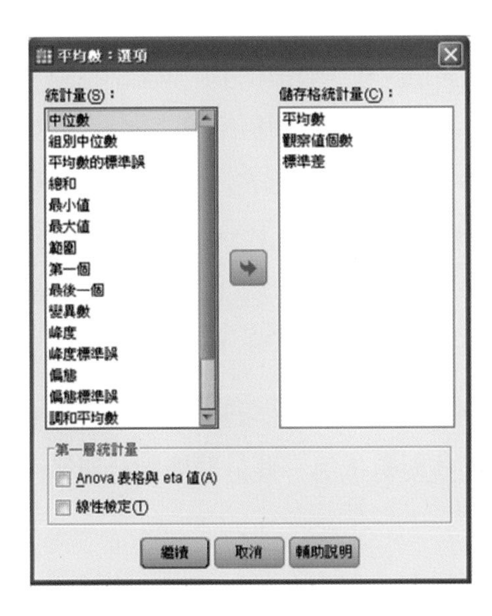

點選選項後出現上列視窗，其中：

a. Anova 表格與 eta 值：以第一層分類變數當因子，對此因子作單因子變異數分析，並計算欲處理變數與分層變數間的 eta 值。

b. 線性檢定：若分層變數爲順序變數（或以上尺度），則檢定欲處理變數與分層變數間是否存在線性與非線性之關係。

【例 7-1】：開啓資料檔 7-1.sav

(1) 以顎別作分層，列出植體存活期間在分層後的平均數、變異數、偏態係數、峰態係數，並以顯著水準 0.05 檢定植體存活期間是否會因其顎別不同而有所不同。

(2) 以顎別與牙區作交叉分層，列出植體存活期間在分層後各層的平均數、變異數、偏態係數、峰態係數。

【解】

(1) 分析→比較平均數法→平均數→將「SUR_DAY」選入依變數清單，再將「LOCAT1」選入自變數清單→選項→將平均數、變異數、偏態、峰度選入儲存格統計量並勾選「Anova 表格與 eta 值」→繼續→確定

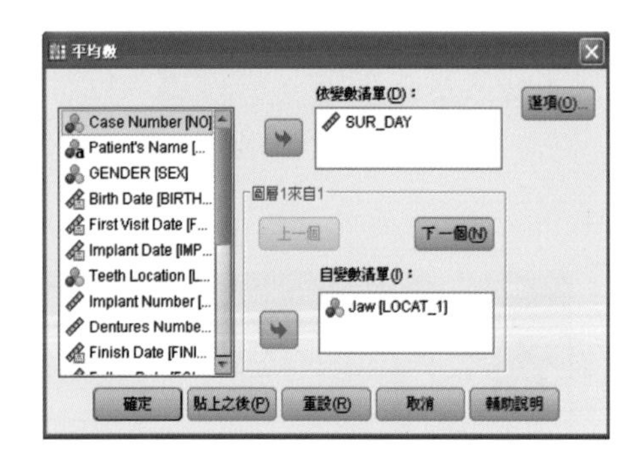

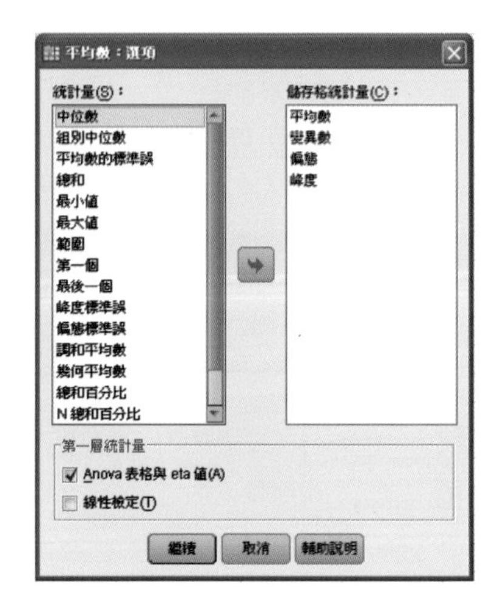

報表

SUR_DAY

Jaw	平均數	變異數	偏態	峰度
maxillary	657.1470	89737.145	-.252	-.955
mandible	697.1975	72410.123	-.282	-.229
總和	674.4934	82539.113	-.283	-.678

ANOVA 摘要表

			平方和	自由度	平均平方和	F 檢定	Sig.
SUR_DAY*Jaw	組間	(combined)	359176.535	1	359176.535	4.368	.037
	組內		7.483E7	910	82235.116		
	總和		7.519E7	911			

$H_0：\mu_{maxillary} = \mu_{mandible}$ vs. $H_1：\mu_{maxillary} \neq \mu_{mandible}$

依上表變異數分析報表，可知檢定統計量F值爲4.368；P值爲0.037（$< \alpha = 0.05$）。依分析結果顯示，在顯著水準爲 0.05 的情況下拒絕 H_0 假設，表示不同顎別的植體平均存活期間有顯著差異。

(2) 分析→比較平均數法→平均數→將「SUR_DAY」選入依變數清單→將「LOCAT1」選入自變數清單→下一個→再將「LOCAT2」選入自變數清單→選項→將平均數、變異數、偏態、峰度選入儲存格統計量→繼續→確定

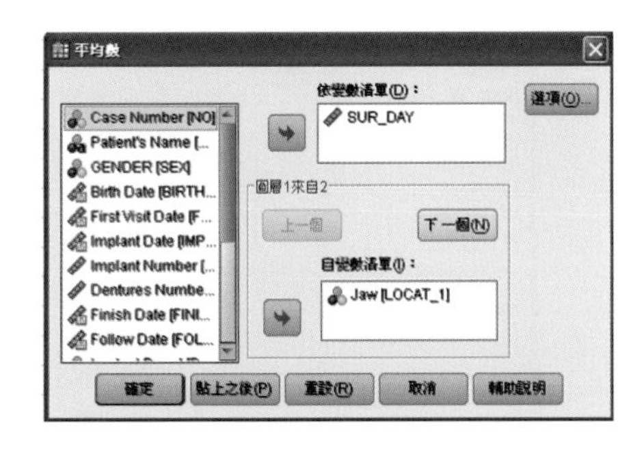

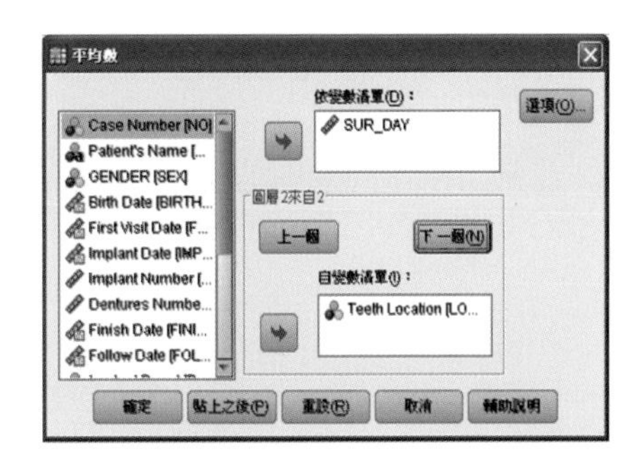

報表

SUR_DAY

Jaw	Teeth Location	平均數	變異數	偏態	峰度
maxillary	anterior	671.2288	89698.620	-.326	-.870
	premolar	655.9141	91491.499	-.260	-.918
	molar	630.6864	87811.140	-.105	-1.108
	總和	657.1470	89737.145	-.252	-.955
mandible	anterior	698.7407	76141.988	-.472	-.528
	premolar	671.9174	69316.876	-.288	-.345
	molar	714.6205	72341.776	-.163	-.082
	總和	697.1975	72410.123	-.282	-.229
總和	anterior	679.8663	85371.574	-.372	-.781
	premolar	662.7324	81828.387	-.281	-.710
	molar	679.7465	80198.579	-.173	-.492
	總和	674.4934	82539.113	-.283	-.678

二、單一母體平均數檢定（One-Sample t Test）SPSS 操作步驟

欲對資料之母體平均數作檢定，可操作如下：

分析→比較平均數法→單一樣本 t 檢定→選入欲檢定之變數→選取欲檢定之虛無假設值→ OK

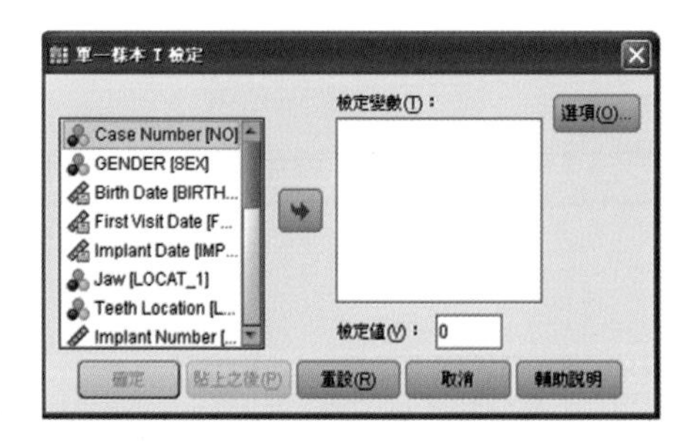

其中

(1) 檢定變數：選取欲檢定之變數。

(2) 檢定值：輸入欲檢定之虛無假設值。

(3) 選項：選擇要計算多少信賴水準之信賴區間以及資料若有遺失值時的處理方式，如下列視窗。

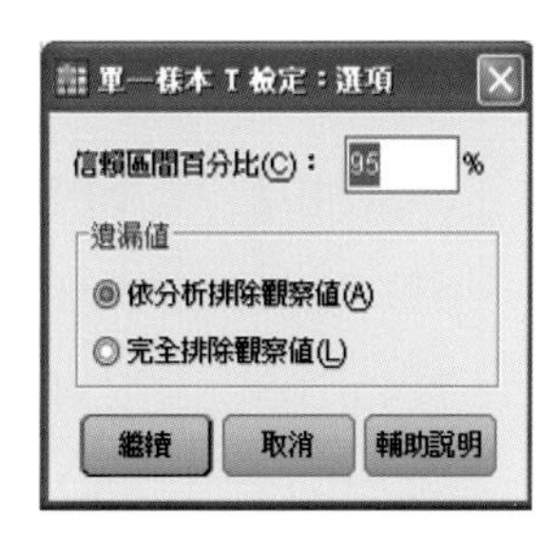

【例 7-2】：開啓資料檔 7-2.sav ，研究者欲以顯著水準 0.05 檢定接受植牙患者之平均年齡有無超過 50 歲，檢定操作步驟如下：

【解】

分析→比較平均數法→單一樣本 t 檢定→將「接受植牙年齡」選入檢定變數→檢定值填入「50」→ OK

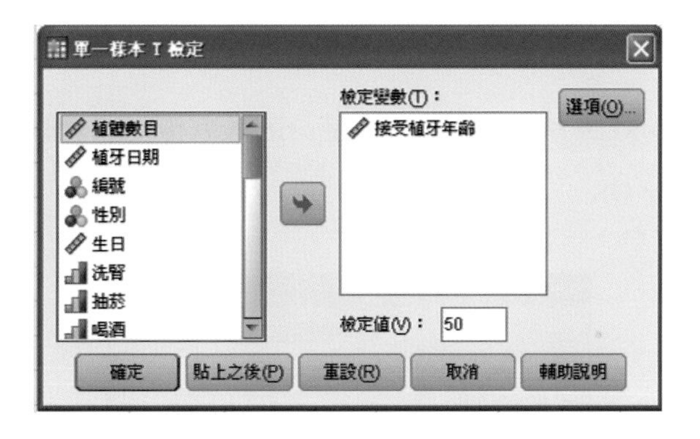

單一樣本檢定

	檢定值 = 50					
	t	自由度	顯著性（雙尾）	平均差異	差異的 95% 信賴區間	
					下界	上界
接受植牙年齡	-2.753	14	.016	-5.51130	-9.8054	-1.2172

$H_0: \mu \leq 50$ vs. $H_1: \mu > 50$

由報表可知檢定統計量 t 値爲 −2.753；左尾檢定 P 値爲 0.992（$> \alpha = 0.05$）。依分析結果顯示，在顯著水準爲 0.05 的情況下拒絕 H_0 假設，表示在此調查裡，接受植牙患者平均年齡未顯著超過 50 歲。

三、兩獨立母體平均數檢定（Independent-Samples t Test）SPSS 操作步驟

欲檢定兩獨立母體平均數之差異是否顯著，可操作如下：

分析→比較平均數法→獨立樣本 t 檢定→選入欲檢定之變數→設定母體分類之變數→確定

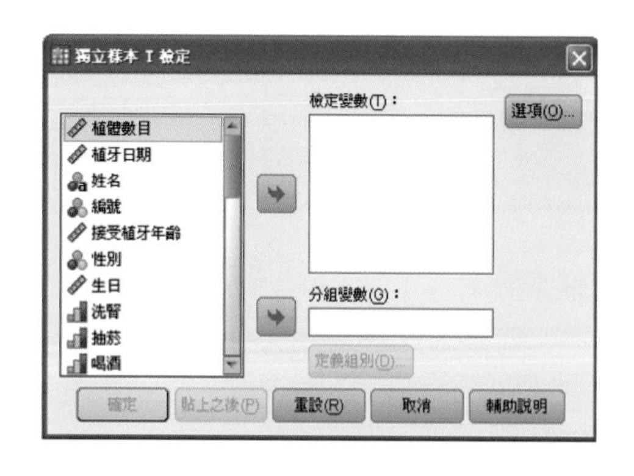

其中

(1) 檢定變數：選取欲檢定之變數

(2) 分組變數：選取分類變數，並在定義組別裡定義二分類變數的組別或連續變數的切點。

(3) 選項：選擇要計算多少信賴水準之信賴區間以及資料若有遺失值時的處理方式。

【例 7-3】：開啓資料檔 7-1.sav，研究者欲以顯著水準 0.05 檢定兩家一階植體（Q 植體與 O 植體）的植體平均存活期間相等（假設資料爲常態分配），檢定操作步驟如下：

【解】

分析→比較平均數法→獨立樣本 t 檢定→將「SUR_DAY」選入檢定變數→將「BRAND」選入分組變數→定義數值組別 1 爲「1」；組別 2 爲「2」→繼續→確定

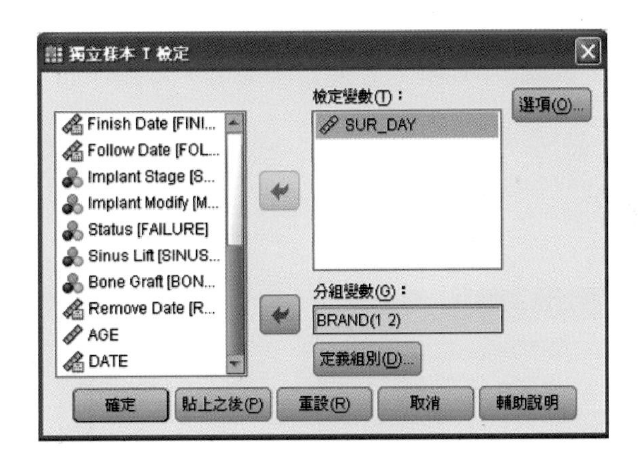

獨立樣本檢定

		變異數相等的 Levene 檢定		平均數相等的 t 檢定						
									差異的 95% 信賴區間	
		F 檢定	顯著性	t	自由度	顯著性（雙尾）	平均差異	標準誤差異	下界	上界
SUR_DAY	假設變異數相等	23.684	.000	8.517	910	.000	271.25202	31.84901	208.74598	333.75807
	不假設變異數相等			12.367	128.270	.000	271.25202	21.93271	227.85528	314.64877

在假設資料爲常態分配下，首先需檢定兩類資料變異數是否相等，再檢定此兩家廠牌的植體存活平均天數。

$H_0：\sigma^2_Q = \sigma^2_O$ vs. $H_1：\sigma^2_Q \neq \sigma^2_O$

由報表可知，檢定統計量 F 值爲 23.684；P 值爲 0.000（$< \alpha = 0.05$）。依分析結果顯示，在顯著水準爲 0.05 的情況下拒絕 H_0 假設，表示兩者變異數不相等，因此平均數檢定結果須看不假設變異數相等那一列。

$H_0：\mu_Q = \mu_O$ vs. $H_1：\mu_Q \neq \mu_O$

由報表可知，檢定統計量 t 值爲 12.367；雙尾檢定 P 值爲 0.000（$< \alpha = 0.05$）。依分析結果顯示，在顯著水準爲 0.05 的情況下拒絕 H_0 假設，表示 Q 植體與 O 植體的平均存活期間有顯著差異。

四、兩相依母體平均數檢定（Paired-Samples t Test）SPSS 操作步驟

欲檢定兩相依母體平均數之差異是否顯著，可操作如下：

分析→比較平均數法→成對樣本 t 檢定→選入欲檢定之成對變數→確定

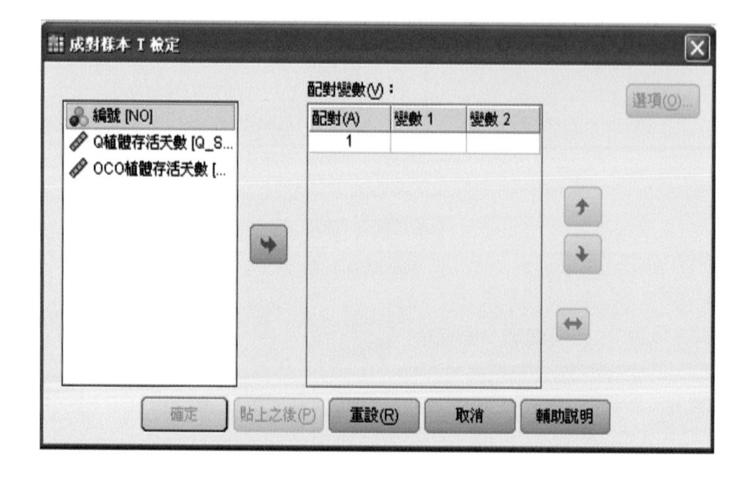

其中

(1)配對變數：選取欲檢定之兩成對相依之變數。

(2)選項：選擇要計算多少信賴水準之信賴區間以及資料若有遺失值時的處理方式。

【例 7-4】：開啓資料檔 7-3.sav，今有 20 隻實驗豬隻在相同生長環境下，分別於其下顎兩側牙脊無牙位置植入 Q 植體與 O 植體各一根，研究者欲以顯著水準 0.05 檢定其植體平均存活期間有無顯著差異，檢定操作步驟如下：

【解】

分析→比較平均數法→成對樣本 t 檢定→將「Q_SUR」設定爲變數 1；將「O_SUR」設定爲變數 2 →將其選入配對變數欄裡→確定

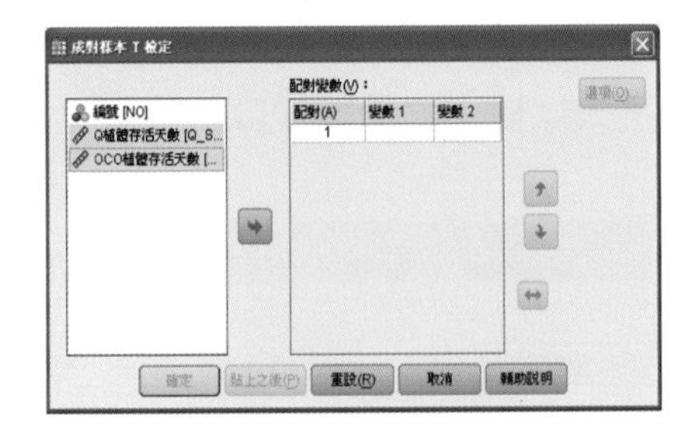

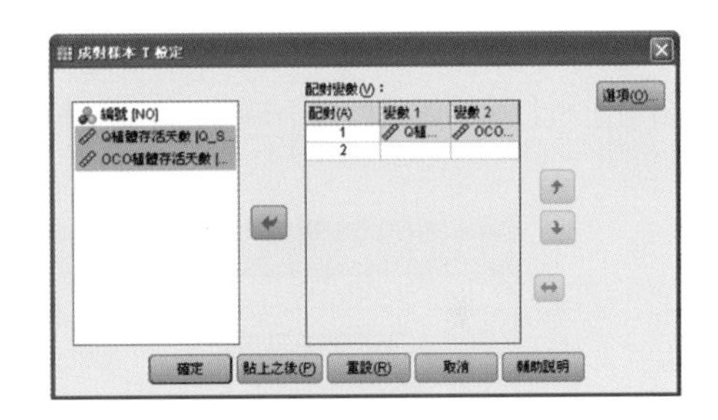

成對樣本檢定

	成對變數差異					t	自由度	顯著性(雙尾)
	平均數	標準差	平均數的標準誤	差異的 95% 信賴區間 下界	差異的 95% 信賴區間 上界			
成對 1 Q 植體存活天數 - OCO 植體存活天數	-63.245	122.088	27.300	-120.384	-6.106	-2.317	19	.032

$\mu_Q - \mu_O = \mu_{Diff}$

$H_0 : \mu_{Diff} = 0$ vs. $H_1 : \mu_{Diff} \neq 0$

由上述報表可知，Q 植體平均存活天數較 O 植體少約 63 天，檢定統計量 t 值爲 −2.317；雙尾檢定 P 值爲 0.032（ $< \alpha = 0.05$ ）。依分析結果顯示，在顯著水準爲 0.05 的情況下拒絕 H_0 假設，表示 Q 植體與 O 植體的平均存活期間有顯著差異。

7.4 習題

一、中央極限定理（Central Limit Theorem）

二、信賴區間（Confidence Interval）

三、欲檢定城市居民與鄉村居民 (各抽樣 100 人) 之膽固醇平均濃度有無不同，可採用下述何者？〈101 年台大流行病與預醫所甲組碩士考題〉

(A) Student t test

(B) McNemar test

(C) ANOVA (analysis of variance)

(D) ANOVA (analysis of mean)

(E) Kruskal-Wallis test

四、台北市某醫療健康檢查中心隨機抽取某日健檢民眾資料如 Exercise7-1.xls ，請將資料轉換至 SPSS ，並依照下列譯碼簿定義變數標記、值以及測量。

變數名稱	變數標註	變數值	變數值標註
ID	病患編號		
Gender	性別	1 2	男 女
Age	年齡		歲
Height	身高		cm
Weight	體重		kg
TG	三酸甘油酯		mg/dl

變數名稱	變數標註	變數值	變數值標註
SBP	收縮血壓		mmHg
FG	空腹血糖值		mg/dl
Type	職業屬別	1 2 3 4	工商業 軍公教職 服務業 農林漁牧業

試回答：（下列答案皆取至小數點第三位；檢定皆以顯著水準 $\alpha = 0.05$ 檢定之）

(1) 請問女性平均年齡爲______歲；男性平均體重爲______kg。

(2) 請問農林漁牧業的三酸甘油酯之平均數（______mg/dl）與平均數的標準誤（______mg/dl）。

(3) 請問此次調查健檢民眾的平均收縮血壓是否符合標準低於 140 mgHg？（Hint：單一樣本）

$$\begin{cases} H_0: \mu \_ 140 \\ H_1: \mu \_ 140 \end{cases}$$（　　尾檢定）

平均數檢定的 P 值 = ______，結論：____________

(4) 不同性別的體重是否有顯著不同？（Hint：兩個樣本）

$$\begin{cases} H_0: \mu_{男} = \mu_{女} \\ H_1: \mu_{男} \neq \mu_{女} \end{cases}$$（雙尾檢定）

請問是否假設兩群體的變異數同質？____

平均數檢定的 P 值 = ______，結論：____________

(5) 請問男性的平均空腹血糖值是否有顯著大於女性？（Hint: 兩個樣本）

$$\begin{cases} H_0: \mu_{男} \_ \mu_{女} \\ H_1: \mu_{男} \_ \mu_{女} \end{cases}$$（____尾檢定）

請問是否假設兩群體的變異數同質？____

平均數檢定的 P 值 = ______，結論：__________________

五、某校進行學生身高的抽樣調查，抽出 25 個學生，得知其平均身高爲 168cm 、變異數爲 $16cm^2$，試問此樣本身高資料的標準誤（Standard Error）爲多少？____

六、隨機變數 X，已知其平均數 μ，與標準差 σ，今欲將其觀察值 x_i 做標準化（Standardize）轉換，試問新隨機變數 Z 的觀察值 z_i 該如何描述？

____

七、試問 $P(Z > -1.28) =$ ______，可查標準常態分配表。

八、在其他條件不變下，當信賴水準（Confidence Level）由 95% 提升至 99% 時，信賴區間（Confidence Interval）的變化情形是____？（請回答愈寬、愈窄或不變）

九、依據前述第四題，欲以型一誤差或顯著水準（α）設定爲 0.05 的前提下，檢定男性平均血清總膽固醇是否超過 200 mg/dl ，經 SPSS 軟體計算得知其檢定統計量 t 值爲 3.131；觀察顯著水準（O.S.L. 或 p-value）爲 0.007；平均差異之 95% 信賴區間爲 (3.27, 17.52) ，試問其假設檢定的寫法（H_0 與 H_1），並試以假設檢定（Hypothesis Testing）三種方式說明其結果？____（$t_{0.95(14)} = 1.761$）

第八章 卡方檢定（Chi-Square Tests）

8.1 卡方檢定之重點整理

一、獨立性檢定

1. 列聯表：一母體或樣本資料若同時以兩種不同分類標準來分類時，可將資料呈現如下之列聯表。

B 分類 / A 分類	B_1	B_2	………	B_q	列合計
A_1	O_{11}	O_{12}	………	O_{1q}	R_1
A_2	O_{21}	O_{22}	………	O_{2q}	R_2
⋮			⋮		⋮
⋮			⋮		⋮
⋮			⋮		⋮
A_p	O_{p1}	O_{p2}	………	O_{pq}	R_p
行合計	C_1	C_2	………	C_q	n

上表中，

N_{ij}：同時符合 A_i 與 B_j 兩種特性之資料個數；

R_i：符合 A_i 特性之資料的總個數；

C_j：符合 B_j 特性之資料的總個數。

2. 假設：H_0：A, B 兩分類無關 vs. H_1：A, B 兩分類有關

3. 檢定統計量：$T=\sum_{i=1}^{p}\sum_{j=1}^{p}\frac{(O_{ij}-e_{ij})^2}{e_{ij}}$，式中 $e_{ij}=\frac{R_i C_j}{n}$

4. 檢定原則：若 $T>\chi^2_{\alpha,((p-1)(q-1))}$，則拒絕 H_0。

5. 注意事項：

(1)若有理論次數 e_{ij} 不到 5 者，需考慮合併。

(2)若自由度 (p−1)(q−1) = 1 時，需考慮連續校正數 1/2，即

$$T=\sum_{i=1}^{q}\sum_{j=1}^{q}\frac{\left(|O_{ij}-e_{ij}|-\frac{1}{2}\right)^2}{e_{ij}}$$ 。

6. 特例：2×2 列聯表

調查南北兩地照護人員對政府提供的身心障礙患者口腔照護的意見調查結果如下表：

	滿意	不滿意	合計
北區	$n_{11}=310$	$n_{12}=200$	$n_{1.}=510$
南區	$n_{21}=320$	$n_{22}=282$	$n_{2.}=602$
合計	$n_{.1}=630$	$n_{.2}=482$	$n_{..}=1112$

	滿意	不滿意	合計
北區	$P_{11}=n_{11}/n_{1.}$	$P_{12}=n_{12}/n_{1.}$	1
南區	$P_{21}=n_{21}/n_{2.}$	$P_{22}=n_{22}/n_{2.}$	1

若兩地照護人員意見比例相同，則應爲 $P_{11}=P_{21}$ 及 $P_{12}=P_{22}$

(1)勝算比（Odds Ratio, OR）公式爲 $\theta=\frac{P_{11}\times P_{22}}{P_{12}\times P_{21}}$

(2)當 $\theta=1$ 時，表示兩因子間沒有關連，反之則有因此其假設檢定爲 H_0：$\theta=1$ vs. H_1：$\theta\neq 1$

(3)樣本資料可得，$\widehat{P}_{ij}=n_{ij}/n_{i.}$，則之估計值以 OR 表示爲

$$OR=\frac{\widehat{P}_{11}/\widehat{P}_{22}}{\widehat{P}_{12}/\widehat{P}_{21}}=\frac{n_{11}n_{22}}{n_{12}n_{21}}$$

依本例計算可得 OR = 1.3659，表示北區對政府提供的身心障礙

患者口腔照護感到滿意之照護人數爲南區的 1.3659 倍。

(4) 檢定統計量爲 $Z=\frac{\ln(OR)}{SE(\ln(OR))}$，其中 $SE(\ln(OR))=\sqrt{\frac{1}{n_{11}}+\frac{1}{n_{12}}+\frac{1}{n_{21}}+\frac{1}{n_{22}}}$

依本例計算可得 Z = 2.555

(5) 檢定原則：若 $Z>Z_{1-\frac{\alpha}{2}}$，則拒絕 H_0。

依本例在 $\alpha = 0.05$ 之下，因 $Z > Z_{0.975} = 1.96$，故拒絕 H_0，表示地區別與是否滿意政府提供的身心障礙患者口腔照護是有關聯的。

二、適合度檢定

1. 假設 H_0：母體之分配爲某種特定分配 vs. H_1：母體之分配不是某種特定分配。

2. 檢定統計量（Pearson's 近似法）：$T=\sum_{i=1}^{r}\frac{(O_i-e_i)^2}{e_i}$

上式中，o_i：第 i 組觀測次數（實際出現次數）；e_i：第 i 組理論次數（期望次數）。

3. 檢定原則：若 $T > \chi^2_{\alpha,(r-1-d)}$，則拒絕 H_0。此處 d 表用估計量取代未知母數之個數。

4. 注意事項：

(1) 若有理論次數 e_i 小於 5 之組時，必須考慮將其與鄰近組別作合併，使該組 ≥ 5，以提高檢定效率。

(2) 若自由度爲 1 時，需考慮連續校正數 1/2，即令

$$T=\sum_{i=1}^{r}\frac{\left(|O_i-e_i|-\frac{1}{2}\right)^2}{e_i}$$

上式中，若 $|O_i-e_i|<\frac{1}{2}$，則將該項 $(|O_i-e_i|-\frac{1}{2})$ 視爲 0。

三、齊一性檢定

1. 若有 P 組母體（或隨機樣本）資料，每組母體（或樣本）下皆分成 q 類，則可將資料陳列如下表：

母體＼分類	B_1	B_2	⋯⋯⋯	B_q	列合計
A_1	N_{11}	N_{12}	⋯⋯⋯	N_{1q}	R_1
A_2	N_{21}	N_{22}	⋯⋯⋯	N_{2q}	R_2
⋮			⋮		⋮
⋮			⋮		⋮
⋮			⋮		⋮
A_p	N_{p1}	N_{p2}	⋯⋯⋯	N_{pq}	R_p
行合計	C_1	C_2	⋯⋯⋯	C_q	n

上表中，N_{ij}：第 i 組母體（或樣本）中第 j 類資料的個數；

R_i：第 i 組母體（或樣本）資料的總個數；

C_j：第 1 組至第 P 組母體（或樣本）之第 j 類資料的總個數

2. 假設 H_0：$A_1, A_2, \cdots, A_p$ 個母體的分配皆相同 vs.

   H_1：$A_1, A_2, \cdots, A_p$ 個母體的分配不完全相同

3. 檢定統計量：$T=\sum_{i=1}^{p}\sum_{j=1}^{q}\frac{(N_{ij}-e_{ij})^2}{e_{ij}}$，式中 $e_{ij}=\frac{R_i C_i}{n}$

4. 檢定原則：若 $T>\chi^2_{\alpha,((p-1)(q-1))}$，則拒絕 H_0

5. 注意事項：

   (1) 若有理論次數 e_{ij} 不到 5 者，需考慮合併。

   (2) 若自由度 $(p-1)(q-1)=1$ 時，需考慮連續校正數 1/2，即

$$T=\sum_{i=1}^{p}\sum_{j=1}^{q}\frac{\left(|N_{ij}-e_{ij}|-\frac{1}{2}\right)^2}{e_{ij}}$$

8.2 卡方檢定方法於 SPSS 之應用

一、獨立性檢定

欲對資料進行交叉分析，編製列聯表，作獨立性檢定，或計算各種相關聯係數，可操作如下：

分析→敘述統計→交叉表→選入欲處理之分類變數（列變數及行變數）→確定

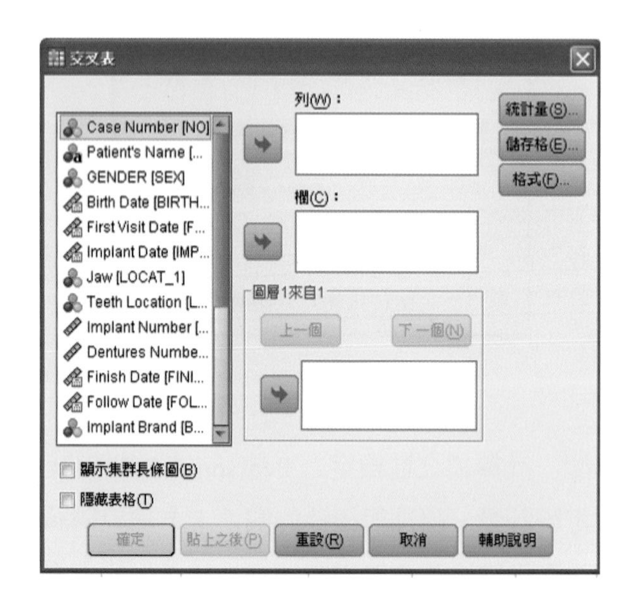

其中

(1) 列：選擇欲處理之列變數。

(2) 欄：選擇欲處理之行變數。

(3) 圖層：選擇欲作多層分類變數交叉分析之其他層分類變數。

(4) 顯示集群長條圖：顯現資料在交叉後之直條圖。

(5) 隱藏表格：不要顯現列聯表。

(6) 統計量：選擇欲計算之統計量。

(7) 儲存格：選擇列聯表細格中所要顯現的內容。

(8) 格式：選擇輸出列聯表時，列分類變數顯現時的排序方式。

一、點選「統計量」後出現下列視窗，

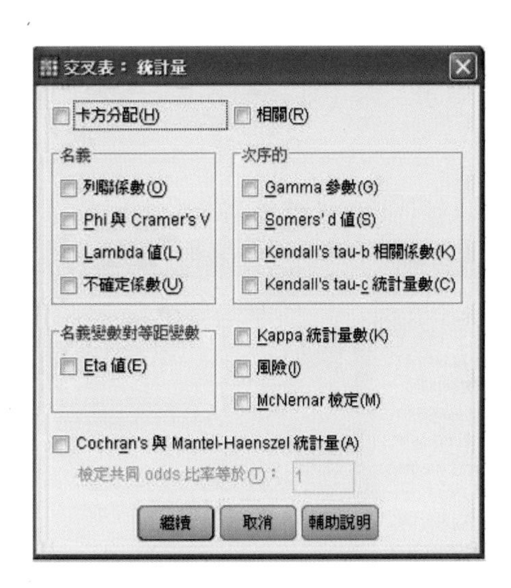

其中

(1) 卡方分配：計算獨立性檢定之 Pearson 卡方檢定統計量、概似比卡方檢定統計量、線性對線性的關連卡方檢定統計量。若處理之資料為 2*2 列聯表，會顯現經連續性校正後的卡方檢定統計量，且當表中有任一細格之期望次數小於 5 時，SPSS 亦會自動計算 Fisher's 精確檢定。

(2) 相關：當處理的變數為數值變數，可勾選此項，SPSS 會計算 Pearson 相關係數，以及 Spearman 等級相關係數。

(3)「名義」一欄：計算名目尺度變數的各種關聯係數。

(4)「次序的」一欄：計算順序尺度變數的各種關聯係數。

(5) 名義變數對等距變數：計算當變數一為名目尺度，另一為區間尺度變數時的關聯係數。

(6) Kappa 統計量數：計算 Kappa 係數。

(7) 風險：計算相對風險比。

(8) McNemar 檢定：計算 McNemar 檢定統計量。

(9) Cochran's 與 Mantel-Haenszel 統計量：計算 Cochran's and Mantel-Haenszel 檢定統計量。

二、點選「儲存格」後出現下列視窗，

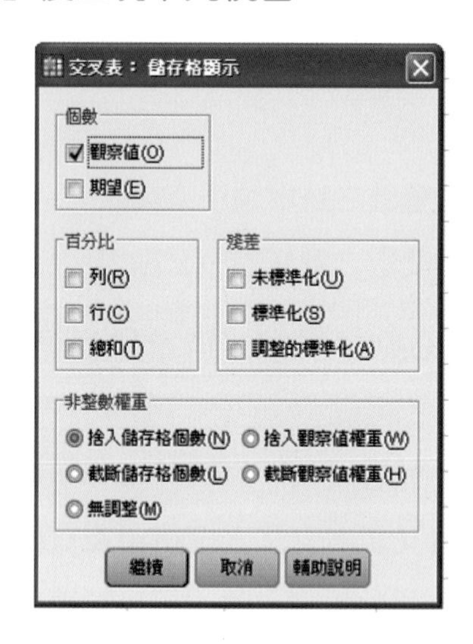

其中

(1)「個數」一欄：選取列聯表中之細格是否要放入原始觀測值，或期望次數。

(2)「百分比」一欄：選取列聯表中之細格是否要放入該原始觀測值占觀測值所在列分類總次數、行分類總次數、或總次數之百分比

(3)「殘差」一欄：選取列聯表中之細格是否要放入每一觀測值與期望值之殘差（Unstandardized）、標準化之殘差（Standardized）或調整後標準化殘差（Adj-standardized）。調整後標準化殘差於卡方檢定分析上，能輔助判斷兩變數之間的主要差異存在於哪些細格，

判斷準則是大於 $Z_{0.95}=1.96$ 或小於 $Z_{0.05}=-1.96$。

三、點選「格式」後出現下列視窗，

其中

(1) 遞增：依列分類變數之遞增順序來編表。

(2) 遞減：依列分類變數之遞減順序來編表。

【例 8-1】：以某研究中心動物實驗爲例，欲知 20 週（A 組）植體的概況，開啓資料檔 8-1.sav，

(1) 試求植體廠牌 * 植體成敗（以植體廠牌作爲行變數，植體成敗作爲列變數）之交叉表。交叉表細格中需有原始觀察值、期望值，以及觀察值占該列分類總次數、行分類總次數與總次數百分比，再將每一細格觀察值與期望值之差（殘差）附上，其中列變數之遞減順序編交叉表。

(2) 以顯著水準 0.05 檢定植體廠牌與植體成敗是否有相關。

(3) 編製植體廠牌 * 植體成敗 * 顎別之交叉表。

【解】

(1) 分析→敘述統計→交叉表→將「植體成功 / 失敗」選入列；將「植體廠牌」選入欄→儲存格→除預設的觀察值還需勾選期望個數、列百分比、行百分比、總和百分比、以及未標準化殘差→繼續→格式→點選遞減→繼續→確定

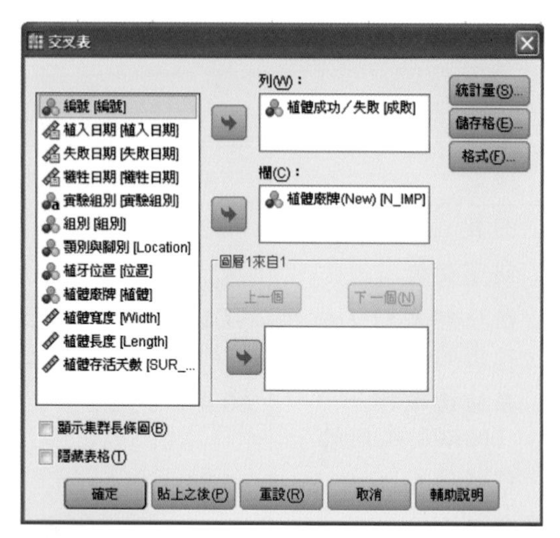

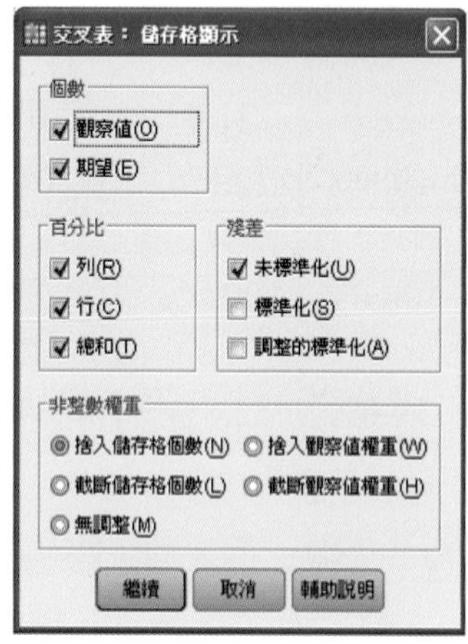

植體成功／失敗＊植體廠牌（New）交叉表

			植體廠牌（New）			總和
			Y	Q	O	
植體成功／失敗	失敗	個數	21	5	10	36
		期望個數	20.7	7.0	8.2	36.0
		在植體成功／失敗之內的	58.3%	13.9%	27.8%	100.0%
		在植體廠牌（New）之內的	39.6%	27.8%	47.6%	39.1%

		植體廠牌（New）			總和
		Y	Q	O	
	整體的 %	22.8%	5.4%	10.9%	39.1%
	殘差	.3	-2.0	1.8	
成功	個數	32	13	11	56
	期望個數	32.3	11.0	12.8	56.0
	在植體成功 / 失敗之內的	57.1%	23.2%	19.6%	100.0%
	在植體廠牌（New）之內的	60.4%	72.2%	52.4%	60.9%
	整體的 %	34.8%	14.1%	12.0%	60.9%
	殘差	-.3	2.0	-1.8	
總和	個數	53	18	21	92
	期望個數	53.0	18.0	21.0	92.0
	在植體成功 / 失敗之內的	57.6%	19.6%	22.8%	100.0%
	在植體廠牌（New）之內的	100.0%	100.0%	100.0%	100.0%
	整體的 %	57.6%	19.6%	22.8%	100.0%

(2) 分析→敘述統計→交叉表→將「植體成功 / 失敗」選入列；將「植體廠牌」選入欄→統計量→勾選「卡方分配」與「名義」一欄的「Phi 與 Cramer's V」→繼續→確定

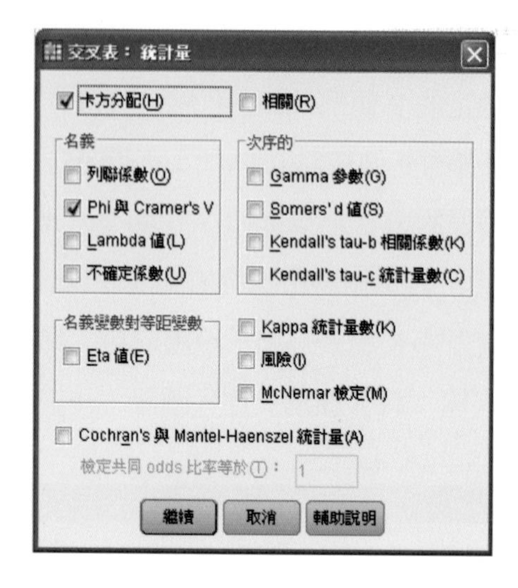

卡方檢定

	數值	自由度	漸近顯著性（雙尾）
Pearson 卡方	1.615[a]	2	.446
類似比	1.648	2	.439
線性對線性的關連	.153	1	.696
有效觀察值的個數	92		

a. 0 格（.0%）的預期個數少於 5，最小的預期個數爲 7.04。

對稱性量數

		數值	顯著性近似值
以名義量數爲主	Phi 值	.132	.446
	Cramer's V 值	.132	.446
有效觀察值的個數		92	

H_0：植體廠牌與植體成敗無關（$\rho = 0$）vs. H_1：植體廠牌與植體成敗有關（$\rho \neq 0$）

由卡方檢定結果可知，計算所得的 Pearson 卡方檢定統計量爲 1.615；雙尾檢定的 P 値爲 0.446（ $> \alpha = 0.05$ ）。再由上表的對稱性量數可知，兩者的 P 値皆爲 0.446（ $> \alpha = 0.05$ ）。

依上述兩個報表的分析結果顯示，在顯著水準爲 0.05 的情況下，不拒絕 H_0 假設，表示植體廠牌與植體成敗無關。

(3) 分析→敘述統計→交叉表→將「植體成功 / 失敗」選入列；將「植體廠牌」選入欄；將「顎別」選入圖層 1 →確定

植體成功 / 失敗 * 植體廠牌 * 類別交叉表

個數

顎別			植體廠牌（New）			總和
			Y	Q	O	
下顎	植體成功 / 失敗	失敗	13	4	6	23
		成功	6	3	1	10

顎別			植體廠牌（New）			總和
			Y	Q	O	
	總和		19	7	7	33
上顎	植體成功／失敗	失敗	8	1	4	13
		成功	6	6	3	15
	總和		14	7	7	28

【例 8-2】：調查南北兩地照護人員對政府提供的身心障礙患者口腔照護的意見調查結果如下表，試以顯著水準 0.05 檢定不同地區照護人員與是否滿意政府提供的身心障礙患者口腔照護有關聯。

	滿意	不滿意	合計
北區	$n_{11} = 310$	$n_{12} = 200$	$n_{1.} = 510$
南區	$n_{21} = 320$	$n_{22} = 282$	$n_{2.} = 602$
合計	$n_{.1} = 630$	$n_{.2} = 482$	$n_{..} = 1112$

【解】

分析→敘述統計→交叉表→將「地區」選入列；將「意見」選入欄→統計量→勾選 Cochran's 與 Mantel-Haenszel 統計量→ 繼續→確定

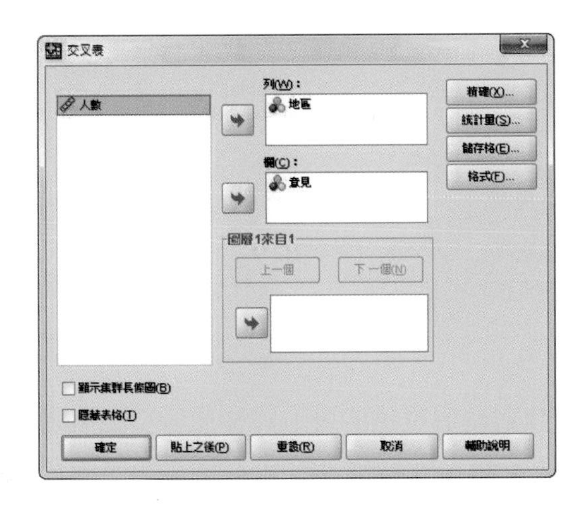

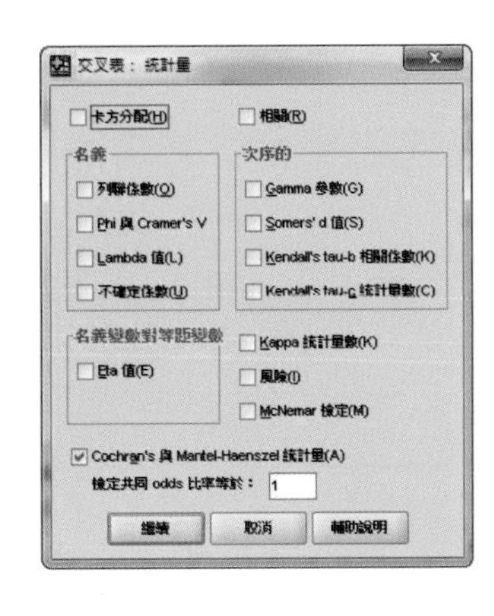

條件獨立性檢定

	卡方統計量	自由度	漸近顯著性（雙邊）
Cochran's	6.542	1	0.11
Mantel-Haenszel	6.230	1	.013

在有條件的獨立假設下，Cochran's 統計量的分配接近 1 自由度的卡方分配，但是只有在層數固定時，Mantel-Haenszel 統計量的分配會接近 1 自由度的卡方分配。請注意，當觀察值與期望值間的差異總和爲 0，連續修正會由 Mantel-Haenszel 統計量中移除。

Mantel-Haenszel Common Odds 比率估計值

估計			1.3696
ln（估計值）			.312
標準 ln 的誤差（估計值）			.122
漸近顯著性（雙邊）			.011
漸近 95% 信賴區間	Common Odds 比率	下限	1.075
		上限	1.735
	ln（Common Odds 比率）	下限	.073
		上限	.551

在 1.000 假設的 common odds 比率下，Mantel-Haens zel common odds 比率估計值接近常態分配，估計值的自然對數值是一樣。

H_0：$\theta = 1$ vs. H_1：$\theta \neq 1$

由 Mantel-Haenszel Common Odds 比率估計值報表可知，$OR = 1.366$、$\ln(OR) = 0.312$、$SE(\ln(OR)) = 0.122$，因雙尾檢定 P 值爲 0.011（$<\alpha = 0.05$），故在顯著水準爲 0.05 的情況下拒絕假設，表示地區別與是否滿意政府提供的身心障礙患者口腔照護是有關聯的。

二、適合度檢定

欲求得類別資料作適合度檢定，可操作如下：

分析→無母數檢定→歷史對話記錄→卡方→選入欲處理之類別變數→設定欲檢定之期望值→確定

其中

(1) 檢定變數清單：選入欲檢定之類別變數。

(2) 期望範圍：設定欲分析的類別範圍，

a. 由資料取得：以資料中分類變數每一分類爲檢定的每一類別，全部都納入分析；

b. 使用指定的範圍：自己設定分析的類別範圍，在此範圍外的分類將不納入分析。

(3) 期望值：設定欲檢定之虛無假設下的理論次數，

a. 全部類別相等：每一類別的理論次數設爲相等；

b. 數值：設定自己欲檢定之虛無假設下每一類別的理論次數。

(4) 選項：設定是否輸出描述性統計量或四分位數；選擇若資料中有遺失值時的處理方式，其視窗如下：

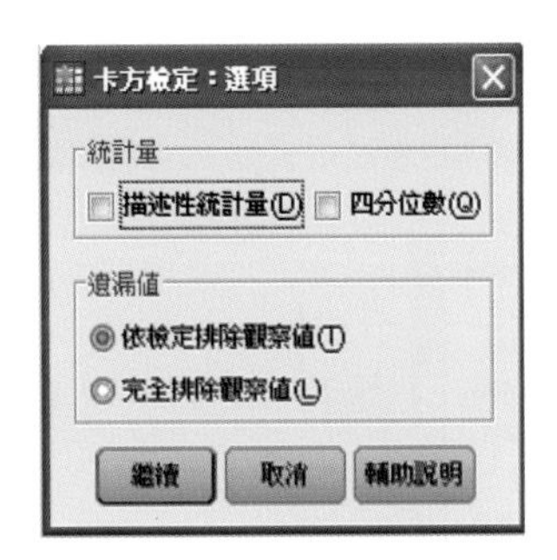

【例 8-3】：開啓資料檔 8-2.sav ，下表爲整理後的接受植牙年齡次數分配表，研究者欲以顯著水準 0.05 檢定其是否來自常態分配的母群體。（理論次數爲常態分配的期望次數）

接受植牙年齡次數分配表

組距	次數	理論次數
15 歲～	11	11.3
22 歲～	34	33.0
29 歲～	84	83.7

組距	次數	理論次數
36 歲～	139	150.0
43 歲～	176	190.2
50 歲～	209	170.6
57 歲～	112	108.2
64 歲～	19	48.5
71 歲～	23	15.4
78 歲～	8	4.1
Total	815	

操作步驟如下：

【解】

分析→無母數檢定→歷史對話記錄→卡方→將「age」選入檢定變數清單→依照上表將理論次數依序輸入至數值→確定

檢定統計量

	植牙年齡分組
卡方	36.087[a]
自由度	9
漸近顯著性	.000

a.1 個格（10.0%）的期望次數少於 5，最小的期望格次數為 4.1。

H_0：接受植牙年齡呈常態分配 vs. H_1：接受植牙年齡非常態分配

由上述 SPSS 報表（暫時忽略最後一組期望次數小於 5）可知，檢定統計量 χ^2 值為 36.087；P 值為 0.000（$<\alpha = 0.05$）。依分析結果顯示，在顯著水準為 0.05 的情況下拒絕 H_0 假設，表示接受植牙年齡非常態分配。

三、齊一性檢定

欲比較 k 組獨立樣本資料是否來自同一母體（或 k 個母體分配是否一致），可用卡方齊一性檢定，其操作方式和兩分類變數卡方獨立性檢定完全相同（但解釋方法不同），可操作如下：

分析→敘述統計→交叉表→選入欲處理之分類變數→ OK

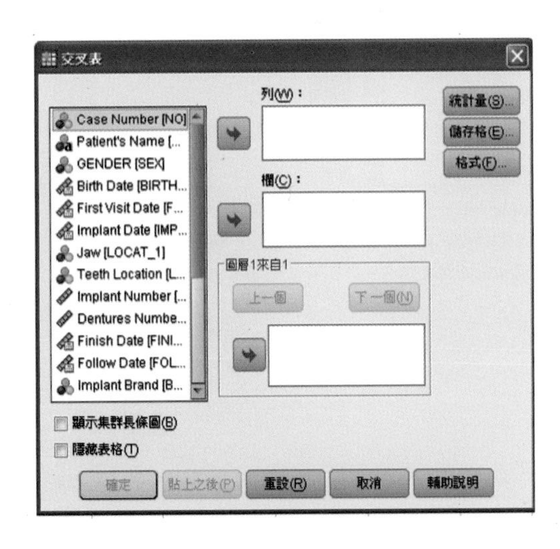

【例 8-4】：開啓資料檔 8-3.sav，研究者欲以顯著水準 0.05 檢定補人工骨粉與自體骨者，對於骨頭軟硬質的認定是否一致。

【解】

分析→敘述統計→交叉表→將「補骨粉情形」選入列；將「骨頭軟硬質」選入欄→統計量→勾選卡方分配→繼續→確定

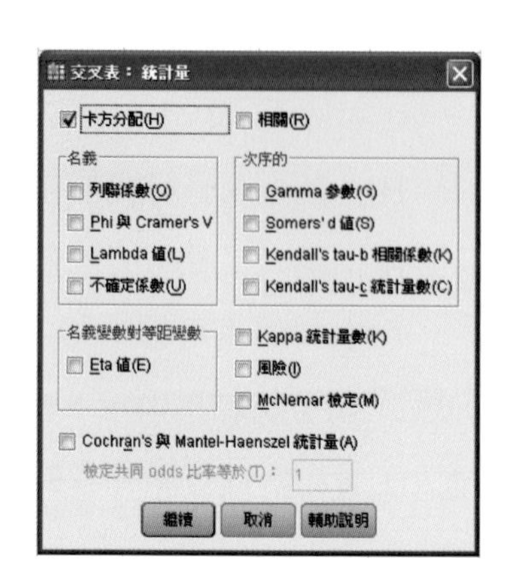

補骨粉情形 * 骨頭軟硬質交叉表

			骨頭軟硬質			總和
			第一級／第二級	第三級	第四級	
補骨粉情形	人工骨粉	個數	33	49	20	102
		在補骨粉情形之內的	32.4%	48.0%	19.6%	100.0%
	自體骨	個數	139	54	5	198
		在補骨粉情形之內的	70.2%	27.3%	2.5%	100.0%
總和		個數	172	103	25	300
		在補骨粉情形之內的	57.3%	34.3%	8.3%	100.0%

卡方檢定

	數值	自由度	漸近顯著性（雙尾）
Pearson 卡方	48.851[a]	2	.000
概似比	48.871	2	.000
線性對線性的選擇	48.602	1	.000
有效觀察值的個數	300		

a. 0 格（0%）的預期個數少於 5。最小的預期個數爲 8.50。

H_0：補人工骨粉與補自體骨者對於骨頭軟硬質的認定一致 vs.

H_1：補人工骨粉與補自體骨者對於骨頭軟硬質的認定不一致

由上列報表可知，檢定統計量 χ^2 值爲 48.851；P 值爲 0.000（$< \alpha =$ 0.05）。依分析結果顯示，在顯著水準爲 0.05 的情況下拒絕 H_0 假設，表示補人工骨粉與補自體骨者對於骨頭軟硬質的認定不一致。

8.3 習題

一、有一臨床試驗比較一治療心律不整的新藥 A 與現有傳統之藥物 B，得下表：

	有效	沒有效	合計
新藥 A	40	15	55
傳統藥物 B	25	30	55
合計	65	45	110

請問新藥 A 有效的機率的估計值最接近以下何者？

〈102 年台大流行病與預醫所甲組碩士考題〉

(A) 0.36

(B) 0.45

(C) 0.72

(D) 0.95

二、（延續上題）請問若使用卡方檢定來比較兩種藥物有效的機率，檢定統計量最接近以下何者？

(A) 3

(B) 7

(C) 10

(D) 13

三、（延續上題）請問在上述卡方檢定的虛無假設下，B 藥有效的估計值最接近以下何者？

(A) 0.75

(B) 0.70

(C) 0.60

(D) 0.55

四、大勝鄉今年的鄉長選舉共有三位候選人，各代表 A、B、C 三個政黨。某民調公司想要預估各黨候選人今年的得票率。已知去年 A、B、C 三個政黨的得票率分別爲 45%、35%、20%。現隨機抽選 120 位鄉民，其中有 60、45、15 位鄉民表示將投給 A、B、C 三個政黨。根據這個調查，請問以下哪個敘述最恰當？〈103 年台大流行病與預醫所甲組碩士考題〉

(A) 未來 A 政黨的得票率將達到 60/120 = 50%。

(B) 未來 C 政黨的得票率將超過 20%。

(C) 未來任一位候選人的得票率不會超過 50%。

(D) 未來投票結果可能跟這份民調不一樣。

五、（延續上題）以下何者是未來 B 政黨的得票率的 95% 信賴區間？

(A) $37.5\% \pm 1.96\sqrt{\dfrac{37.5\% \times 62.5\%}{120}}$

(B) $37.5\% \pm 1.96\sqrt{\frac{37.5\% \times 62.5\%}{45}}$

(C) $37.5\% \pm 1.96\sqrt{37.5\% \times 62.5\%}$

(D) $37.5\% \pm 1.96\sqrt{\frac{35\% \times 65\%}{45}}$

六、(延續上題) 如果要根據這個調查檢定三個政黨目前的支持率是否各爲 1/3，請問應該進行以下何種檢定？

(A) 卡方相關性檢定

(B) 卡方適合度檢定

(C) 卡方變異數分析

(D) 兩個獨立母體的比例檢定

七、(延續上題) 如果要進行上述小題的檢定，必須計算每個觀察值所對應的期望值，請問以下何者正確？

(A) 期望値分別爲 60、45、15

(B) 期望値分別爲 120×45%、120×35%、120×20%

(C) 期望値分別爲 100×120/240、85×120/240、55×120/240

(D) 期望値分別爲 40、40、40

八、(延續上題) 有關上述檢定統計量的自由度，請問以下何者正確？

(A) 自由度爲 1。

(B) 自由度爲 2。

(C) 自由度爲 3。

(D) 自由度爲 4。

九、某動物實驗：實驗三種屬性材料 (A, B, C) 在實驗鼠身上，測試是否出現過敏反應，如下表

過敏反應	材料			合計
	A	B	C	
無	60	30	10	100
有	18	32	50	100
合計	78	62	60	200

試問不同屬性材料和出現過敏反應的有無是否相關？

H_0：不同金屬材料和是否會出現過敏反應__關
H_1：不同金屬材料和是否會出現過敏反應__關　（雙尾檢定）

卡方值＝____，P 值＝____，結論：____________________

十、在口腔醫學院隨機抽取 40 位學生，檢驗其血型得 A, B, O, AB 四種血型的人數分別約爲 8, 8, 20, 4。欲知口腔醫學院學生血型比例是否相等？

H_0：$P_A = P_B = P_O = P_{AB}$
H_1：至少有兩比例不相等

卡方值＝____，P 值＝____，結論：____________________

十一、某營養師調配三種營養劑 (A, B, C) 試驗於實驗鼠，測試養分吸收程度是否可達標準值，如下表

吸收程度	營養劑			合計
	A	B	C	
未達標準	15	26	10	51
符合標準	35	24	40	99
合計	50	50	50	150

試問不同種類的營養劑和養分吸收程度是否可達標準相關？

（下列答案皆取至小數點第三位；檢定皆以顯著水準 $\alpha = 0.05$ 檢定之）

$$\begin{cases} H_0：\text{不同種類的營養劑和養分吸收是否可達標準無關} \\ H_1：\text{不同種類的營養劑和養分吸收是否可達標準有關} \end{cases}\text{（雙尾檢定）}$$

Pearson 卡方值 = ______，P 值 = ______，結論：______________。

第九章 變異數分析（Analysis of Variance）

9.1 變異數分析之重點整理

一、變異數分析基本概念

1. 變異數分析：研究的資料，其背後常受多種因素影響，探討這些背後影響的因素，對統計資料所造成之差異的統計方法，稱之爲變異數分析。即欲檢定多個母體平均數是否相等。
2. 因子：研究中使資料發生變動之某一原因或一獨立變數，其常爲實驗中特別控制之條件。
3. 因子水準：表現因子狀態的不同條件。
4. 處理：在單因子變異數分析中，各種因子水準稱之。在多因子變異數分析中，不同的因子水準組合稱之。
5. 變異數分析之假設條件：
   (1) 資料服從常態分配
   (2) 資料間彼此獨立
   (3) 誤差項期望值爲零
   (4) 資料變異數皆相等（爲一固定常數）

二、一因子變異數分析

1. 意義：探討之對象若只包含一個因子（獨立變數），亦即觀察值只以一個標準分類，則對這些已分類的資料作變異數分析即爲一因子變異數分析，如圖 9-1。

	Population						
	1	2	⋯	i	⋯	k	
1	x_{11}	x_{21}	⋯	x_{i1}	⋯	x_{k1}	
2	x_{12}	x_{22}	⋯	x_{i2}	⋯	x_{k2}	
⋮	⋮	⋮		⋮		⋮	
n	x_{1n}	x_{2n}	⋯	x_{in}		x_{kn}	
Total	$T_{1\cdot}$	$T_{2\cdot}$	⋯	$T_{i\cdot}$	⋯	$T_{k\cdot}$	$T_{\cdot\cdot}$
Average	$\overline{x}_{1\cdot}$	$\overline{x}_{2\cdot}$	⋯	$\overline{x}_{i\cdot}$	⋯	$\overline{x}_{k\cdot}$	$\overline{x}_{\cdot\cdot}$

圖 9-1 一因子資料表示意圖

2. 模式：$X_{ij}=\mu_i+\varepsilon_{ij}=\mu+\alpha_i+\varepsilon_{ij}$，$i=1, 2, \cdots, k$；$j=1, 2, \cdots, n$

上式中，X_{ij}：第 i 個因子水準的第 j 個觀察值；μ_i：第 i 個母體之平均；μ：總平均；α_i：第 i 個母體之因素效果；ε_{ij}：隨機誤差項，$\varepsilon_{ij}\overset{i.i.d.}{\sim}N(0, \sigma^2)$ 。

觀察值＝該組平均數＋誤差＝母體平均數＋該組主效果＋誤差

3. 變異數分析

(1) 各種變異（平方和）

a. 總變異：$SST=\sum_{i=1}^{k}\sum_{j=1}^{n}(X_{ij}-\overline{X}_{\cdot\cdot})^2$

b. 組間變異：$SSC=\sum_{i=1}^{k}\sum_{j=1}^{n}(\overline{X}_{i\cdot}-\overline{X}_{\cdot\cdot})^2=n\sum_{i=1}^{k}(\overline{X}_{i\cdot}-\overline{X}_{\cdot\cdot})^2$

c. 組內變異：$SSE=\sum_{i=1}^{k}\sum_{j=1}^{n}(X_{ij}-\overline{X}_{i\cdot})^2=SST-SSC$

d. 變異間之關係：SST＝SSC+SSE

(2) 各種均方和

a. $MSC=\dfrac{SSC}{k-1}$

b. $MSE=\frac{SSE}{k(n-1)}$

(3) 各種均方和之期望值

a. $E(MSC)=\sigma^2+\frac{n}{k-1}\sum_{i=1}^{k}(\mu_i-\mu)^2=\sigma^2+\frac{n}{k-1}\sum_{i=1}^{k}\alpha_i^2$

b. $E(MSE)=\sigma^2$

(4) 假設檢定

a. 檢定 H_0：$\mu_1=\mu_2=\cdots=\mu_k$ vs. H_1：μ_i 不全相等，$i=1, 2, \cdots, k$

i.e. 檢定 H_0：$\alpha_1=\alpha_2=\cdots=\alpha_k=0$ vs. H_1：α_i 不全爲零，$i=1, 2, \cdots, k$

i.e. 檢定 H_0：$E(MSC)=E(MSE)$ vs. $E(MSC)>E(MSE)$

b. 檢定統計量：$F=\frac{MSC}{MSE}$

c. 檢定準則：若 $F>F_{(\alpha;\,k-1,\,k(n-1))}$，則拒絕 H_0。

(5) 變異數分析表（ANOVA 表）

變異	平方和	自由度	均方和	F 值	決策準則
組間（處理）	SSC	k-1	$MSC=\frac{SSC}{k-1}$	$F=\frac{MSC}{MSE}$	若 $F>F_{(\alpha;\,k-1,\,k(n-1))}$，則拒絕 H_0
組內（誤差）	SSE	k(n-1)	$MSE=\frac{SSE}{k(n-1)}$		
總和	SST	n-1			

其中一因子變異數分析流程圖可參照圖 9-2 簡圖方式進行。

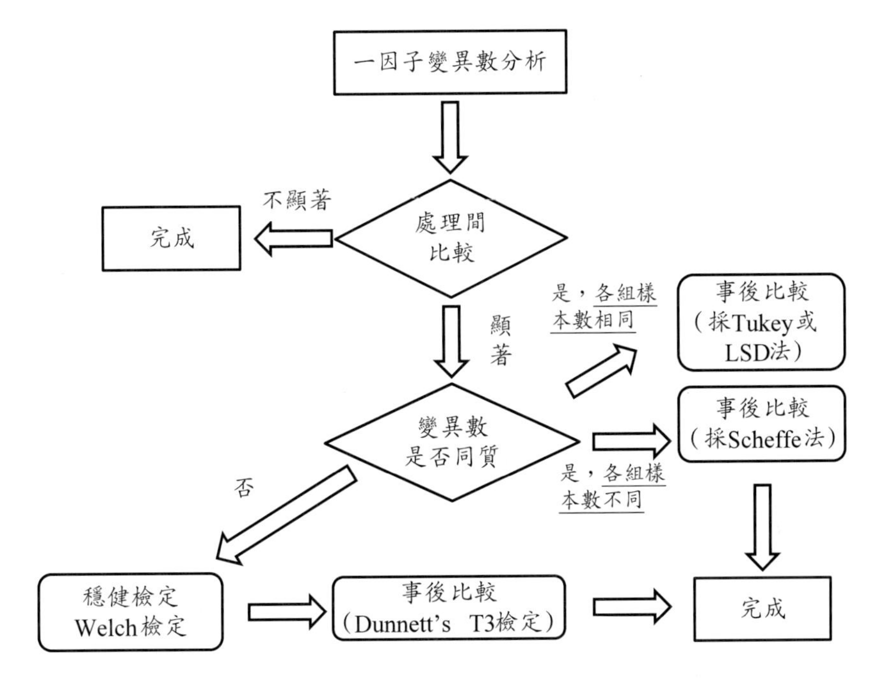

圖 9-2 一因子變異數分析流程簡圖

三、二因子變異數分析

1. 意義：探討之對象若包含兩個因子，亦即觀察值同時按兩種標準分類，則對這些已分類的資料作變異數分析即爲二因子變異數分析，如圖 9-3。

Row	Column						Total	Average
	1	2	⋯	j	⋯	c		
1	x_{11}	x_{21}	⋯	x_{1j}	⋯	x_{1c}	$T_{1\cdot}$	$\bar{x}_{1\cdot}$
2	x_{12}	x_{22}	⋯	x_{2j}	⋯	x_{2c}	$T_{2\cdot}$	$\bar{x}_{2\cdot}$
⋮	⋮	⋮		⋮		⋮		
i	x_{i1}	x_{i2}	⋯	x_{ij}	⋯	x_{ic}	$T_{i\cdot}$	$\bar{x}_{i\cdot}$
⋮	⋮	⋮		⋮		⋮		
r	x_{r1}	x_{r2}	⋯	x_{rj}	⋯	x_{rc}	$T_{r\cdot}$	$\bar{x}_{r\cdot}$
Total	$T_{\cdot 1}$	$T_{\cdot 2}$	⋯	$T_{\cdot j}$	⋯	$T_{\cdot c}$	$T_{\cdot\cdot}$	
Avcragc	$\bar{x}_{\cdot 1}$	$\bar{x}_{\cdot 2}$	⋯	$\bar{x}_{\cdot j}$	⋯	$\bar{x}_{\cdot c}$		$\bar{x}_{\cdot\cdot}$

圖 9-3　二因子資料表示意圖

2. 模式：

(1) 未重複實驗：$X_{ij}=\mu_{ij}+\varepsilon_{ij}=\mu+\alpha_i+\beta_j+\varepsilon_{ij}$，$i=1, 2, \cdots, r$；$j=1, 2, \cdots, c$

上式中 $\sum_{i=1}^{r}\alpha_i=0$；$\sum_{j=1}^{c}\beta_j=0$；$\varepsilon_{ij}\overset{i.i.d.}{\sim}N(0, \sigma^2)$

觀察值＝該組平均數＋誤差＝母體平均數＋該組列的主效果＋該組行的主效果＋誤差

(2) 重複實驗：$X_{ijk}=\mu_{ij}+\varepsilon_{ijk}=\mu+\alpha_i+\beta_j+(\alpha\beta)_{ij}+\varepsilon_{ijk}$，$\mathrm{i}=1, 2, \cdots, \mathrm{r}$；$\mathrm{j}=1, 2, \cdots, c$；$k=1, 2, \cdots, n$

上式中 $\sum_{i=1}^{r}\alpha_i=0$；$\sum_{j=1}^{c}\beta_j=0$；$\sum_{i=1}^{r}\sum_{j=1}^{c}(\alpha\beta)_{ij}=0$；$\varepsilon_{ijk}\overset{i.i.d.}{\sim}N(0, \sigma^2)$

3. 變異數分析

(1) 各種變異數（平方和）

a. 未重複實驗

總平方和：$SST=\sum_{i=1}^{r}\sum_{j=1}^{c}(X_{ij}-\bar{X}_{\cdot\cdot})^2$

列平方和：$SSR=\sum_{i=1}^{r}\sum_{j=1}^{c}(\bar{X}_{i\cdot}-\bar{X}_{\cdot\cdot})^2$

行平方和：$SSC=\sum_{i=1}^{r}\sum_{j=1}^{c}(\bar{X}_{\cdot j}-\bar{X}_{\cdot\cdot})^2$

誤差平方和：$SSE=\sum_{i=1}^{r}\sum_{j=1}^{c}(X_{ij}-\bar{X}_{i\cdot}-\bar{X}_{\cdot j}+\bar{X}_{\cdot\cdot})^2$

各種平方和之關係：SST = SSR+SSC+SSE

b. 重複實驗

總平方和：$SST=\sum_{i=1}^{r}\sum_{j=1}^{c}\sum_{k=1}^{n}(X_{ijk}-\bar{X}_{\cdots})^2$

列平方和：$SSR=\sum_{i=1}^{r}\sum_{j=1}^{c}\sum_{k=1}^{n}(\bar{X}_{i\cdot\cdot}-\bar{X}_{\cdots})^2$

行平方和：$SSC=\sum_{i=1}^{r}\sum_{j=1}^{c}\sum_{k=1}^{n}(\bar{X}_{\cdot j\cdot}-\bar{X}_{\cdots})^2$

誤差平方和：$SSE=\sum_{i=1}^{r}\sum_{j=1}^{c}\sum_{k=1}^{n}(X_{ijk}-\bar{X}_{ij\cdot})^2$

交互平方和：$SSI=\sum_{i=1}^{r}\sum_{j=1}^{c}\sum_{k=1}^{n}(X_{ij\cdot}-\bar{X}_{i\cdot\cdot}-\bar{X}_{\cdot j\cdot}+\bar{X}_{\cdots})^2$

各種平方和之關係：SST = SSR+SSC+SSI+SSE

(2) 各種均方和

a. 未重複實驗

$$MSR=\frac{SSR}{r-1}\text{；}MSC=\frac{SSC}{c-1}\text{；}MSE=\frac{SSE}{(r-1)(c-1)}$$

b. 重複實驗

$$MSR=\frac{SSR}{r-1}\text{；}MSC=\frac{SSC}{c-1}\text{；}MSI=\frac{SSI}{(r-1)(c-1)}\text{；}MSE=\frac{SSE}{rc(n-1)}$$

(3) 假設檢定

a. 未重複實驗

- 檢定 H_0：$\alpha_1=\alpha_2=\cdots=\alpha_r=0$（A 因子對資料無影響）vs.

  H_1：α_i 不全為零

i.e. 檢定 H_0：$\mu_{1.} = \mu_{2.} = \cdots = \mu_{r.}$ vs. H_1：至少有兩個 $\mu_{i.}$ 不相等

檢定統計量 $F_1 = \frac{MSR}{MSE}$，若 $F_1 > F_{(\alpha;\, r-1,\, (r-1)(c-1))}$，則拒絕 H_0。

- 檢定 H_0：$\beta_1 = \beta_2 = \cdots = \beta_c = 0$（B 因子對資料無影響）vs.

  H_1：β_j 不全為零

  i.e. 檢定 H_0：$\mu_{.1} = \mu_{.2} = \cdots = \mu_{.c}$ vs. H_1：至少有兩個 $\mu_{.j}$ 不相等

  檢定統計量 $F_2 = \frac{MSC}{MSE}$，若 $F_2 > F_{(\alpha;\, c-1,\, (r-1)(c-1))}$，則拒絕 H_0。

b. 重複實驗：

- 檢定 H_0：$\alpha_1 = \alpha_2 = \cdots = \alpha_r = 0$（A 因子對資料無影響）vs.

  H_1：α_i 不全為零

  檢定統計量 $F_1 = \frac{MSR}{MSE}$，若 $F_1 > F_{(\alpha;\, r-1,\, rc(n-1))}$，則拒絕 H_0。

- 檢定 H_0：$\beta_1 = \beta_2 = \cdots = \beta_r = 0$（B 因子對資料無影響）vs.

  H_1：β_j 不全為零

  檢定統計量 $F_2 = \frac{MSC}{MSE}$，若 $F_2 > F_{(\alpha;\, c-1,\, rc(n-1))}$，則拒絕 H_0。

- 檢定 H_0：$(\alpha\beta)_{11} = (\alpha\beta)_{12} = \cdots = (\alpha\beta)_{rc} = 0$（A 因子與 B 因子沒有交互作用）vs. H_1：$(\alpha\beta)_{ij}$ 不全為零

  檢定統計量 $F_3 = \frac{MSI}{MSE}$，若 $F_3 > F_{(\alpha;\, (r-1)(c-1),\, rc(n-1))}$，則拒絕 H_0。

(4)變異數分析表（ANOVA 表）

a. 未重複實驗

變異	平方和	自由度	均方和	F 值
列平均	SSR	r-1	$MSR=\frac{SSR}{r-1}$	$F_1=\frac{MSR}{MSE}$
行平均	SSC	c-1	$MSC=\frac{SSC}{c-1}$	$F_2=\frac{MSC}{MSE}$
誤差	SSE	(r-1)(c-1)	$MSE=\frac{SSE}{(r-1)(c-1)}$	
總和	SST	rc-1		

b. 重複實驗

變異	平方和	自由度	均方和	F 值
列平均	SSR	r-1	$MSR=\frac{SSR}{r-1}$	$F_1=\frac{MSR}{MSE}$
行平均	SSC	c-1	$MSC=\frac{SSC}{c-1}$	$F_2=\frac{MSC}{MSE}$
交互作用	SSI	(r-1)(c-1)	$MSI=\frac{SSI}{(r-1)(c-1)}$	$F_3=\frac{MSI}{MSE}$
誤差	SSE	rc(n-1)	$MSE=\frac{SSE}{rc(n-1)}$	
總和	SST	rc-1		

其中二因子變異數分析流程圖可參照圖 9-4 簡圖方式進行。

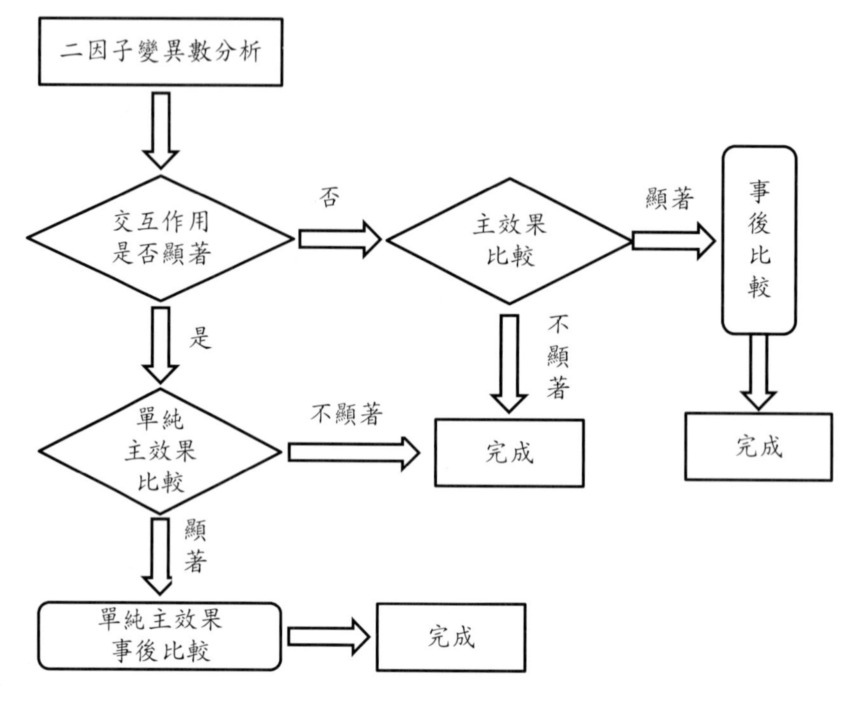

圖 9-4　二因子變異數分析流程簡圖

9.2 k 個獨立母體平均數檢定方法於 SPSS 之應用

一、單因子變異數分析

欲檢定 k 個獨立母體平均數是否相等，可操作如下：

分析→比較平均數法→單因子變異數分析→選入欲檢定之依變數及因子變數→確定

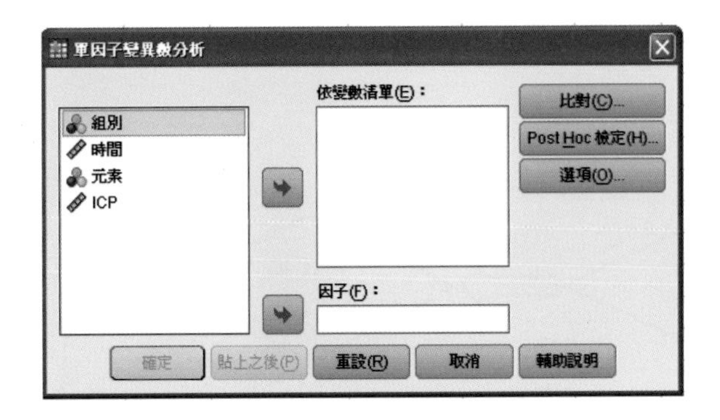

其中

(1) 依變數清單：選擇欲檢定的應變數。

(2) 因子：選取母體分類變數（因子變數）；若變數爲文字變數（例如血型），須先將其重新編碼轉爲數值變數才能作爲因子變數進行變異數分析。

(3) 比對：選定趨向分析，事前對比比較之設定。

(4) Post Hoc 檢定：選定事後多重比較檢定之設定。

(5) 選項：選擇是否輸出其他敘述統計量數，是否進行 k 個母體變異數相等之檢定；是否繪製平均數圖；以及若資料有遺失值時的處理方式。

1. 點選「比對」後出現下列視窗

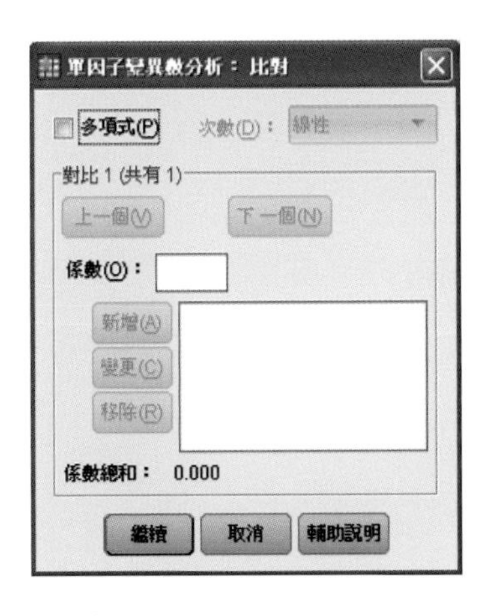

其中

(1)多項式：選擇是否將組間平方和分解爲趨勢分析成分。

(2)次數：選擇趨勢分析要以幾次多項式來處理。

(3)係數：輸入對比比較之係數（對比係數總和須爲 0）。

2. 點選「Post Hoc 檢定」後出現下列視窗

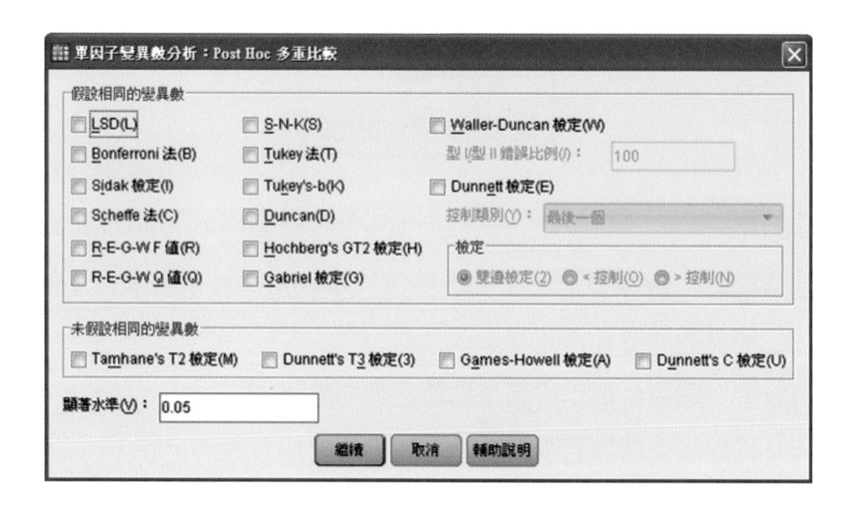

其中

(1)假設相同的變異數：當 k 個母體變異數相等時，選擇要以哪一種方法作多重檢定。

(2)未假設相同的變異數：當 k 個母體變異數不相等時，選擇要以哪一種方法作多重檢定。

(3)顯著水準：選擇多重檢定時之顯著水準。

3. 點選「選項」後出現下列視窗

其中

(1) 統計：選擇是否輸出其他描述性統計量，或是否進行 k 個母體變異數同質性檢定等。

(2) 平均數圖：畫出母體平均數之平均數圖。

(3) 遺漏值：選擇若資料有遺失值時的處理方式。

【例 9-1】：今研究者欲檢測一生醫材料之金屬元素化學特性，利用 ICP（感應耦合電漿質譜儀）檢測，單位爲 ppm ，本例爲檢測某一金屬元素成分在各期（6, 12, 18, 24 小時）之變化是否有顯著差異，請開啓資料檔 9-1.sav，

(1) 以顯著水準 0.05 檢定不同時期測量之 ICP 值的變異數是否相等。

(2) 以顯著水準 0.05 檢定不同時期測量之 ICP 值是否相等，並繪製不同時期測量之 ICP 平均值的平均數圖（假設資料符合常態性假設）。

【解】

(1) 分析→比較平均數法→單因子變異數分析→將「ICP」選入依變數清單；將「時間」選入因子 →選項→勾選變異數同質性檢定→繼續→確定

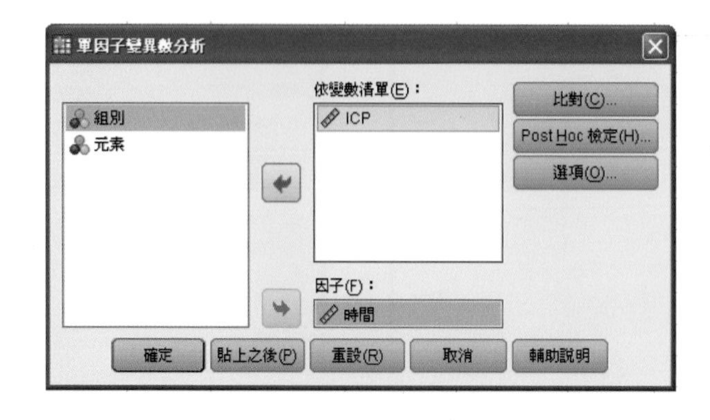

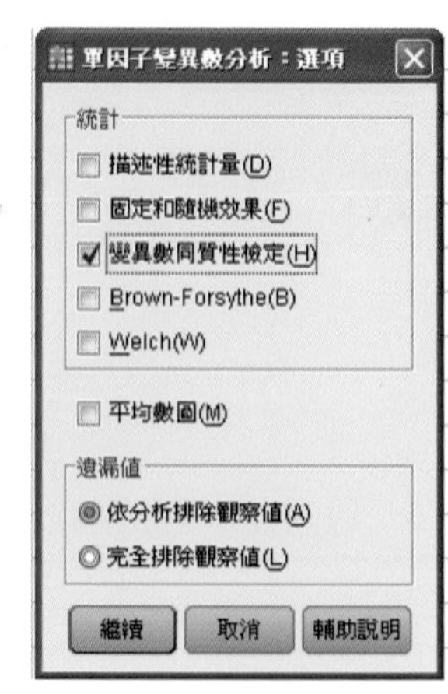

變異數同質性檢定

ICP

Levene 統計量	分子自由度	分母自由度	顯著性
1.144	3	29	.348

H_0：不同時間測量之 ICP 變異數相等 vs.

H_1：不同時間測量之 ICP 變異數不相等

由上列變異數同質性檢定報表可知，Levene 檢定統計量為 1.144；P 值為 0.348（$>\alpha = 0.05$）。依分析結果顯示，在顯著水準為 0.05 的情況下不拒絕 H_0 假設，表示不同時間測量之 ICP 變異數相等。

(2) 分析→比較平均數法→單因子變異數分析→將「ICP」選入依變數清單；將「時間」選入因子→選項→勾選平均數圖→繼續→確定

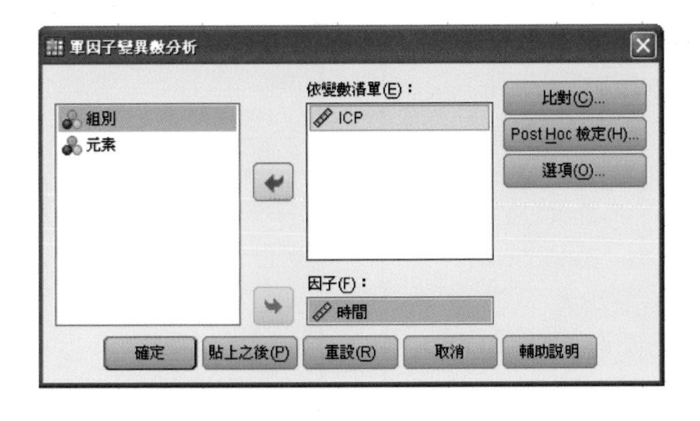

ANOVA

ICP

	平方和	自由度	平均平方和	F	顯著性
組間	37734.614	3	12578.205	3.995	.017
組內	91304.059	29	3148.416		
總和	129038.673	32			

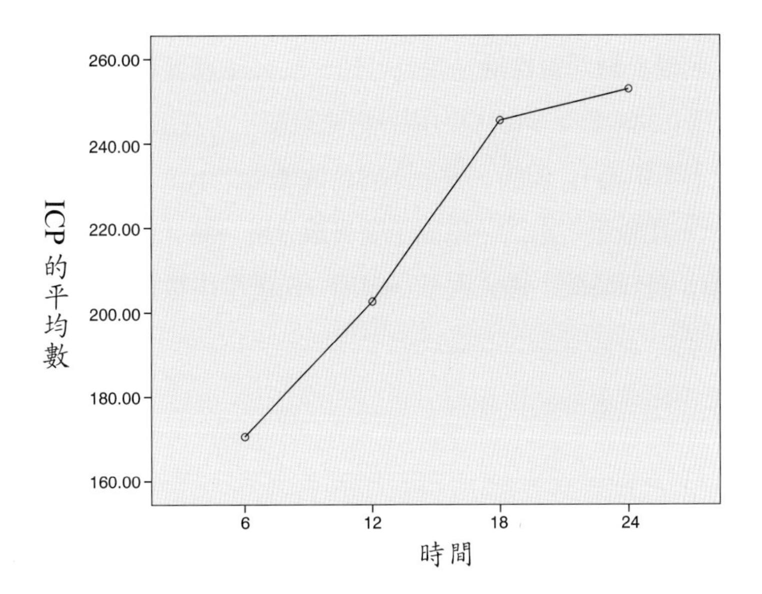

H_0：不同時間測量之平均 ICP 相等 vs.

H_1：不同時間測量之平均 ICP 不相等

由上列 ANOVA 表可知，檢定統計量 F 值爲 3.995；P 值爲 0.017（$<\alpha = 0.05$）。依分析結果顯示，在顯著水準爲 0.05 的情況下拒絕 H_0 假設，表示不同時期所測平均 ICP 有顯著差異。

二、多因子變異數分析

欲作多個因子變異數分析，可操作如下：

分析→一般線性模式→單變量→選入欲檢定之依變數及因子變數→確定

上列視窗中：

(1) 依變數：選取欲檢定之應變數。

(2) 固定因子：選取因子變數。

【例 9-2】：60 隻實驗鼠分別隨機分配到不同的組別，接受不同營養補充品（柳橙汁與維他命 C），其中再以不同劑量（0.5, 1, 2mg）餵食。請參考資料檔 9-2.sav ，10 隻實驗鼠分別分配到 6 種不同治療的組合。（假設資料符合常態性與變異數同質性假設）請問

(1) 不同營養補充品對於老鼠牙齒的長度是否有顯著影響？

(2) 不同的營養補充品與劑量（0.5, 1, 2mg）之間是否有交互作用？

(3) 請以不同劑量及補充品做分組，來觀察牙齒長度，並試做出比較盒形圖。

操作步驟如下：

【解】

分析→一般線性模式→單變量→將「牙齒長度」選入依變數；將「營養補充品」與「劑量」選入固定因子→確定

受試者間效應項的檢定

依變數：牙齒長度

來源	型III平方和	df	平均平方和	F	顯著性
校正後的模式	2740.103[a]	5	548.021	41.557	.000
截距	21236.491	1	21236.491	1610.393	.000
supp	205.350	1	205.320	15.572	.000
dose	2426.434	2	1213.217	92.000	.000
supp*dose	108.319	2	54.159	4.107	.022
誤差	712.106	54	13.187		
總數	24688.700	60			
校正後的總數	3452.209	59			

a. R 平方 = .794（調過後的 R 平方 = .775）

(1) H_0：不同營養補充品的老鼠牙齒平均長度相等 vs.

H_1：不同營養補充品的老鼠牙齒平均長度不相等

由上述報表可知，檢定統計量 F 值爲 15.572；P 值爲 0.000（$<\alpha = 0.05$）。依分析結果顯示，在顯著水準爲0.05的情況下拒絕 H_0 假設，表示不同營養補充品對於老鼠牙齒的長度有顯著影響。

(2) H_0：營養補充品與劑量兩因子沒有交互作用 vs.

H_1：營養補充品與劑量兩因子有交互作用

由上述報表可知，檢定統計量 F 值爲 4.107；P 值爲 0.022（$<\alpha = 0.05$）。依分析結果顯示，在顯著水準爲0.05的情況下拒絕 H_0 假設，表示植體廠牌與顎別對植體存活期間有產生交互作用。

(3) 統計圖→歷史對話記錄→盒形圖→點選「集群」與「觀察值組別之摘要」→定義→將「牙齒長度」選入變數欄→將「營養補充品」選入類別軸→將「劑量」選入定義集群依據→確定

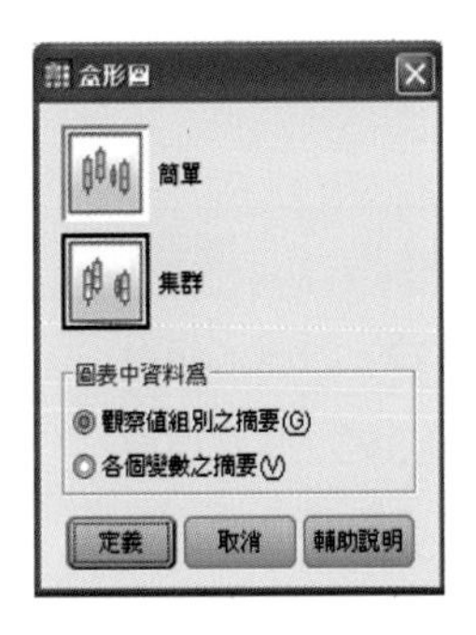
盒形圖
簡單
集群
圖表中資料爲
觀察值組別之摘要(G)
各個變數之摘要(V)
定義
取消
輔助說明

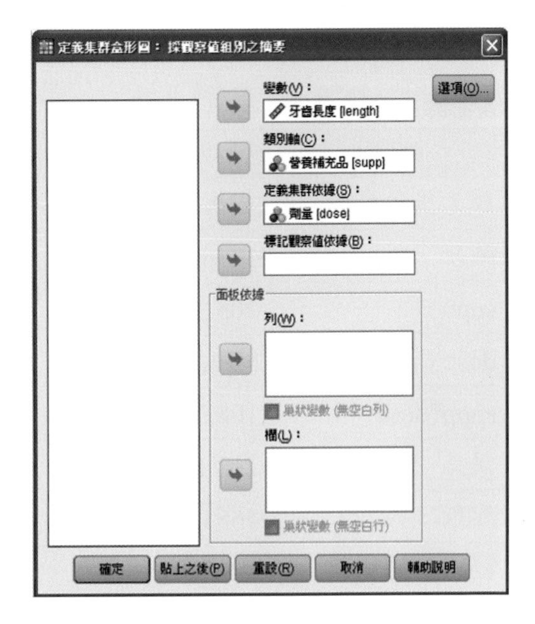
定義集群盒形圖：摘觀察值組別之摘要
變數(V)：
牙齒長度 [length]
類別軸(C)：
營養補充品 [supp]
定義集群依據(S)：
劑量 [dose]
標記觀察值依據(B)：
選項(O)...
面板依據
列(W)：
巢狀變數 (無空白列)
欄(L)：
巢狀變數 (無空白行)
確定
貼上之後(P)
重設(R)
取消
輔助說明

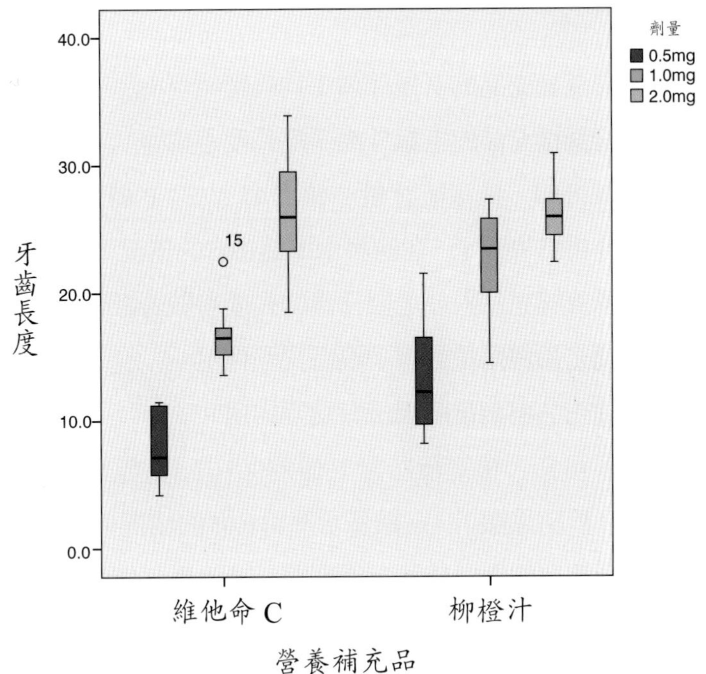
劑量
0.5mg
1.0mg
2.0mg
40.0
30.0
20.0
10.0
0.0
15
牙齒長度
維他命 C
柳橙汁
營養補充品

9.3 習題

一、變異數分析（Analysis of variance, ANOVA）可以檢定不同母體的母體期望值是否相等，也可以檢定不同母體的變異數是否相等。〈101 年台大流行病與預醫所甲組碩士考題〉

二、某研究設量三種基因型 (AA, Aa, aa) 各 8 隻老鼠，跑完迷宮測驗所需的時間。再經由變異數分析之後得下表：

	變異來源	自由度	MS	F	P
Between group	(f)	(a)	15.04	3.59	$p<0.05$
Within group	(g)	(b)	(e)		
Total	(d)	(c)			

請問空格 (a),(b) 有關自由度的數字應填入以下何者？〈102 年台大流行病與預醫所甲組碩士考題〉

(A) 2,21

(B) 2,22

(C) 3,21

(D) 3,20

三、（延續上題）請問本研究的結論爲以下何者？

(A) 三種基因型的老鼠所花費時間的變異數不同，且達統計顯著。

(B) 三種基因型的老鼠所花費時間的變異數沒有統計上顯著不同。

(C) 三種基因型的老鼠所花費時間的期望值不同，且達統計顯著。

(D) 三種基因型的老鼠所花費時間的期望值沒有統計上顯著不同。

四、（延續上題）請問空格 d 的數據最接近以下何者？

(A) 88

(B) 102

(C) 118

(D) 114

五、（延續上題）請問以下有關變異數的分析何者不正確？

(A) 每一組資料都必須服從常態分配。

(B) 每一組資料的母體分配之變異數都比需相等，期望值則不一定相等。

(C) 每一組資料組內之間都必須獨立，不同組織資料則不一定獨立。

(D) 變異數分析所得之 F 檢定統計量必為正值。

六、比較三種不同薄膜材質的醫材粗糙度檢測結果，資料如 Exercise9-1.sav，試問不同材質的薄膜粗糙度檢測結果是否不同？（Hint：一因子變異數分析）

$\begin{cases} H_0：不同材質的薄膜粗糙度變異數同質 \\ H_1：不同材質的薄膜粗糙度變異數不同質 \end{cases}$ （雙尾檢定）

變異數同質性檢定 P 值 = ______，結論：______________

$\begin{cases} H_0：\mu_A = \mu_B = \mu_C \\ H_1：至少有兩平均數不相等 \end{cases}$

平均數檢定 P 值 = ______，結論：______________

是否還需做事後多重比較？______

七、某實驗室比較三種不同薄膜材質的醫材其 PGE2（蝕骨作用有關的細胞激素）濃度檢測結果，資料如 Exercise9-2.sav，試問不同材質的醫材薄膜其 PGE2 濃度檢測結果是否不同？（下列答案皆取至小數點第三位；檢定皆以顯著水準 $\alpha = 0.05$ 檢定之）

$\begin{cases} H_0：\mu_A = \mu_B = \mu_C \\ H_1：至少有兩平均數不相等 \end{cases}$

1. 請問是否假設三種群體的變異數同質？____
2. 變異數分析（ANOVA）之平均數檢定 P 值 = ____，結論：______。
3. 請問可做何種事後多重比較檢定（Post Hoc Test）？__________

（Tukey Test or Dunnett's T3 Test）

請問 A 之平均 PGE2 濃度______（顯著大於、顯著小於、未顯著大

於、未顯著小於）B 之平均 PGE2 濃度，其平均差異為______。
請問 A 之平均 PGE2 濃度______（顯著大於、顯著小於、未顯著大於、未顯著小於）C 之平均 PGE2 濃度，其平均差異為______。
請問 B 之平均 PGE2 濃度______（顯著大於、顯著小於、未顯著大於、未顯著小於）C 之平均 PGE2 濃度，其平均差異為______。

第十章 相關分析（Correlate）

10.1 相關分析之重點整理

一、基本觀念

探討兩個或兩個以上群體間相互關係強弱之統計推論方法稱之。相關又可分爲下列類別：

1. 依相關之方向

(1) 正相關：兩變數同時增加或同時減少，則此種相關稱爲正相關。

(2) 負相關：兩變數中一變數增加，而另一變數必減少，則此種相關稱爲負相關。

2. 依自變數之個數

(1) 簡相關：只探討一個自變數與應變數間的變動關係。

(2) 複相關：探討多個自變數與應變數間的變動關係。

二、相關係數

1. 定義

(1) 母體相關係數：$\rho_{x,y} = \dfrac{Cov(X,\ Y)}{\sqrt{Var(X)}\sqrt{Var(Y)}}$

(2) 樣本相關係數（積差相關係數）：$r = \dfrac{\sum_{i=1}^{n}(X_i - \overline{X})(Y_i - \overline{Y})}{\sqrt{\sum_{i=1}^{n}(X_i - \overline{X})^2}\sqrt{\sum_{i=1}^{n}(Y_i - \overline{Y})^2}}$

2. 性質

(1) $-1 \le r \le 1$

(2) $r = 1$，X 與 Y 爲完全直線正相關，如圖 10-1

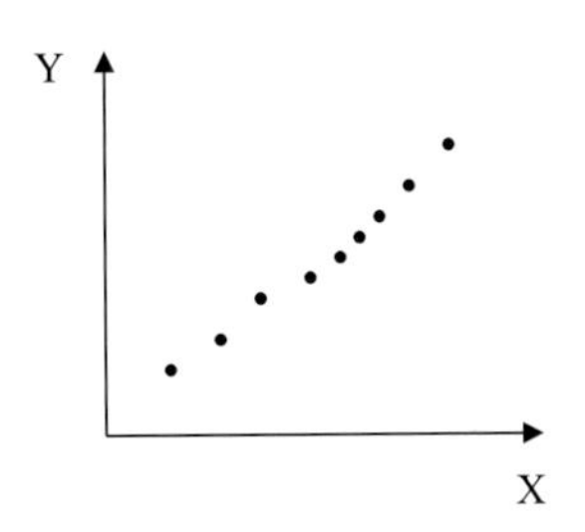

圖 10-1 X 與 Y 為直線正相關關係

(3) $r = -1$，X 與 Y 爲完全直線負相關，如圖 10-2

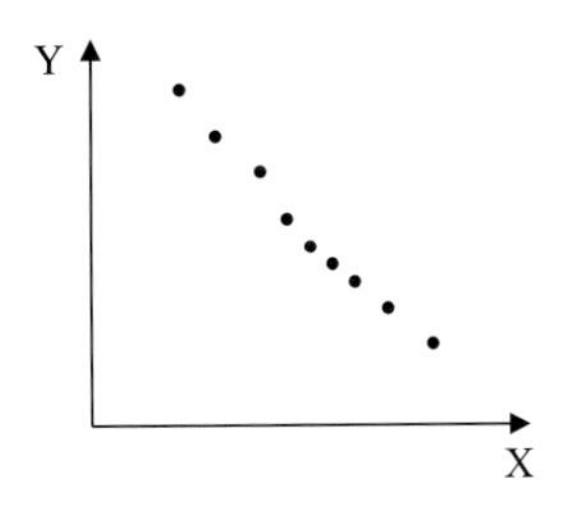

圖 10-2 X 與 Y 為直線負相關關係

(4) $r = 0$，X 與 Y 無相關，如圖 10-3(a) 與 (b)

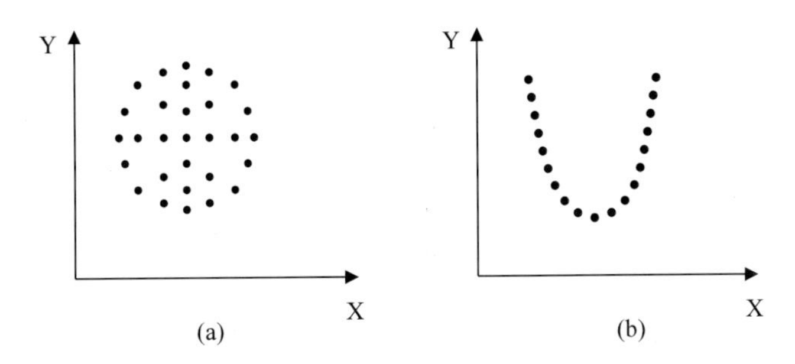

圖 10-3 (a)X 與 Y 為無直線相關關係；(b)X 與 Y 為二次曲線相關關係

(5) $0.7 \leq |r| < 1$，X 與 Y 為高度相關

(6) $0.3 \leq |r| < 0.7$，X 與 Y 為中度相關

(7) $0 \leq |r| < 0.3$，X 與 Y 為低度相關

3. 相關之係數檢定

(1) 檢定 $H_0：\rho \leq 0$ vs. $H_1：\rho > 0$

$H_0：\rho = 0$ vs. $H_1：\rho \neq 0$

$H_0：\rho \geq 0$ vs. $H_1：\rho < 0$

檢定統計量 $T = \frac{r\sqrt{n-2}}{\sqrt{1-r^2}}$

(2) 檢定 $H_0：\rho \leq 0$ vs. $H_1：\rho > 0$，若 $T > t_{(\alpha,\ n-2)}$，則拒絕 H_0

(3) 檢定 $H_0：\rho \geq 0$ vs. $H_1：\rho < 0$，若 $T < -t_{(\alpha,\ n-2)}$，則拒絕 H_0

(4) 檢定 $H_0：\rho = 0$ vs. $H_1：\rho \neq 0$，若 $|T| > t_{(\alpha/2,\ n-2)}$，則拒絕 H_0

10.2 相關分析方法於 SPSS 之應用

一、雙變數之相關分析

欲求得資料中兩變數間之相關分析，可操作如下：

分析→相關→雙變數→選入欲處理之變數→選取欲計算之相關係數種類及檢定之型態設定→確定

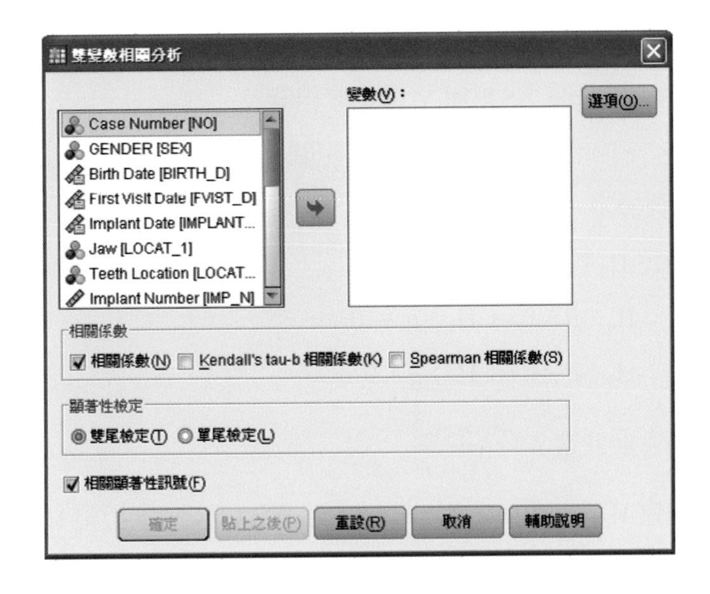

其中

(1) 變數：選取欲分析之變數。

(2) 相關係數：選取欲計算之相關係數種類。

(3) 顯著性檢定：選取欲檢定之虛無假設型態。

(4) 相關顯著性訊號：若顯著水準 0.05，檢定結果顯著，則以「*」標註；若顯著水準 0.01，檢定結果顯著，則以「**」標註。

(5) 選項：選擇計算其他統計量以及若資料有遺失值時的處理方式。如下列視窗

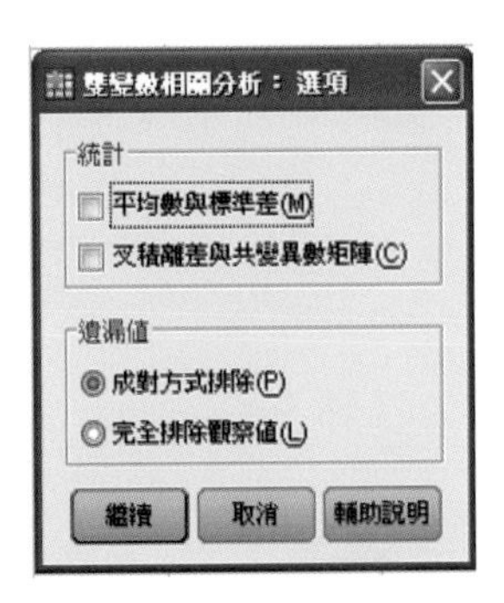

其中

(1) 統計：計算其他統計量。選平均數與標準差會列出各變數的平均數與標準差；選叉積離差與共變異數矩陣會列出變數與變數之交叉相乘矩陣及共變異數矩陣值。

(2) 遺漏值：選擇若資料有遺失值時的處理方式。

【例 10-1】：某陶器廠爲研究溫度與硬度之關係，作實驗得到 10 筆資料如 10-1.sav ，試求 Pearson 相關係數及 Spearman 等級相關係數，並以顯著水準 0.05 檢定兩者是否爲正相關。操作步驟如下：

【解】

分析→相關→雙變數→將「溫度」與「硬度」選入變數欄→勾選相關係數與 Spearman 相關係數→確定

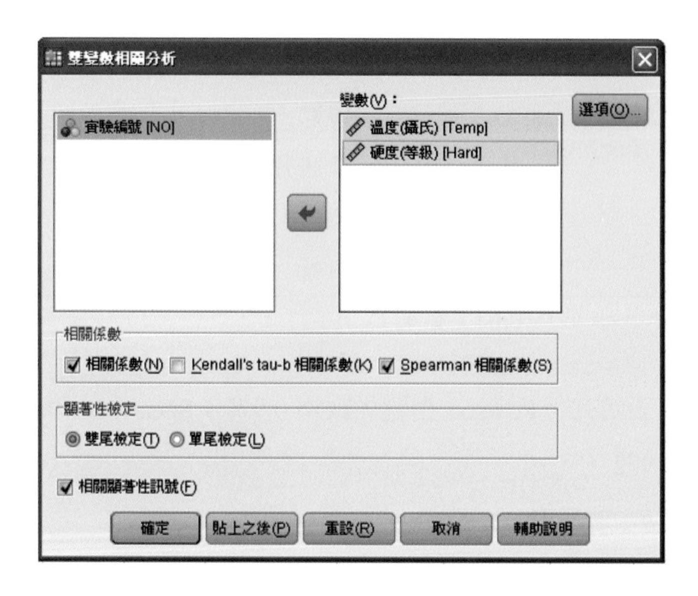

相關

		溫度（攝氏）	硬度（等級）
溫度（攝氏）	Peatson 相關	1	.970**
	顯著性（雙尾）		.000
	個數	10	10
硬度（等級）	Pearson 相關	.970**	1
	顯著性（雙尾）	.000	
	個數	10	10

**. 在顯著水準爲 0.01 時（雙尾），相關顯著。

相關

			溫度（攝氏）	相關係數
Spearman's rho 係數	溫度（攝氏）	相關係數	1.000	.972**
		顯著性（雙尾）		.000
		個數	10	10
	硬度（等級）	相關係數	.972**	1.000
		顯著性（雙尾）	.000	
		個數	10	10

**. 相關的顯著水準爲 0.01（雙尾）。

(1) 由上表可知，Pearson 相關係數爲 0.970；Spearman 等級相關係數爲 0.972。

(2) H_0：$\rho \leq 0$ vs. H_1：$\rho > 0$

由上列 Pearson 相關係數矩陣表可知，P 值爲 0.000（$< \alpha = 0.05$）。依分析結果顯示，在顯著水準爲 0.05 的情況下拒絕 H_0 假設，表示溫度與硬度有顯著正相關。

二、變數之淨相關分析

欲求得多個變數資料中兩變數間之相關分析，可操作如下：

分析→相關→偏相關→選入欲進行相關分析之變數與控制變數→選取檢定型態的設定→確定

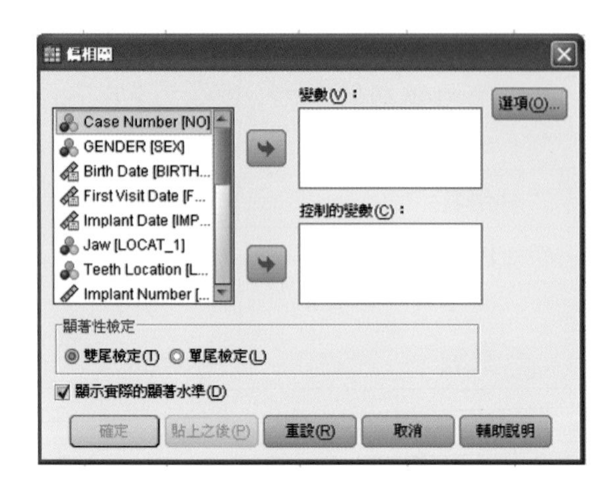

其中

(1) 變數：選取欲分析之變數。

(2) 控制的變數：選取控制變數。

(3) 顯著性檢定：選取欲檢定之虛無假設型態。

(4) 顯示實際的顯著水準：若選擇此項，則會顯示檢定的 P-value；若取消此項而檢定結果顯著，則以「*」標註 0.05 之顯著水準；以「**」標註 0.01 之顯著水準。

(5) 選項：選擇計算其他統計量以及若資料有遺失值時的處理方式。

【例 10-2】：開啓資料檔 10-2.sav ，計算植體寬度與植體存活天數之相關係數，以及考慮在控制植體長度的影響因素後，再計算植體寬度與植體存活天數的淨相關係數，並以顯著水準 0.05 檢定其淨相關是否存在。

【解】

(1) 分析→相關→雙變數→將「植體寬度」與「植體存活天數」選入變數欄→勾選相關係數→確定

相關

		植體寬度	植體存活天數
植體寬度	Pearson 相關	1	-.017
	顯著性（雙尾）		.919
	個數	98	38
植體存活天數	Pearson 相關	−.017	1
	顯著性（雙尾）	.919	
	個數	38	38

分析→相關→偏相關→將「植體寬度」與「植體存活天數」選入變數欄→將「植體長度」選入控制的變數→確定

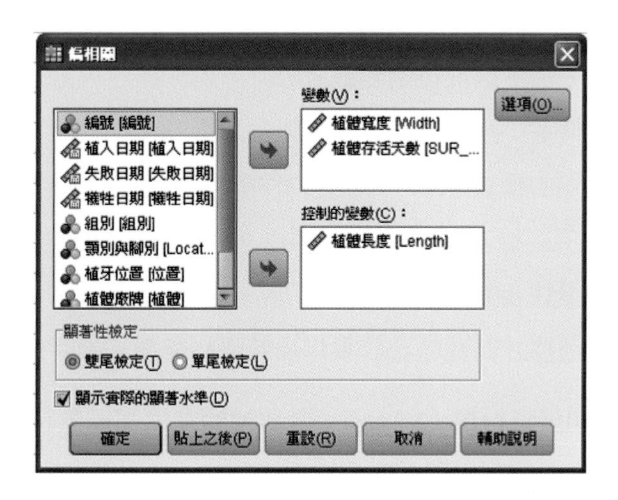

相關

控制變數			植體寬度	植體存活天數
植體長度	植體寬度	相關	1.000	.003
		顯著性（雙尾）		.986
		df	0	35
	植體存活天數	相關	.003	1.000
		顯著性（雙尾）	.986	
		df	35	0

由上述兩個報表可知，植體寬度與植體存活天數之相關係數爲 −0.017；而在控制植體長度下，植體寬度與植體存活天數之淨相關係數爲 0.003。

(2) 令 X：植體長度；Y：植體寬度；Z：植體存活天數

H_0：$\rho_{YZ|X} = 0$ vs. H_1：$\rho_{YZ|X} \neq 0$

由報表可知，在控制植體長度下，植體寬度與植體存活天數之淨相關係數爲 0.003，P 值爲 0.986（$> \alpha = 0.05$）。依分析結果顯示，在顯著水準爲 0.05 的情況下，不拒絕 H_0 假設，表示在控制植體長度下，植體寬度與植體存活天數沒有顯著的淨相關存在。

10.3 習題

一、某調查探討年齡與門診次數的關係，若同時考慮身高及體重的影響後，結果如下表：〈102 年度輔大公共衛生學系甲組〉

變數			門診次數	年齡
體重 & 身高	門診次數	相關	1.000	.348
		顯著性（雙尾）	-	.000
		df	0	96
	年齡	相關	.348	1.000
		顯著性（雙尾）	.000	-
		df	96	0

(1) 本例中的研究樣本數爲多少？

(2) 本例分析的虛無假設爲何？

(3) 本例中用何種檢定推論 0.348 的意義？

(4) 相關係數的範圍爲何？

(5) 請說明本表所呈現之統計學意義爲何？

第十一章 迴歸分析（Regression Analysis）

11.1 直線迴歸分析之重點整理

一、目的

為研究一個（或多個）變數對另外一個變數之間是否存在某種線性關係，可作預測之用。

二、用途

已知 A、B 兩變數存在因果關係，若證明 A、B 兩變數有相關，才可以 A 變數解釋或預測 B 變數。

1. A 變數稱為自變數，亦稱預測變數或解釋變數，通常以 X 表示之。
2. B 變數稱為應變數，亦稱相依變數，通常以 Y 表示之。

三、方法

利用散佈圖（Scatter Diagram）繪出 X 與 Y 相對應的點，觀察其關聯程度與變化方向，如圖 10-1。

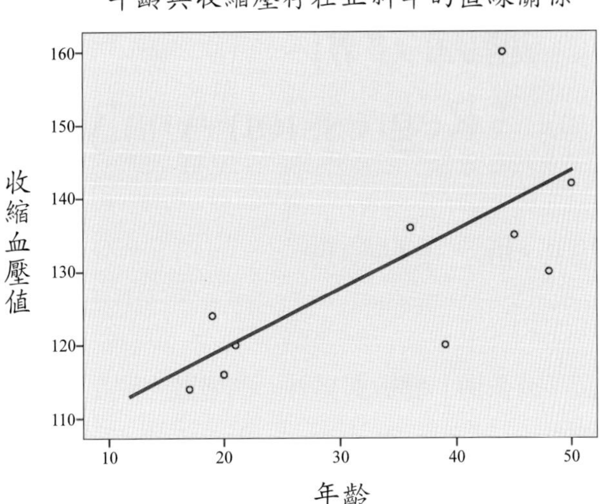

圖 10-1 依散佈圖趨勢描繪迴歸線示意圖

四、簡單直線迴歸

使用最小平方法配適（Fit）一條直線，此直線方程式稱之爲迴歸式。

1. 母體迴歸式：$Y=\beta_0+\beta_1X+\varepsilon$，

   式中 X 爲自變數，Y 爲應（依）變數，β_0 爲截距（迴歸係數），β_1 爲斜率（迴歸係數），而 ε 爲隨機誤差項，假設條件爲 $\varepsilon \sim N(0, \sigma^2)$。

2. 假設：

   (1) 隨機變數 $Y_i=Y\,|\,x_i$ 之間相互獨立。

   (2) $E(\varepsilon_i)=0$，$V(\varepsilon_i)=\sigma^2$，$i=1, 2, \cdots, n$。

   (3) $\varepsilon_i \sim N(0, \sigma^2)$，或 $Y_i \sim N(\beta_0+\beta_1X_i, \sigma^2)$，$i=1, 2, \cdots, n$。

3. 樣本迴歸式：$E(\hat{Y}|x)=\hat{Y}=b_0+b_1x$，

   式中 b_0 與 b_1 係由已觀察的樣本資料估計 β_0 和 β_1，$\hat{Y}$ 爲預測值。

4. 應用最小平方法（Least Square Method）估計迴歸線 $\hat{Y}=b_0+b_1x$，

目的在於求得 b_0 與 b_1 值，使得觀察值（Y）與預測值（$\hat{Y}$）間差異之平方和 S 爲最小（如圖 10-2），即 Minimum $S = (Y - \hat{Y})^2$。可得如下之結果，其中稱之爲殘差 $e_i = Y_i - \hat{Y}_i$

$$\begin{cases} b_1 = \dfrac{\Sigma(X_i - \overline{X})(Y_i - \overline{Y})}{\Sigma(X_i - \overline{X})^2} \\ b_0 = \overline{Y} - b_1\overline{X} \end{cases}$$

，因此樣本迴歸式可寫成 $\hat{Y} = \overline{Y} + b_1(X - \overline{X})$

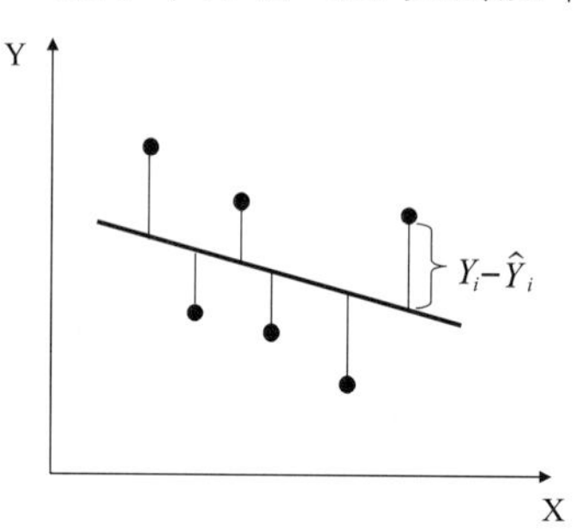

圖 10-2　最小平方法示意圖

5. 估計值標準誤：代表任一觀察值距迴歸線之垂直距離呈常態分配散佈，其計算公式爲 $\hat{\sigma} = \sqrt{\dfrac{\Sigma(Y_i - \hat{Y})^2}{n-2}} = \sqrt{\dfrac{\Sigma(Y_i - b_0 - b_1X_i)^2}{n-2}}$ $= \sqrt{\dfrac{SSE}{n-2}} = \sqrt{MSE}$。

6. 預測值的信賴區間：預測值爲 $\hat{Y} = \overline{Y} + b_1(X^* - \overline{X})$，其 95% 的信賴區間爲 $\hat{Y} \pm t_{(0.975,\, df)}\sqrt{MSE\left[1 + \dfrac{1}{n} + \dfrac{(X^* - \overline{X})^2}{\Sigma(X - \overline{X})^2}\right]}$

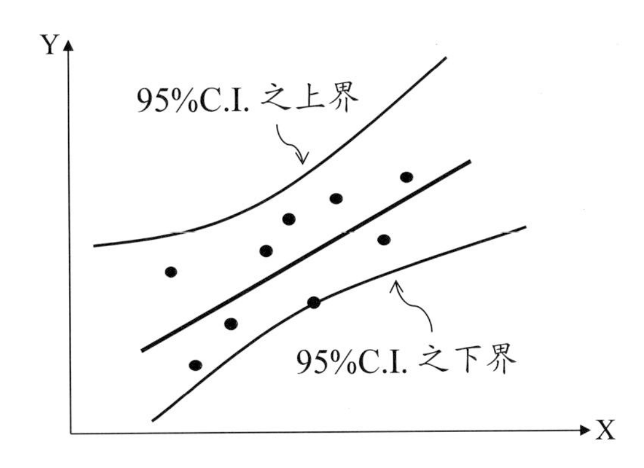

圖 10-3　迴歸線信賴區間示意圖

五、迴歸模式參數之檢定

1. 檢定 $H_0：\beta_1 = 0$ vs. $H_1：\beta_1 \neq 0$，檢定統計量 $T = \dfrac{b_1 - 0}{\sqrt{\dfrac{MSE}{\Sigma(X_i - \overline{X})^2}}}$

   若 $|T| > t_{(\alpha/2, n-2)}$，則拒絕 $H_0：\beta_1 = 0$（vs. $H_1：\beta_1 \neq 0$）

2. 檢定 $H_0：\beta_0 = 0$ vs. $H_1：\beta_0 \neq 0$，檢定統計量

   $$T = \frac{b_0 - 0}{\sqrt{MSE\left[\dfrac{1}{n} + \dfrac{\overline{X}^2}{\Sigma(X_i - \overline{X})^2}\right]}}$$

   若 $|T| > t_{(\alpha/2, n-2)}$；則拒絕 $H_0：\beta_0 = 0$（vs. $H_1：\beta_0 \neq 0$）

3. 檢定 $H_0：\mu_{Y|X_0} = 0$ vs. $H_1：\mu_{Y|X_0} \neq 0$，檢定統計量

   $$T = \frac{\hat{Y}_{x_0} - 0}{\sqrt{MSE\left[\dfrac{1}{n} + \dfrac{(X_0 - \overline{X})^2}{\Sigma(X_i - \overline{X})^2}\right]}}$$

   若 $|T| > t_{(\alpha/2, n-2)}$，則拒絕 $H_0：\mu_{Y|X_0} = 0$（vs. $H_1：\mu_{Y|X_0} \neq 0$）

六、迴歸模式之變異數分析

1. 各種變異（平方和）

(1) 總變異：$SST = \sum_i (Y_i - \overline{Y})^2 = S_Y^2$

(2) 迴歸已解釋變異：$SSR = \sum_i (\hat{Y}_i - \overline{Y})^2 = b_1^2 \sum_i (X_i - \overline{X})^2 = b_1^2 S_X^2$

(3) 未解釋變異：$SSE = \sum_i (Y_i - \hat{Y}_i)^2 = S_Y^2 - b_1^2 S_X^2$

(4) 變異間之關係：SST = SSR + SSE

2. 變異之期望值

(1) $E(MSE) = \sigma^2$

(2) $E(MSR) = \sigma^2 + \beta_1^2 S_X^2$

3. 變異數分析表（ANOVA 表）

變異	平方和	自由度	均方和	F 值	決策準則
迴歸	SSR	1	MSR	$F = \frac{MSR}{MSE}$	若 $F > F_{(\alpha;\,1,\,n\text{-}2)}$，則拒絕 $H_0：\beta_1 = 0$
誤差	SSE	n-2	MSE		
總和	SST	n-1			

4. 判定係數

(1) 未修正：$R^2 = \frac{SSR}{SST}$。

(2) 修正（調整後）：$R_\alpha^2 = 1 - \frac{SSE/n-k-1}{SST/n-1}$，其中 k 爲自變數個數。

11.2 迴歸分析方法於 SPSS 之應用

欲建立簡單迴歸模型或作簡單迴歸分析，可操作如下：

分析→迴歸→線性→選入欲分析之依變數及自變數→設定變數選取方法→確定

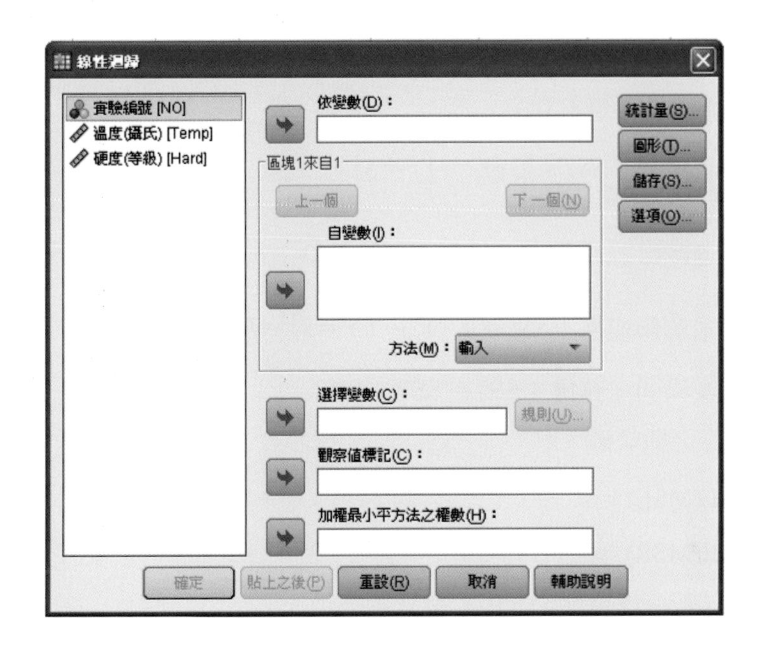

其中

1. 依變數：選擇欲預測或主要研究的目標變數，需爲連續型變數。
2. 自變數：選擇與目標變數有關的預測變數，在此可放入一個或多個自變數。
3. 方法：選擇方法以指定在分析中如何輸入自變數。方法有輸入、逐步迴歸分析法、移除、向後法以及向前法。
4. 統計量：包含迴歸係數的估計值、信賴區間與共變異數矩陣，以及殘差的檢定與觀察值診斷。
5. 圖形：各式殘差圖，以及依變數的直方圖與常態機率圖。
6. 選項：設定篩選自變數時的標準；選擇迴歸模式中是否加入截距項；以及若資料有遺失值時的處理方式。

詳細介紹如下：

1. 點選「統計量」後出現下列視窗，

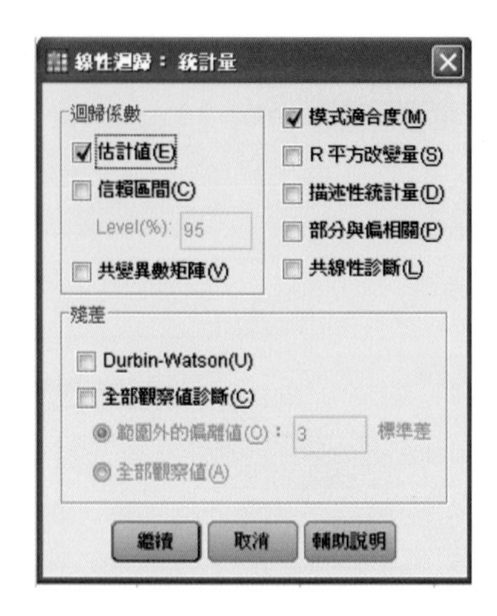

(1) 迴歸係數：可列出所得之模型中迴歸參數估計值，與其標準誤、資料標準化後之迴歸參數值（Beta 值）、以及檢定參數的 t 檢定統計量及 p-value；未標準化迴歸參數信賴區間；未標準化迴歸參數估計值得相關係數矩陣及共變異數矩陣。

(2) 模式適合度：會列出 R、R^2、調整後的 R^2、以及 ANOVA 表。

(3) R 平方改變量。

(4) 描述性統計量：列出平均數、標準差等敘述統計量之值，及相關係數矩陣與其檢定之 p-value。

(5) 部分與偏相關：列出自變數與應變數之積差相關、淨相關、以及部分相關係數。

(6) 共線性診斷：列出共線性檢定之結果，如允差值與 VIF 值。

(7) 殘差：顯示殘差和依觀察值診斷之數列相關的 Durbin-Watson 檢定。

2. 點選「圖形」後出現下列視窗，

(1) Y：縱軸變數。

(2) X：橫軸變數。

(3) 標準化殘差圖：直方圖爲繪製標準化殘差值之直方圖，且會附上常態曲線；常態機率圖爲繪製標準化殘差值之常態機率圖。

(4) 產生所有淨相關圖形：繪製每一個自變數對應變數的殘差圖。

3. 點選「儲存」後出現下列視窗，

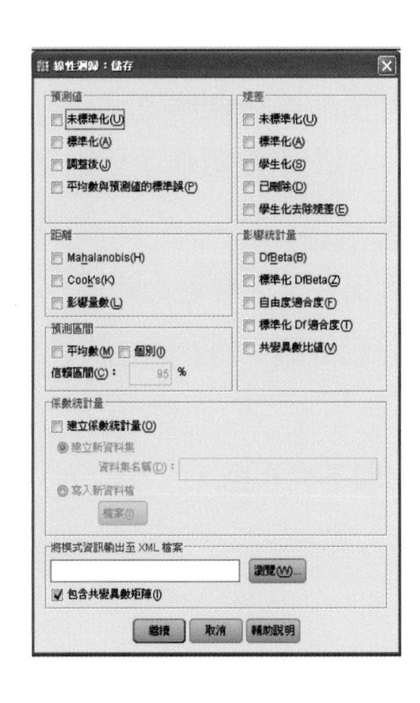

(1) 預測值：各種和配適值有關之統計量，如未標準化預測值係以原始迴歸式所得之每筆資料的$\hat{Y}_i$。

(2) 殘差：各種和殘差有關之統計量，如未標準化殘差係以原始迴歸式所得之每筆資料的 $e_i = Y_i - \hat{Y}_i$。

(3) 距離：測度各種距離量數，可知觀察值影響迴歸式的程度。

(4) 預測區間：列出各種預測區間，如平均配適值的預測區間，以及各筆資料相對應變數的預測區間。

(5) 影響統計量：列出和影響點檢測有關之統計量，如 DfBeta 即將該筆資料排除不列入分析對迴歸模型參數估計值之變動。

(6) 係數統計量：將迴歸係數統計量摘要另存新資料集。

4. 點選「選項」後出現下列視窗，

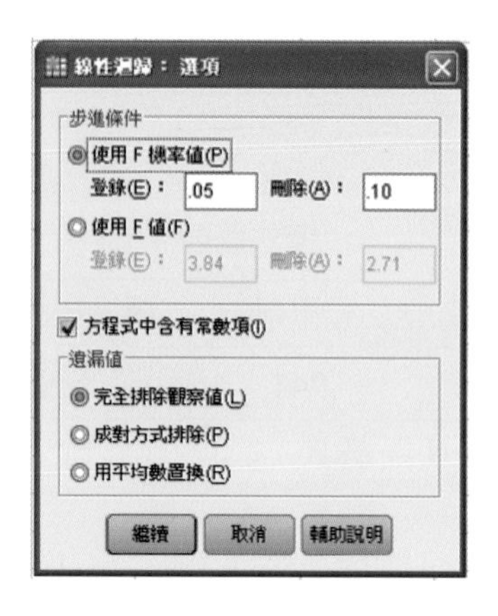

(1) 步進條件：使用 F 機率值或使用 F 值設定篩選自變數之標準。

(2) 遺漏值：選擇在資料有遺失值時的處理方法。

【例 11-1】：某陶器廠為研究溫度（X）與硬度（Y）之間是否存有線性關係，作實驗得到 10 筆資料如 10-1.sav，試求迴歸估計式與判定係數值，並以顯著水準 0.05 檢定迴歸係數 β_1 是否存在。

【解】

分析→迴歸→線性→將「硬度」選入依變數；「溫度」選入自變數→確定

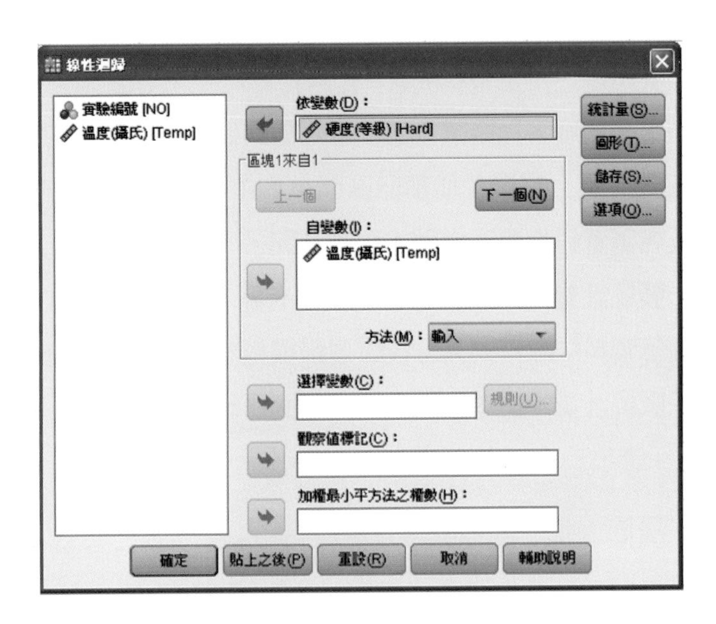

模式摘要

模式	R	R 平方	調過後的 R 平方	估計的標準誤
1	.970[a]	.941	.934	.513

a. 預測變數（常數），溫度（攝氏）

Anova[b]

模式		平方和	df	平均平方和	F	顯著性
1	迴歸	33.891	1	33.981	128.566	.000[a]
	殘差	2.109	8	.264		
	總數	36.000	9			

a. 預測變數（常數），溫度（攝氏）
b. 依變數：硬度（等級）

係數 [a]

模式	未標準化係數		標準化係數	t	顯著性
	B 之估計值	標準誤差	Beta 分配		
1　（常數）	-.794	.453		-1.754	.118
溫度（攝氏）	.083	.007	.970	11.339	.000

a. 依變數：硬度（等級）

(1) 依係數報表可知，迴歸估計式為 $\hat{Y}_i = -0.794 + 0.083x_i$，意即溫度每上升 1 度，硬度增加 0.083 個單位。

(2) 此迴歸模式之判定係數（R^2）為 0.941，意即此迴歸模型可解釋 94.1% 的變異。

(3) H_0：$\beta_1 = 0$ vs. H_1：$\beta_1 \neq 0$

迴歸係數（β_1）估計值為 0.083，P 值為 0.000（$< \alpha = 0.05$）。依分析結果顯示，在顯著水準為 0.05 的情況下拒絕 H_0 假設，表示溫度與硬度有顯著的線性關係存在，意即此迴歸模型是有顯著意義。

【例 11-2】：研究者欲分析經過特殊表面處理之植體在植入豬隻下顎骨無牙之牙脊後的承載時間，因而蒐集細胞黏附力（X_1）、植入骨質等級（X_2）與植體承載時間（Y），共得 30 筆資料如 11-1.sav，試以逐步迴歸方式求得迴歸估計式，並以顯著水準 0.05 檢定迴歸模型是否顯著。

【解】

分析→迴歸→線性→將「植體承載時間」選入依變數；「細胞黏附力」和「骨質」選入自變數→方法點選「逐步迴歸分析法」→統計量→除預設勾選項目外另勾選 R 平方改變量與描述性統計量→繼續→確定

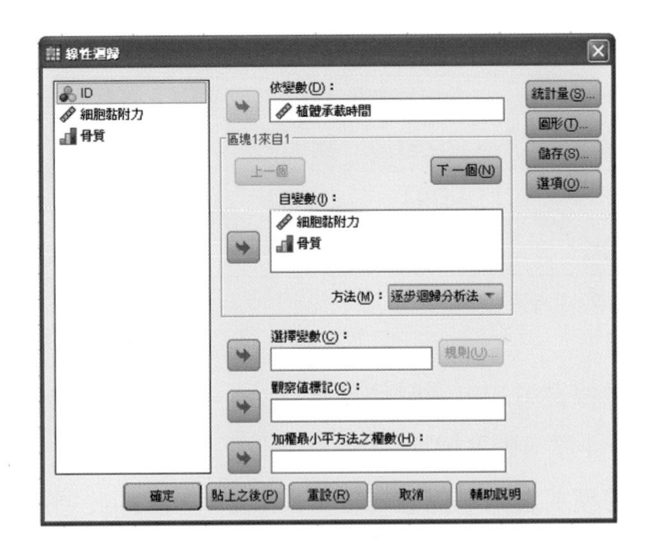

模式摘要

					變更統計量				
模式	R	R 平方	調過後的 R 平方	估計的標準誤	R 平方改變量	F 改變	df1	df2	顯著性 F 改變
1	.739[a]	.547	.531	28.141	.547	33.784	1	28	.000

a. 預測變數（常數）：細胞黏附力

Anova[b]

模式		平方和	df	平均平方和	F	顯著性
1	迴歸	26753.672	1	26753.672	33.784	.000[a]
	殘差	22173.295	28	791.903		
	總數	48926.967	29			

a. 預測變數（常數），細胞黏附力
b. 依變數：植體承載時間

係數[a]

模式		未標準化係數		標準化係數	t	顯著性
		B 之估計值	標準誤差	Beta 分配		
1	（常數）	6.841	15.045		.455	.653
	細胞黏附力	807.097	138.585	.739	5.812	.000

a. 依變數：植體承載時間

排除的變數[b]

模式		Beta 進	t	顯著性	偏相關	共線性統計量
						允差
1	骨質	.038[a]	.247	.807	.048	.717

a. 模式中的預測變數：(常數)，細胞黏附力
b. 依變數：植體承載時間

依係數報表可知，迴歸估計式為$\hat{Y} = 6.841 + 807.097 \times x_1$，意即細胞黏附力每上升 0.001 個單位，植體承載時間增加 0.807 天。由排除的變數報表可知，骨質因其對模型的解釋沒有顯著提升（P 值 = 0.807），因而不納入迴歸式中。

H_0：迴歸模型沒有顯著意義 vs. H_1：迴歸模型有顯著意義

依 ANOVA 報表可知，P 值為 0.000（$< \alpha = 0.05$）。顯示在顯著水準為 0.05 的情況下拒絕 H_0 假設，表示以細胞黏附力解釋（預測）植體承載時間有顯著意義。

11.3 羅吉斯迴歸（Logistic regression）

一、目的

為研究一個（或多個）變數對於另外一個二元類別變數（二分類變數）之間是否存在某種線性關係，可作預測之用。二元類別變數以 $Y_i = 1$ 表「成

功」，$Y_i = 0$ 表「失敗」爲例。

二、用途

當線性模型不適性發生時，可使用非線性函數來描述應變數（Dependent Variable）。羅吉斯迴歸模型即爲其中常用之一。

三、概述

當應變數 Y_i 實爲 Bernoulli 分配之隨機變數，亦即 $Y_i \sim b(1, P_i), i = 1, 2, \cdots, n$。

假設在自變數 $X_{1i}, X_{2i}, \cdots, X_{pi}$ 一定之下，應變數 Y_i 的條件期望値和自變數 $X_{1i}, X_{2i}, \cdots, X_{pi}$ 之間存在函數關係（即「成功」之機率有可能會受到自變數 $X_{1i}, X_{2i}, \cdots, X_{pi}$ 之影響），則

$$E(Y_i \mid X_{1i}, X_{2i}, \cdots, X_{pi}) = P[Y_i = 1 \mid X_{1i}, X_{2i}, \cdots, X_{pi}] = \frac{e^{\beta_0 + \beta_1 X_{1i} + \cdots + \beta_p X_{pi}}}{1 + e^{\beta_0 + \beta_1 X_{1i} + \cdots + \beta_p X_{pi}}}$$

因此上式中之「成功」機率表示爲

$$P_i = P[Y_i = 1 \mid X_{1i}, X_{2i}, \cdots, X_{pi}] = \frac{e^{\beta_0 + \beta_1 X_{1i} + \cdots + \beta_p X_{pi}}}{1 + e^{\beta_0 + \beta_1 X_{1i} + \cdots + \beta_p X_{pi}}}$$

上式亦稱做 Logistic 迴歸式，簡化表示如下

$$P_i = \frac{e^{\alpha + \beta X_i}}{1 - e^{\alpha + \beta X_i}}$$

當成功機率比上失敗機率則稱之爲勝算比 Odds Ratio

$$\frac{P_i}{1 - P_i} = e^{\alpha + \beta X_i}$$

將勝算取自然對數，即可求得下列的羅吉斯迴歸模型當 y 呈現 S 型分布時，使用 logit 將其轉換成線性可表示式子。

$$\ln\left(\frac{P_i}{1 - P_i}\right) = \alpha + \beta X_i$$

由於可表示爲 $\frac{P_i}{1 - P_i} = e^{\alpha + \beta X_i} = e^{\alpha}(e^{\beta})^{X_i}$ 。

因此上述模型中參數之意義，若解釋變數 X_i 爲連續型變數，則 β 之意義爲解釋變數 X_i 每增加 1 單位，勝算（odds）會增爲 e^{β} 倍；解釋變數 X_i 每增加 α 單位，勝算（odds）會增爲 $(e^{\beta})^{\alpha}$ 倍。若解釋變數 X_i 爲類別變數，且爲對照於所設定的基準組之其他組的虛擬變數（dummy variable），則 e^{β} 之意義爲該組與基準組之勝算比（odds ratio）。

四、羅吉斯迴歸分析方法於 SPSS 之應用

欲建立簡單迴歸模型或作簡單迴歸分析，可操作如下：

分析→迴歸 →二元 Logistic →選入欲分析之依變數及自變數（共變量）→設定分析選項→確定

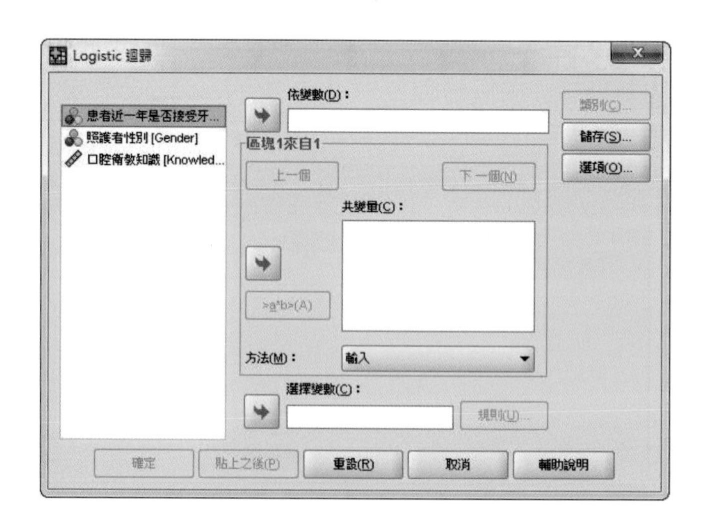

其中

1. 依變數：選擇欲預測或主要研究的目標變數，需爲二分類的類別變數。
2. 共變量：選擇與目標變數有關的預測變數，在此可放入一個或多個自變數。

3. 方法：選擇方法以指定在分析中如何輸入自變數。方法有輸入、向後法、以及向前法。
4. 選擇變數：可在此將變數作規則上的定義，選擇觀察值進行分析。
5. 類別：藉此可將類別變數作指標變數的定義，如三分類的類別變數，經由此定義，將變為兩個指標變數以描述三種分類狀況的比較。
6. 儲存：預測值、影響量數、以及各式殘差的數值以供檢視資料狀況。
7. 選項：統計與圖形、顯示步驟、逐步機率設定、疊代數、以及選擇迴歸模式中是否加入截距項。

詳細介紹如下：

1. 點選「類別」後出現下列視窗，將欲作指標定義的分類變數放入類別共變量，選擇比對方式，系統自動將類別變數依比對方式及參考類別重新編碼成虛擬變數。

2. 點選「選項」後出現下列視窗，其中 Hosmer-Lemeshow 適合度統計量是做為檢定整體模式的配適度，以及 exp(B) 之信賴區間為估計參數的信賴區間。

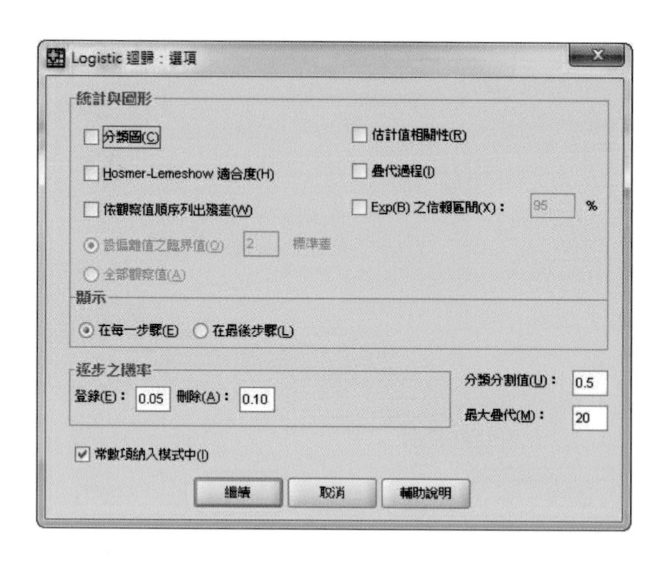

【例 11-2】：研究者欲透過問卷訪談照護者對於身心障礙者的塗氟政策服務是否滿意，蒐集並簡化變數後可得變數照護者性別（X_1）、照護者口腔衛教知識（X_2）與患者近一年有無牙齒塗氟（Y），共得 260 筆資料如 11-2.sav ，試以羅吉斯迴歸方式求得迴歸估計式，並以顯著水準 0.05 檢定迴歸模型參數估計是否顯著。

【解】

分析→迴歸→線性→將「患者近一年有無牙齒塗氟」選入依變數；「性別」和「照護者口腔衛教知識」選入自變數→選項→勾選 Hosmer-Lemeshow 適合度與 exp(B) 之信賴區間→繼續→確定

依變數編碼

原始值	內部值
否	0
是	1

模式摘要

步驟	-2 對數概似	Cox & Snell R 平方	Nagelkerke R 平方
1	97.930[a]	.018	.055

a. 因爲參數估計值變化小於 .001，所以估計工作在疊代數 6 時終止。

= Hosmer 和 Lemeshow 檢定 =

步驟	卡方	df	顯著性
1	4.825	4	.306

變數在方程式中

		B 之估計值	S.E.	Wald	df	顯著性	Exp(B)	EXP(B) 的 95% 信賴區間	
								下界	上界
步驟 1[a]	Gender	-1.240	.582	4.536	1	.033	.289	.092	.906
	Knowledge	.149	.286	.272	1	.602	1.161	.662	2.036
	常數	2.749	1.151	5.698	1	.017	15.621		

a. 在步驟 1 中選入的變數：Gender, Knowledge.

(1) 羅吉斯迴歸分析的依變數值設定很重要，牽涉後續解釋方向，在此 1 表示近一年患者是有接受牙齒塗氟服務。

(2) 模式摘要報表可知迴歸模式自變數與依變數的關係程度，由 Cox & Snell R 平方爲 0.018 可知兩個放入模型的自變數與與依變數的關聯程度不高，意指照護者的性別和口衛知識可解釋近一年患者有無接受牙齒塗氟服務的變異程度不高。

(3) Hosmer 和 Lemeshow 檢定報表可知，P 值爲 0.306，未達統計顯著水準，整理模式的配適度良好。

(4) 在變數在方程式中的報表中，顯示個別自變數的參數估計，羅吉斯迴歸模型的參數檢定統計量爲 Wald 統計量，由 P 值判斷可知僅照護者的口衛知識能有效預測及解釋近一年患者有無接受牙齒塗氟服務。

(5) 羅吉斯迴歸模型可表示：$\frac{P_i}{1-P_i}=e^{2.749+0.149X_2}$，其中 P_i 爲近一年患者接受牙齒塗氟服務的機率；X_2 爲照護者口腔衛教知識。由報表照護者口腔衛教知識的 exp(B) 可知，照護者口腔衛教知識的勝算比（Odds Ratio; OR）爲 1.161，表示照護者口腔衛教知識每增加一單位，患者接受牙齒塗氟服務的勝算比將提高 16.1%。

11.4 習題

一、某研究認為統一超商門市數目（以 X 表示，單位為間），與營業收入（單位為億元）之間的迴歸關係式應為 E(Y) = a + bX；在 1997 至 2007 年之間門市數目由 1588 間成長為 4705 間。收集這 11 年之間的資料得迴歸模式為 E(Y) = −14.566 + 0.228X；請問若門市數目由 4000 間增加至 4100 間，則營業收入的成長最接近以下多少億元？〈101 年台大流行病與預醫所甲組碩士考題〉

(A) −14.566 + 0.228×4000

(B) −14.566 + 0.228×4100

(C) −14.566 + 0.228×100

(D) −14.566 + 0.228×1

二、（延續上題）利用上題之迴歸模式，請問以下何者正確？

(A) 若門市數目能達到 10000 間，則營業收入可超過 2000 億元。

(B) 早期門市數目不到 1000 間，營業收入不到 300 億元。

(C) 該模式中 −14.566 與 0.228 這兩個估計值可利用最小平方法求得。

(D) 門市數目與營業收入兩者之間的皮爾森相關係數為 0.228

三、（延續上題）若要檢定門市數目與營業收入兩者之間是否有顯著相關，就等同於檢定以下何者？

(A) H_0：a = 0 versus H_1：a ≠ 0

(B) H_0：b = 0 versus H_1：b ≠ 0

(C) H_0：a = 0 且 b = 0 versus H_1：a ≠ 0 且 b ≠ 0

(D) H_0：a ≠ 0 且 b ≠ 0 versus H_1：a = 0 且 b = 0

四、某研究想要探討一個人的血壓如何受到體重的影響，請問以下哪一個簡單線性迴歸模式（simple linear regression model）最恰當？〈103 年台大流行病與預醫所甲組碩士考題〉

(A) 血壓 = a + bx 體重，a、b 皆爲迴歸係數。

(B) 體重 = a + bx 血壓，a、b 皆爲迴歸係數。

(C) E(血壓) = a + bx 體重，E(血壓) 爲血壓的期望值。

(D) E(體重) = a + bx 血壓 + ε。其中 ε 爲誤差項。

五、（延續上題）如果要利用上述簡單線性迴歸模式檢定血壓是否受到體重的影響，請問以下何者正確？

(A) 檢定虛無假設 a = 0，對立假設 a ≠ 0。

(B) 檢定虛無假設 b = 0，對立假設 b ≠ 0。

(C) 檢定虛無假設 (a = 0, b = 0)，對立假設 (a ≠ 0, b ≠ 0)。

(D) 檢定虛無假設 (a = 0, b = 0)，對立假設 (a ≠ 0, b > 0)。

六、（延續上題）有關上述簡單線性迴歸模式之統計分析，請問以下何者錯誤？

(A) 常態分配的假設是因爲誤差項通常被假設爲常態分配。

(B) 因爲誤差項通常被假設爲常態分配，所以體重也是常態分配。

(C) 上述簡單線性迴歸模式中誤差項的變異數是個常數。

(D) 上述簡單線性迴歸模式中的變異數不會隨著體重改變。

七、有關簡單線性迴歸模式之統計分析，請問以下何者錯誤？〈103 年台大流行病與預醫所甲組碩士考題〉

(A) 簡單線性迴歸模式研究的是一個反應變數（response variable）和一個解釋變數（covariate）之間的所有關係。

(B) 反應變數彼此之間必須是獨立關係。

(C) 解釋變數的期望值與反應變數有關。

(D) 反應變數彼此之間不一定是相同的常態分配。

八、某生醫材料製造商抽樣 12 筆生產線上的數據，欲了解車銑速度（單位：m/min）（X）和鈦金屬殘料量（單位：g）（Y）兩者間的關係，

資料如 Exercise11-1.sav，試求其相關係數與迴歸直線。

$\begin{cases} H_0：迴歸模型沒有顯著意義 \\ H_1：迴歸模型有顯著意義 \end{cases}$

相關係數 = ____，R^2 = ____，

迴歸模型 P 值 = ____，迴歸式：$\hat{Y}$ = ____________

當受車銑速度爲 193 m/min 時，依上述迴歸式，預測平均剩餘的鈦金屬殘料爲____g，以及其 95% 的信賴區間之信賴下限爲____g；信賴上限爲____g。

九、鑒於開心國小學生齲齒率偏高，樂校長列出幾個飲食習慣可能造成齲齒的因素，並蒐集五年信班 40 位同學的資料，如 Exercise11-2.xlsx，請將資料轉換至 SPSS，並依照下列指示釐清樂校長的問題。

假設變數 1（Sugar）爲每週飲用含糖飲料次數、變數 2（Gum）爲每週咀嚼口香糖次數、變數 3（Decay）爲齲齒顆數。（檢定皆以顯著水準 α = 0.05 檢定之）

(1)「每週飲用含糖飲料次數」與「齲齒顆數」之相關係數爲______，爲____相關（正、負、無），____顯著性（有、無）。

(2)「每週咀嚼口香糖次數」與「齲齒顆數」之相關係數爲______，爲____相關（正、負、無），____顯著差異（有、無）。

(3) 將有顯著差異的因素建立迴歸直線模型：（Hint：線性迴歸分析）

設定$\begin{cases} H_0：迴歸模型沒有顯著意義 \\ H_1：迴歸模型有顯著意義 \end{cases}$

R^2 = ______，表示自變數能解釋依變數______% 的變異。

迴歸模型 P 值 = ______，迴歸式：$\hat{Y}$ = ____________

當自變數爲 5 時，依上述迴歸式，預測依變數平均值爲______（單位），以及其 95% 的信賴區間之下限爲______（單位）；上限爲______（單位）。

十、下列何種類型的研究，其結果是「得病者暴露分率和沒得病者暴露分率的勝算比（odds ratio）」？〈102 年度專技高考 _ 牙醫師〉

(A) 前瞻性世代研究

(B) 迴溯性世代研究

(C) 病例對照研究

(D) 臨床試驗

十一、某研究探討吸菸與口腔癌之關係，在醫學中心徵求剛被診斷有口腔癌的 200 位患者爲研究對象，另徵求沒有口腔癌的 200 位患者爲對照，再以問卷評估其吸菸習慣。此研究之初步資料分析結果顯示吸菸（有吸菸相對於沒有吸菸）與口腔癌之粗勝算比（crude odds ratio）爲 2.2，95% 信賴區間爲 1.5～2.9，下列敘述何者正確？〈102 年度專技高考 _ 牙醫師〉

(A) 有口腔癌者和對照者的吸菸率沒有顯著差異

(B) 吸菸與口腔癌之關係不可能受其他干擾因素（confounders）或偏差（bias）的影響

(C) 吸菸與口腔癌之關係在統計上達顯著意義

(D) 此結果足以證明「吸菸與口腔癌有因果關係存在

十二、爲了比較化療藥物 A 和 B 的副作用，針對 50 位服用化療藥物 A 的病人，其中 27 人之藥物副作用被評估爲「大」；另外根據 50 位服用化療藥物 B 的病人，其中 30 位之藥物副作用被評估爲「大」。請估計服用化療藥物 B 而產生副作用相較於化療藥物 A 產生副作用的勝算比值（odds ratio）爲〈103 年台大流行病與預醫所甲組碩士考題〉

(A) (27×20)/(23×30)

(B) (23×30)/(27×20)

(C) (27×30)/(23×20)

(D) (23×20)/(27×30)

十三、（延續上題）如果想要檢定化療藥物 A 和 B 產生副作用的比例是否相同，以下敘述何者不正確？

(A) 可以計算兩種藥物產生副作用的比例差異的信賴區間，看看是否包含 0 來完成檢定。

(B) 可以利用卡方檢定來檢定兩種藥物是否同樣容易產生副作用。

(C) 可以利用兩個獨立母體比例的檢定，來檢定兩種藥物產生副作用的機率是否一樣。

(D) 可以檢定上一小題的勝算比值是否為 0。

十四、在一個探討吸菸得肺癌的研究中，如果得到的 OR 值得 95% 信賴區間為 (1.22, 2.33)，你認為以下敘述何者正確？〈101 年台大流行病與預醫所甲組碩士考題〉

(A)「吸菸得肺癌的機率」是「不吸菸得肺癌的機率」的 (1.22+2.33)/2 倍。

(B)「吸菸得肺癌的機率」比「不吸菸得肺癌的機率」高。

(C) 該信賴區間不包含 0，所以吸菸與得肺癌沒有統計上的顯著關係。

(D) 若檢定吸菸與得肺癌是否有關，p 值將會大於 0.05。

十五、有關羅吉斯迴歸分析，下列何者錯誤？〈101 年台大流行病與預醫所甲組碩士考題〉

(A) 自變項（independent variable）可以為任何測量尺度的變項。

(B) 應變項（dependent variable）的測量尺度為二元性（binary）變項。

(C) 自變項與應變項皆不需符合常態分佈。

(D) 截距項（intercept）亦是其迴歸係數之一，其值可能為正，亦可

能爲負。

(E) 樣本數超過一萬個案時，受限於電腦計算能力，不建議使用羅吉斯迴歸分析。

第十二章 無母數統計檢定（Nonparametric Tests）

12.1 無母數統計檢定之重點整理

一、基本觀念

1. 無母數統計：不設定母體的分配性質之統計推論方法稱之。
2. 無母數統計特色：
   (1) 有母數統計常須先假設母體之分配，而無母數統計則不須此假設，所受限制較少。
   (2) 當母體分配未知且爲小樣本時，宜用無母數統計方法。
   (3) 當母體分配已知時，有母數統計法的效率較無母數統計法爲高。

二、常用之無母數統計檢定法

1. 單一樣本：如 Kolmogorov-Smirnov 檢定，係檢定資料是否符合某種機率分配。
2. 兩獨立樣本：
   (1) Mann-Whitney U 檢定，係檢定兩獨立母體分配是否相同，當獨立樣本 t 檢定之假設條件不符合（如分配不符常態假設，或資料爲順序尺度資料）時可應用。
   (2) Fisher Exact 檢定，係比較兩組小樣本且爲 2*2 獨立樣本資料之母體分佈是否相同。
3. 兩相依樣本：
   (1) Wilcoxon 符號等級檢定，係檢定兩相依且成對母體中位數是否相同，當成對樣本 t 檢定之假設條件不符合時可應用。

(2) McNemar 檢定，係比較兩組 2*2 相依類別或等級樣本資料之母體比率是否相同。

4. k 個獨立樣本：如 Kruskal-Wallis H 檢定，係檢定多組獨立樣本樣本資料之母體中位數是否相等，當變異數分析之假設條件不符合時可應用。

12.2 無母數統計檢定方法於 SPSS 之應用

一、單一樣本

欲檢定資料是否符合常態分配、均等分配、波松分配、或指數分配，可用 Kolmogorov-Smirnov 檢定方法，其操作步驟如下：

分析→無母數檢定→歷史對話記錄→單一樣本 K-S 檢定→選入欲檢定之變數→勾選欲檢定之分配→確定

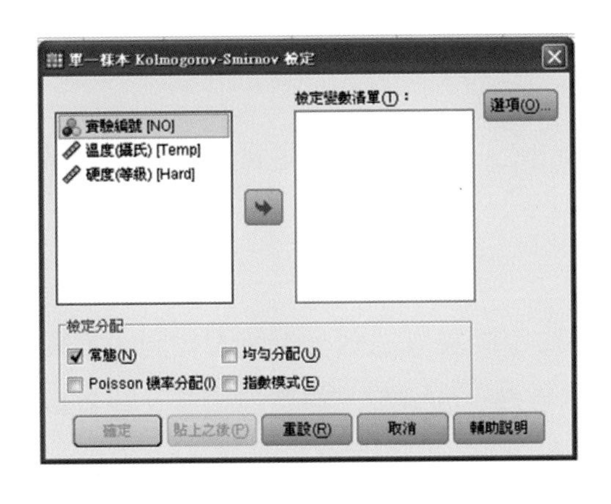

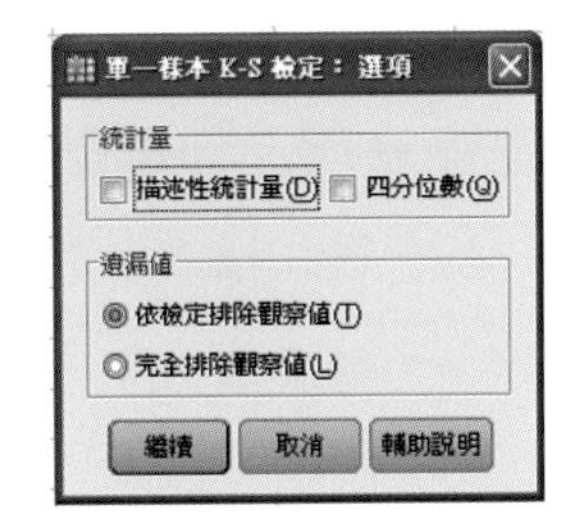

其中

(1) 檢定變數清單：選入欲檢定之變數。

(2) 檢定分配：選擇欲檢定樣本資料是否符合常態分配、均勻分配、Poisson 機率分配、或指數模式。

(3) 選項：設定是否輸出描述性統計量或四分位數；選擇在資料有遺失值時的處理方法。

【例 12-1】：開啓資料檔 12-1.sav ，研究者欲以顯著水準 0.05 檢定植體存活天數是否爲常態分配。操作步驟如下：

【解】

分析→無母數檢定→歷史對話記錄→單一樣本 K-S 檢定→將「植體存活天數」選入檢定變數清單→勾選「常態」→確定

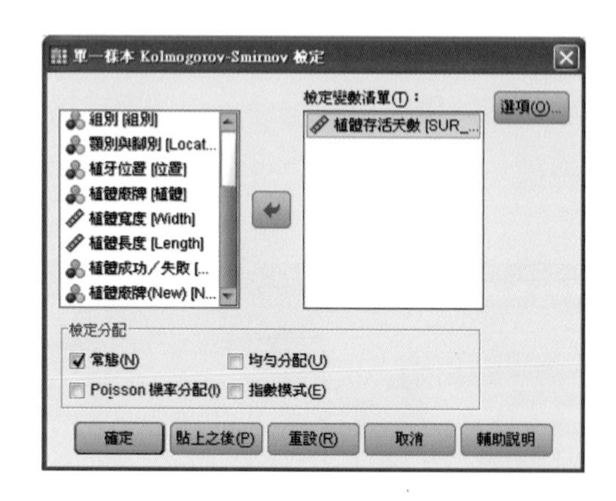

單一樣本 Kolmogorov-Smirnov 檢定

		植體存活天數
個數		38
常態參數 [a,b]	平均數	45.37
	標準差	34.299
最大差異	絕對	.381
	正的	.381
	負的	-.222
Kolmogorov-Smimov Z 檢定		2.350
漸近顯著性（雙尾）		.000

a. 檢定分配爲常態。
b. 根據資料計算。

H_0：植體存活天數呈常態分配 vs. H_1：植體存活天數非常態分配

由上述報表可知，P 值爲 0.000（$<\alpha=0.05$）。結果顯示在顯著水準爲 0.05 的情況下，拒絕 H_0 假設，表示植體存活天數非常態分配。通常資料未符合常態分配時，在選擇的統計方法須注意資料是否符合該方法的條件限制。

二、兩獨立樣本

1. 當資料分配未知時，欲比較兩組獨立樣本資料，可用 Mann-Whitney U 檢定、兩樣本 Kolmogorov-Smirnov Z 檢定等，其操作步驟如下：

   分析→無母數檢定→歷史對話記錄→兩個獨立樣本→選入欲檢定之變數與分組變數→勾選欲使用的檢定方法→確定

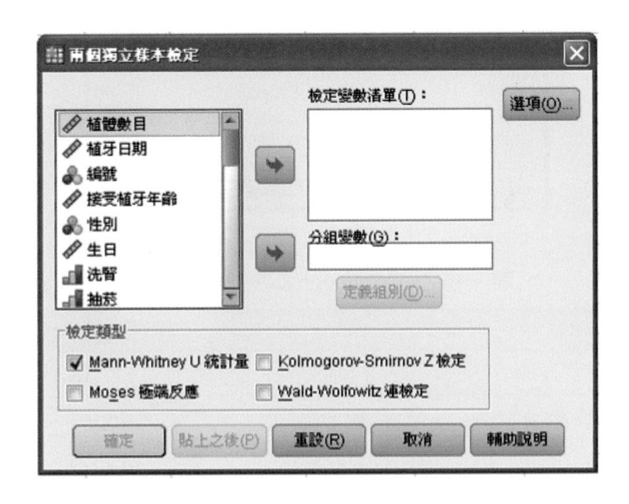

其中

(1) 檢定變數清單：選入欲檢定之變數。

(2) 分組變數：設定分群之變數。

(3) 檢定類型：選擇欲使用之檢定方法，如 Mann-Whitney U 檢定與 Kolmogorov-Smirnov Z 檢定等。

(4) 選項：設定是否輸出描述性統計量或四分位數；選擇在資料有遺失值時的處理方法。

【例 12-2】：開啓資料檔 12-1.sav，研究者欲以顯著水準 0.05 檢定實驗組與對照組植體存活天數是否不同。操作步驟如下：

【解】

分析→無母數檢定→歷史對話記錄→兩個獨立樣本→將「植體存活天數」選入檢定變數清單；再將「組別」選入分組變數→定義實驗組爲組別 1；對照組爲組別 2 →繼續→勾選「Mann-Whitney U 統計量」→確定

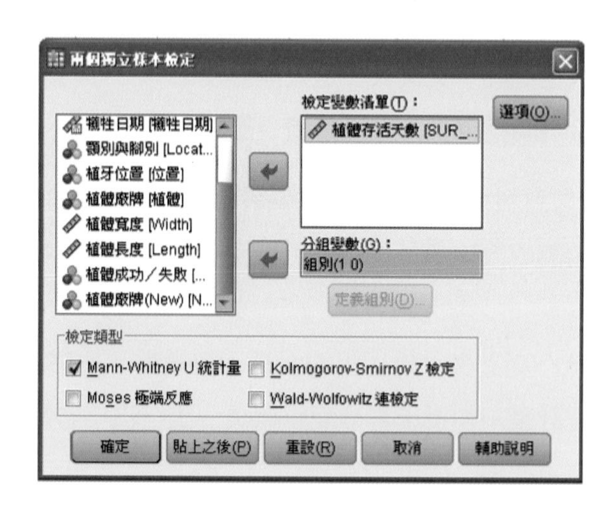

檢定統計量[b]

	植體存活天數
Mann-Whitney U 統計量	143.000
Wilcoxon W 統計量	263.000
Z 檢定	-.950
漸近顯著性（雙尾）	.342
精確顯著性【2*(單尾顯著性)】	.391[a]

a. 未對等值結做修正。
b. 分組變數：組別。

H_0：實驗組與對照組的植體存活天數沒有不同 vs.

H_1：實驗組與對照組的植體存活天數不同

由報表可知，P 值為 0.342（>α = 0.05）。依分析結果顯示，在顯著水準為 0.05 的情況下，不拒絕 H_0 假設，表示實驗組與對照組的植體存活天數沒有顯著不同。

2. 欲比較兩組獨立樣本資料之母體比率是否相同，可用費氏精確檢定來處理，其操作方式和兩分類變數的卡方獨立性相同，其中交叉表中有任一細格之期望次數小於 5 時，SPSS 亦會自動計算費氏精確檢定，操作方式如下

分析→敘述統計→交叉表→選入欲處理之二分類的列變數及行變數→統計量→勾選卡方分配→繼續→確定

【例 12-3】：開啓資料檔 12-2.sav，研究者欲以費氏精確檢定豬隻下顎實驗組與對照組的植體成敗比率是否不同（顯著水準為 0.05）。操作步驟如下：

【解】

分析→敘述統計→交叉表→將「組別」選入列變數；「植體成功 / 失敗」選入行變數→統計量→勾選卡方分配→繼續→儲存格→勾選總和百分比以及未標準化殘差→繼續→確定

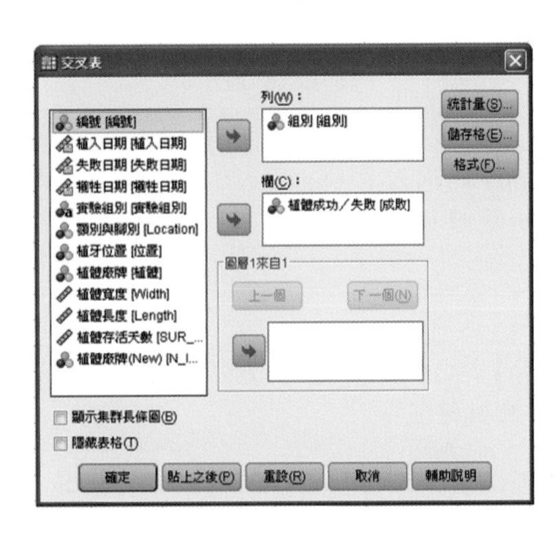

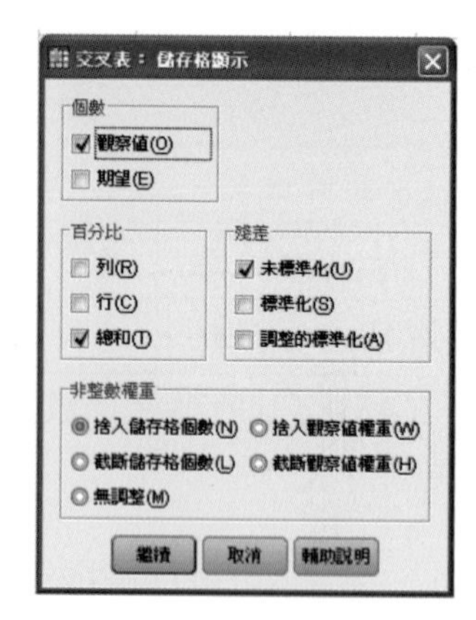

組別 * 植體成功 / 失敗交叉表

			植體成功 / 失敗		總和
			成功	失敗	
組別	對照組	個數	4	10	14
		整體的 %	12.1%	30.3%	42.4%
		殘差	-.2	.2	
	實驗組	個數	6	13	19
		整體的 %	18.2%	39.4%	57.6%
		殘差	.2	-.2	
總和		個數	10	23	33
		整體的 %	30.3%	69.7%	100.0%

卡方檢定

	數值	自由度	漸近顯著性（雙尾）	精確顯著性（雙尾）	精確顯著性（單尾）
Pearson 卡方	.035[a]	1	.853		
連續性校正[b]	.000	1	1.000		
概似比	.035	1	.852		

	數值	自由度	漸近顯著性（雙尾）	精確顯著性（雙尾）	精確顯著性（單尾）
Fisher's 精確檢定				1.000	.581
線性對線性的關連	.033	1	.855		
有效觀察值的個數	33				

a.1 格（25.0%）的預期個數少於 5。最小的預期個數為 4.24。
b. 只能計算 2×2 表格

H_0：實驗組與對照組的植體成敗分佈相同 vs. H_1：實驗組與對照組的植體成敗分佈不同

由費氏精確檢定結果可知，P 值為 1.000（>α = 0.05），在顯著水準為 0.05 的情況下，不拒絕 H_0 假設，表示實驗組與對照組的植體成敗比率沒有顯著不同。

三、兩相依樣本

當資料分配未知時，欲比較兩組相依樣本資料，可用 McNemar 檢定、Wilcoxon 符號等級檢定等，其操作步驟如下：

分析→無母數檢定→歷史對話記錄→二個相關樣本→選入欲檢定之成對變數→勾選欲使用的檢定方法→確定

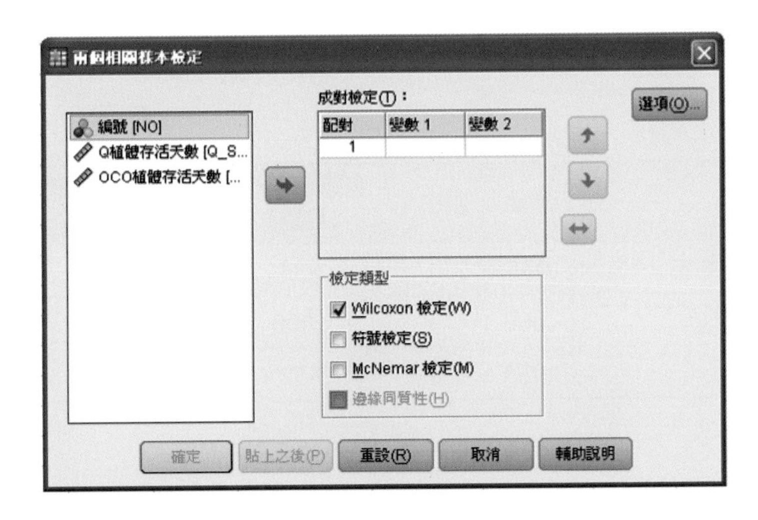

其中

(1) 成對檢定：選入欲檢定之兩個分類變數。

(2) 檢定類型：選擇欲使用之檢定方法，如 Wilcoxon 檢定與 McNemar 檢定等。

(3) 選項：設定是否輸出描述性統計量或四分位數；選擇在資料有遺失值時的處理方法。

【例 12-4】：將範例 7-4 以無母數檢定方法（Wilcoxon 符號等級檢定）檢驗 20 隻實驗豬隻的 Q 植體與 O 植體存活期間有無顯著差異，開啓資料檔 7-3.sav，並以顯著水準 0.05 檢定之，操作步驟如下：

【解】

分析→無母數檢定→歷史對話記錄→二個相關樣本→將「Q_SUR」設定爲變數 1；將「O_SUR」設定爲變數 2 →將其選入配對變數欄裡→勾選「Wilcoxon 檢定」→確定

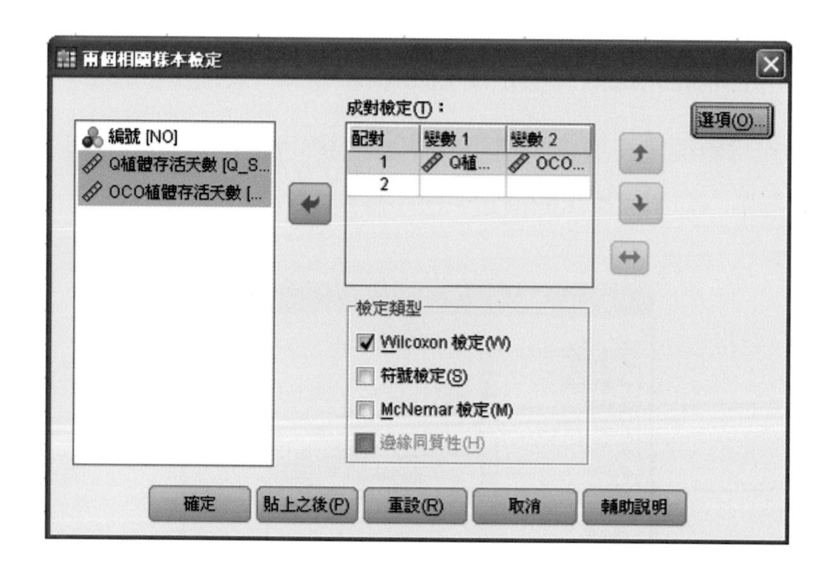

檢定統計量[b]

	OCO 植體存活天數－Q 植體存活天數
Z 檢定	-2.016[a]
漸近顯著性（雙尾）	.044

a. 以負等級爲基礎。
b.Wilcoxon 符號等級檢定

H_0：Q 植體與 O 植體存活期間沒有顯著差異 vs.

H_1：Q 植體與 O 植體存活期間有顯著差異

由 Wilcoxon 符號等級檢定結果可知，Z 檢定統計量爲 −2.016，P 值爲 0.044（$< \alpha = 0.05$），在顯著水準爲 0.05 的情況下，拒絕 H_0 假設，表示 Q 植體與 O 植體存活期間有顯著差異，且 O 植體存活期間較 Q 植體存活期間長。

四、k 個獨立樣本

當資料分配未知時，欲比較 k 組獨立樣本資料之母體中位數是否相等，可用 Kruskal-Wallis H 檢定或 Median 檢定等，其操作步驟如下：

分析→無母數檢定→歷史對話記錄→ K 個獨立樣本→選入欲檢定之變數與分組變數→勾選欲使用的檢定方法→確定

其中

(1) 檢定變數清單：選入欲檢定之變數。

(2) 分組變數：設定分群之變數。

(3) 檢定類型：選擇欲使用之檢定方法，如 Kruskal-Wallis H 檢定或 Median 檢定。

(4) 選項：設定是否輸出描述性統計量或四分位數；選擇在資料有遺失值時的處理方法。

【例 12-5】：開啓資料檔 12-1.sav ，研究者欲以顯著水準 0.05 檢定三種植體廠牌的植體存活天數是否不同。操作步驟如下：

【解】

分析→無母數檢定→歷史對話記錄→ K 個獨立樣本→將「植體存活天數」選入檢定變數清單；再將「植體廠牌（New）」選入分組變數→定義最小值爲 1；最大值爲 3 →繼續→勾選「Kruskal-Wallis H 檢定」→確定

檢定統計量[a, b]

	植體存活天數
卡方	3.386
自由度	2
漸近顯著	.184

a. Kruskal Wallis 檢定
b. 分組變數：植體廠牌（New）

H_0：三家廠牌的植體存活天數相同 vs.

H_1：任兩家廠牌的植體存活天數不同

由 Kruskal-Wallis H 檢定結果可知，卡方檢定統計量爲 3.386，P 值爲 0.184（$> \alpha = 0.05$）。顯示在顯著水準爲 0.05 的情況下，不拒絕 H_0 假設，表示三家廠牌的植體存活天數沒有顯著不同。

12.3 習題

一、無母數統計（nonparametric statistics）方法指的是不假設資料的母體分配來進行統計分析。〈101 年台大流行病與預醫所甲組碩士考題〉

二、有關無母數（non-parametric）統計檢定，下述何者錯誤？〈103 年台大流行病與預醫所甲組碩士考題〉

(A) 資料不符合常態分布時仍可使用之。

(B) 小樣本研究可使用之。

(C) 大樣本研究若使用無母數統計檢定，會有型一誤差膨脹 (inflation) 的問題。

(D) Wilcoxon signed rank test 是無母數統計。

(E) Friedman test 是無母數統計檢定。

三、有關無母數方法（non-parametric method），下列何者錯誤？〈101 年台大流行病與預醫所甲組碩士考題〉

(A) 資料不符合常態分佈，仍可使用之。

(B) 資料不符合布阿松分佈（Poisson distribution），仍可使用之。

(C) 無母數檢定方法的確切 p 值（exact p value）無法求算，只能計算近似值。

(D) 小樣本時，通常要考慮採用無母數方法。

(E) 常用的統計套裝軟體，通常亦有支援無母數方法的分析。

參考文獻

1. SPSS Inc. (2007). *PASW® Statistics Base 17.0* 使用手冊 Chicago: SPSS Inc.
2. 王濟川、郭志剛（民93）。《Logistic迴歸模型—方法及應用》。臺北：五南圖書公司。
3. 何佩珊（民97）。《統計軟體應用－SPSS上機手冊》。高雄：高雄醫學大學口腔衛生學系。
4. 吳水丕、彭游（民98）。《生物統計學》。臺北：合記圖書公司。
5. 吳明隆、涂金堂（民98）。《SPSS與統計應用分析》。臺北：五南圖書公司。
6. 杜強、賈麗艷（民101）。《SPSS統計分析完全學習手冊》。臺北：佳魁資訊出版社。
7. 林震岩（民96）。《多變量分析：SPSS的操作與應用》。臺北：智勝出版社。
8. 邱振昆（民94）。《SPSS 統計教學實例應用》。臺北：文魁出版社。
9. 侯家鼎（民94）。《電腦軟體應用－SPSS軟體操作與應用》。臺北：輔仁大學應用統計學研究所。
10. 孫艷玲、何源、李陽旭（民100）。《從範例學SPSS統計分析與應用》。臺北：博碩文化。
11. 高瞻自然科學教學資源平台（民99）。《世代研究（Cohort Study）》。臺北：國立臺灣大學科學教育發展中心網頁http://highscope.ch.ntu.edu.tw/wordpress/?p=7992。
12. 楊維忠、張甜（民100）。《SPSS統計分析與應用學習實務》。臺北：上奇資訊出版社。

13. 葉懿諄（民97）。《SPSS 教戰手冊》。臺中：中國醫學大學生物統計中心。

14. 臺北榮民總醫院教師培育中心（民96）。《實證醫學常用統計簡介》。臺北：台北榮民總醫院網頁http://fdc.vghtpc.gov.tw/web2/index_16.asp。

15. 戴政、江淑瓊（民93）。《生物醫學統計概論》。臺北：翰蘆圖書公司。

16. 沈明來（民96）。《生物統計學入門》。臺北：九州圖書公司。

17. 中華民國考選部，專技人員高等考試牙醫師考試分階段考試歷年考畢試題資料庫。

18. 國立臺灣大學圖書館，流行病與預醫所歷年碩士班試題資料庫。

19. 輔仁大學圖書館，公共衛生學系碩士班考古題資料庫。

附錄 附表

附表 1　標準常態分布的累積分布函數 $P(Z \leq z)$

z	.09	.08	.07	.06	.05	.04	.03	.02	.01	.00
-3.7	.0001	.0001	.0001	.0001	.0001	.0001	.0001	.0001	.0001	.0001
-3.6	.0001	.0001	.0001	.0001	.0001	.0001	.0001	.0001	.0002	.0002
-3.5	.0002	.0002	.0002	.0002	.0002	.0002	.0002	.0002	.0002	.0002
-3.4	.0002	.0003	.0003	.0003	.0003	.0003	.0003	.0003	.0003	.0003
-3.3	.0003	.0004	.0004	.0004	.0004	.0004	.0004	.0005	.0005	.0005
-3.2	.0005	.0005	.0005	.0006	.0006	.0006	.0006	.0006	.0007	.0007
-3.1	.0007	.0007	.0008	.0008	.0008	.0008	.0009	.0009	.0009	.0010
-3.0	.0010	.0010	.0011	.0011	.0011	.0012	.0012	.0013	.0013	.0013
-2.9	.0014	.0014	.0015	.0015	.0016	.0016	.0017	.0018	.0018	.0019
-2.8	.0019	.0020	.0021	.0021	.0022	.0023	.0023	.0024	.0025	.0026
-2.7	.0026	.0027	.0028	.0029	.0030	.0031	.0032	.0033	.0034	.0035
-2.6	.0036	.0037	.0038	.0039	.0040	.0041	.0043	.0044	.0045	.0047
-2.5	.0048	.0049	.0051	.0052	.0054	.0055	.0057	.0059	.0060	.0062
-2.4	.0064	.0066	.0068	.0069	.0071	.0073	.0075	.0078	.0080	.0082
-2.3	.0084	.0087	.0089	.0091	.0094	.0096	.0099	.0102	.0104	.0107
-2.2	.0110	.0113	.0116	.0119	.0122	.0125	.0129	.0132	.0136	.0139
-2.1	.0143	.0146	.0150	.0154	.0158	.0162	.0166	.0170	.0174	.0179
-2.0	.0183	.0188	.0192	.0197	.0202	.0207	.0212	.0217	.0222	.0228
-1.9	.0233	.0239	.0244	.0250	.0256	.0262	.0268	.0274	.0281	.0287
-1.8	.0294	.0301	.0307	.0314	.0322	.0329	.0336	.0344	.0351	.0359
-1.7	.0367	.0375	.0384	.0392	.0401	.0409	.0418	.0427	.0436	.0446
-1.6	.0455	.0465	.0475	.0485	.0495	.0505	.0516	.0526	.0537	.0548
-1.5	.0559	.0571	.0582	.0594	.0606	.0618	.0630	.0643	.0655	.0668
-1.4	.0681	.0694	.0708	.0721	.0735	.0749	.0764	.0778	.0793	.0808
-1.3	.0823	.0838	.0853	.0869	.0885	.0901	.0918	.0934	.0951	.0968
-1.2	.0985	.1003	.1020	.1038	.1056	.1075	.1093	.1112	.1131	.1151
-1.1	.1170	.1190	.1210	.1230	.1251	.1271	.1292	.1314	.1335	.1357
-1.0	.1379	.1401	.1423	.1446	.1469	.1492	.1515	.1539	.1562	.1587
-0.9	.1611	.1635	.1660	.1685	.1711	.1736	.1762	.1788	.1814	.1841
-0.8	.1867	.1894	.1922	.1949	.1977	.2005	.2033	.2061	.2090	.2119
-0.7	.2148	.2177	.2206	.2236	.2266	.2296	.2327	.2358	.2389	.2420
-0.6	.2451	.2483	.2514	.2546	.2578	.2611	.2643	.2676	.2709	.2743
-0.5	.2776	.2810	.2843	.2877	.2912	.2946	.2981	.3015	.3050	.3085
-0.4	.3121	.3156	.3192	.3228	.3264	.3300	.3336	.3372	.3409	.3446
-0.3	.3483	.3520	.3557	.3594	.3632	.3669	.3707	.3745	.3783	.3821
-0.2	.3859	.3897	.3936	.3974	.4013	.4052	.4090	.4129	.4168	.4207
-0.1	.4247	.4286	.4325	.4364	.4404	.4443	.4483	.4522	.4562	.4602
-0.0	.4641	.4681	.4721	.4761	.4801	.4840	.4880	.4920	.4960	.5000

Source: Forthofer, R. N. and Lee, E. S. (1995):" Introduction to Biostatistics: A Guide to Design, Analysis and Discovery", Academic Press, Inc., San Diego, CA.

z	.00	.01	.02	.03	.04	.05	.06	.07	.08	.09
0.0	.5000	.5040	.5080	.5120	.5160	.5199	.5239	.5279	.5319	.5359
0.1	.5398	.5438	.5478	.5517	.5557	.5596	.5636	.5675	.5714	.5753
0.2	.5793	.5832	.5871	.5910	.5948	.5987	.6026	.6064	.6103	.6141
0.3	.6179	.6217	.6255	.6293	.6331	.6368	.6406	.6443	.6480	.6517
0.4	.6554	.6591	.6628	.6664	.6700	.6736	.6772	.6808	.6844	.6879
0.5	.6915	.6950	.6985	.7019	.7054	.7088	.7123	.7157	.7190	.7224
0.6	.7257	.7291	.7324	.7357	.7389	.7422	.7454	.7486	.7517	.7549
0.7	.7580	.7611	.7642	.7673	.7704	.7734	.7764	.7794	.7823	.7852
0.8	.7881	.7910	.7939	.7967	.7995	.8023	.8051	.8078	.8106	.8133
0.9	.8159	.8186	.8212	.8238	.8264	.8289	.8315	.8340	.8365	.8389
1.0	.8413	.8438	.8461	.8485	.8508	.8531	.8554	.8577	.8599	.8621
1.1	.8643	.8665	.8686	.8708	.8729	.8749	.8770	.8790	.8810	.8830
1.2	.8849	.8869	.8888	.8907	.8925	.8944	.8962	.8980	.8997	.9015
1.3	.9032	.9049	.9066	.9082	.9099	.9115	.9131	.9147	.9162	.9177
1.4	.9192	.9207	.9222	.9236	.9251	.9265	.9279	.9292	.9306	.9319
1.5	.9332	.9345	.9357	.9370	.9382	.9394	.9406	.9418	.9429	.9441
1.6	.9452	.9463	.9474	.9484	.9495	.9505	.9515	.9525	.9535	.9545
1.7	.9554	.9564	.9573	.9582	.9591	.9599	.9608	.9616	.9625	.9633
1.8	.9641	.9649	.9656	.9664	.9671	.9678	.9686	.9693	.9699	.9706
1.9	.9713	.9719	.9726	.9732	.9738	.9744	.9750	.9756	.9761	.9767
2.0	.9772	.9778	.9783	.9788	.9793	.9798	.9803	.9808	.9812	.9817
2.1	.9821	.9826	.9830	.9834	.9838	.9842	.9846	.9850	.9854	.9857
2.2	.9861	.9864	.9868	.9871	.9875	.9878	.9881	.9884	.9887	.9890
2.3	.9893	.9896	.9898	.9901	.9904	.9906	.9909	.9911	.9913	.9916
2.4	.9918	.9920	.9922	.9925	.9927	.9929	.9931	.9932	.9934	.9936
2.5	.9938	.9940	.9941	.9943	.9945	.9946	.9948	.9949	.9951	.9952
2.6	.9953	.9955	.9956	.9957	.9959	.9960	.9961	.9962	.9963	.9964
2.7	.9965	.9966	.9967	.9968	.9969	.9970	.9971	.9972	.9973	.9974
2.8	.9974	.9975	.9976	.9977	.9977	.9978	.9979	.9979	.9980	.9981
2.9	.9981	.9982	.9982	.9983	.9984	.9984	.9985	.9985	.9986	.9986
3.0	.9987	.9987	.9987	.9988	.9988	.9989	.9989	.9989	.9990	.9990
3.1	.9990	.9991	.9991	.9991	.9992	.9992	.9992	.9992	.9993	.9993
3.2	.9993	.9993	.9994	.9994	.9994	.9994	.9994	.9995	.9995	.9995
3.3	.9995	.9995	.9995	.9996	.9996	.9996	.9996	.9996	.9996	.9997
3.4	.9997	.9997	.9997	.9997	.9997	.9997	.9997	.9997	.9997	.9998
3.5	.9998	.9998	.9998	.9998	.9998	.9998	.9998	.9998	.9998	.9998
3.6	.9998	.9998	.9999	.9999	.9999	.9999	.9999	.9999	.9999	.9999
3.7	.9999	.9999	.9999	.9999	.9999	.9999	.9999	.9999	.9999	.9999

附表 2 t 分布的百分位數

$P(t_{11} \leq 2.2010) = .975$

df	$t_{.75}$	$t_{.80}$	$t_{.85}$	$t_{.90}$	$t_{.95}$	$t_{.975}$	$t_{.99}$	$t_{.995}$
1	1.000	1.376	1.963	3.078	6.314	12.706	31.821	63.657
2	0.816	1.061	1.386	1.886	2.920	4.303	6.965	9.925
3	0.763	0.978	1.250	1.638	2.353	3.182	4.541	5.841
4	0.741	0.941	1.190	1.533	2.132	2.776	3.747	4.604
5	0.727	0.920	1.156	1.476	2.015	2.571	3.365	4.032
6	0.718	0.906	1.134	1.440	1.943	2.447	3.143	3.707
7	0.711	0.896	1.119	1.415	1.895	2.365	2.998	3.499
8	0.706	0.889	1.108	1.397	1.860	2.306	2.896	3.355
9	0.703	0.883	1.100	1.383	1.833	2.262	2.821	3.250
10	0.700	0.879	1.093	1.372	1.812	2.228	2.764	3.169
11	0.697	0.876	1.088	1.363	1.796	2.201	2.718	3.106
12	0.695	0.873	1.083	1.356	1.782	2.179	2.681	3.055
13	0.694	0.870	1.079	1.350	1.771	2.160	2.650	3.012
14	0.692	0.868	1.076	1.345	1.761	2.145	2.624	2.977
15	0.691	0.866	1.074	1.341	1.753	2.131	2.602	2.947
16	0.690	0.865	1.071	1.337	1.746	2.120	2.583	2.921
17	0.689	0.863	1.069	1.333	1.740	2.110	2.567	2.898
18	0.688	0.862	1.067	1.330	1.734	2.101	2.552	2.878
19	0.688	0.861	1.066	1.328	1.729	2.093	2.539	2.861
20	0.687	0.860	1.064	1.325	1.725	2.086	2.528	2.845
21	0.686	0.859	1.063	1.323	1.721	2.080	2.518	2.831
22	0.686	0.858	1.061	1.321	1.717	2.074	2.508	2.819
23	0.685	0.858	1.060	1.319	1.714	2.069	2.500	2.807
24	0.685	0.857	1.059	1.318	1.711	2.064	2.492	2.797
25	0.684	0.856	1.058	1.316	1.708	2.060	2.485	2.787
26	0.684	0.856	1.058	1.315	1.706	2.056	2.479	2.779
27	0.684	0.855	1.057	1.314	1.703	2.052	2.473	2.771
28	0.683	0.855	1.056	1.313	1.701	2.048	2.467	2.763
29	0.683	0.854	1.055	1.311	1.699	2.045	2.462	2.756
30	0.683	0.854	1.055	1.310	1.697	2.042	2.457	2.750
35	0.682	0.852	1.052	1.306	1.690	2.030	2.438	2.724
40	0.681	0.851	1.050	1.303	1.684	2.021	2.423	2.704
45	0.680	0.850	1.049	1.301	1.679	2.014	2.412	2.690
50	0.679	0.849	1.047	1.299	1.676	2.009	2.403	2.678
55	0.679	0.848	1.046	1.297	1.673	2.004	2.396	2.668
60	0.679	0.848	1.045	1.296	1.671	2.000	2.390	2.660
65	0.678	0.847	1.045	1.295	1.669	1.997	2.385	2.654
70	0.678	0.847	1.044	1.294	1.667	1.994	2.381	2.648
75	0.678	0.846	1.044	1.293	1.665	1.992	2.377	2.643
80	0.678	0.846	1.043	1.292	1.664	1.990	2.374	2.639
90	0.677	0.846	1.042	1.291	1.662	1.987	2.369	2.632
100	0.677	0.845	1.042	1.290	1.660	1.984	2.364	2.626
150	0.676	0.844	1.040	1.287	1.655	1.976	2.351	2.609
200	0.676	0.843	1.039	1.286	1.653	1.972	2.345	2.601
500	0.675	0.842	1.038	1.283	1.648	1.965	2.334	2.586
1000	0.675	0.842	1.037	1.282	1.646	1.962	2.330	2.581
∞	0.674	0.842	1.036	1.282	1.645	1.960	2.326	2.576

Source: Forthofer, R. N. and Lee, E. S. (1995):" Introduction to Biostatistics: A Guide to Design, Analysis and Discovery", Academic Press, Inc., San Diego, CA.

附表 3　卡方分布的百分位數

$P(\chi^2_{28} \leq 41.337) = .95$

d.f.	$\chi^2_{.005}$	$\chi^2_{.025}$	$\chi^2_{.05}$	$\chi^2_{.90}$	$\chi^2_{.95}$	$\chi^2_{.975}$	$\chi^2_{.99}$	$\chi^2_{.995}$
1	.0000393	.000982	.00393	2.706	3.841	5.024	6.635	7.879
2	.0100	.0506	.103	4.605	5.991	7.378	9.210	10.597
3	.0717	.216	.352	6.251	7.815	9.348	11.345	12.838
4	.207	.484	.711	7.779	9.488	11.143	13.277	14.860
5	.412	.831	1.145	9.236	11.070	12.832	15.086	16.750
6	.676	1.237	1.635	10.645	12.592	14.449	16.812	18.548
7	.989	1.690	2.167	12.017	14.067	16.013	18.475	20.278
8	1.344	2.180	2.733	13.362	15.507	17.535	20.090	21.955
9	1.735	2.700	3.325	14.684	16.919	19.023	21.666	23.589
10	2.156	3.247	3.940	15.987	18.307	20.483	23.209	25.188
11	2.603	3.816	4.575	17.275	19.675	21.920	24.725	26.757
12	3.074	4.404	5.226	18.549	21.026	23.336	26.217	28.300
13	3.565	5.009	5.892	19.812	22.362	24.736	27.688	29.819
14	4.075	5.629	6.571	21.064	23.685	26.119	29.141	31.319
15	4.601	6.262	7.261	22.307	24.996	27.488	30.578	32.801
16	5.142	6.908	7.962	23.542	26.296	28.845	32.000	34.267
17	5.697	7.564	8.672	24.769	27.587	30.191	33.409	35.718
18	6.265	8.231	9.390	25.989	28.869	31.526	34.805	37.156
19	6.844	8.907	10.117	27.204	30.144	32.852	36.191	38.582
20	7.434	9.591	10.851	28.412	31.410	34.170	37.566	39.997
21	8.034	10.283	11.591	29.615	32.671	35.479	38.932	41.401
22	8.643	10.982	12.338	30.813	33.924	36.781	40.289	42.796
23	9.260	11.688	13.091	32.007	35.172	38.076	41.638	44.181
24	9.886	12.401	13.848	33.196	36.415	39.364	42.980	45.558
25	10.520	13.120	14.611	34.382	37.652	40.646	44.314	46.928
26	11.160	13.844	15.379	35.563	38.885	41.923	45.642	48.290
27	11.808	14.573	16.151	36.741	40.113	43.194	46.963	49.645
28	12.461	15.308	16.928	37.916	41.337	44.461	48.278	50.993
29	13.121	16.047	17.708	39.087	42.557	45.722	49.588	52.336
30	13.787	16.791	18.493	40.256	43.773	46.979	50.892	53.672
35	17.192	20.569	22.465	46.059	49.802	53.203	57.342	60.275
40	20.707	24.433	26.509	51.805	55.758	59.342	63.691	66.766
45	24.311	28.366	30.612	57.505	61.656	65.410	69.957	73.166
50	27.991	32.357	34.764	63.167	67.505	71.420	76.154	79.490
60	35.535	40.482	43.188	74.397	79.082	83.298	88.379	91.952
70	43.275	48.758	51.739	85.527	90.531	95.023	100.425	104.215
80	51.172	57.153	60.391	96.578	101.879	106.629	112.329	116.321
90	59.196	65.647	69.126	107.565	113.145	118.136	124.116	128.299
100	67.328	74.222	77.929	118.498	124.342	129.561	135.807	140.169

Source: Daniel, W. W. (1999). "Biostatistics: A Foundation for Analysis in the Health Sciences", 7th Edition. John Wiley & Sons, Inc., New York.

附表 4　F 分布的百分位數

$P(F_{3,4} \leq 4.19) = .90$

分母自由度	$F_{.90}$ 分子自由度 1	2	3	4	5	6	7	8	9
1	39.86	49.50	53.59	55.83	57.24	58.20	58.91	59.44	59.86
2	8.53	9.00	9.16	9.24	9.29	9.33	9.35	9.37	9.38
3	5.54	5.46	5.39	5.34	5.31	5.28	5.27	5.25	5.24
4	4.54	4.32	4.19	4.11	4.05	4.01	3.98	3.95	3.94
5	4.06	3.78	3.62	3.52	3.45	3.40	3.37	3.34	3.32
6	3.78	3.46	3.29	3.18	3.11	3.05	3.01	2.98	2.96
7	3.59	3.26	3.07	2.96	2.88	2.83	2.78	2.75	2.72
8	3.46	3.11	2.92	2.81	2.73	2.67	2.62	2.59	2.56
9	3.36	3.01	2.81	2.69	2.61	2.55	2.51	2.47	2.44
10	3.29	2.92	2.73	2.61	2.52	2.46	2.41	2.38	2.35
11	3.23	2.86	2.66	2.54	2.45	2.39	2.34	2.30	2.27
12	3.18	2.81	2.61	2.48	2.39	2.33	2.28	2.24	2.21
13	3.14	2.76	2.56	2.43	2.35	2.28	2.23	2.20	2.16
14	3.10	2.73	2.52	2.39	2.31	2.24	2.19	2.15	2.12
15	3.07	2.70	2.49	2.36	2.27	2.21	2.16	2.12	2.09
16	3.05	2.67	2.46	2.33	2.24	2.18	2.13	2.09	2.06
17	3.03	2.64	2.44	2.31	2.22	2.15	2.10	2.06	2.03
18	3.01	2.62	2.42	2.29	2.20	2.13	2.08	2.04	2.00
19	2.99	2.61	2.40	2.27	2.18	2.11	2.06	2.02	1.98
20	2.97	2.59	2.38	2.25	2.16	2.09	2.04	2.00	1.96
21	2.96	2.57	2.36	2.23	2.14	2.08	2.02	1.98	1.95
22	2.95	2.56	2.35	2.22	2.13	2.06	2.01	1.97	1.93
23	2.94	2.55	2.34	2.21	2.11	2.05	1.99	1.95	1.92
24	2.93	2.54	2.33	2.19	2.10	2.04	1.98	1.94	1.91
25	2.92	2.53	2.32	2.18	2.09	2.02	1.97	1.93	1.89
26	2.91	2.52	2.31	2.17	2.08	2.01	1.96	1.92	1.88
27	2.90	2.51	2.30	2.17	2.07	2.00	1.95	1.91	1.87
28	2.89	2.50	2.29	2.16	2.06	2.00	1.94	1.90	1.87
29	2.89	2.50	2.28	2.15	2.06	1.99	1.93	1.89	1.86
30	2.88	2.49	2.28	2.14	2.05	1.98	1.93	1.88	1.85
40	2.84	2.44	2.23	2.09	2.00	1.93	1.87	1.83	1.79
60	2.79	2.39	2.18	2.04	1.95	1.87	1.82	1.77	1.74
120	2.75	2.35	2.13	1.99	1.90	1.82	1.77	1.72	1.68
∞	2.71	2.30	2.08	1.94	1.85	1.77	1.72	1.67	1.63

Source: Daniel, W. W. (1999). "Biostatistics: A Foundation for Analysis in the Healtl Sciences", 7th Edition. John Wiley & Sons, Inc., New York.

F.90										
分母自由度	分子自由度									
	10	12	15	20	24	30	40	60	120	∞
1	60.19	60.71	61.22	61.74	62.00	62.26	62.53	62.79	63.06	63.33
2	9.39	9.41	9.42	9.44	9.45	9.46	9.47	9.47	9.48	9.49
3	5.23	5.22	5.20	5.18	5.18	5.17	5.16	5.15	5.14	5.13
4	3.92	3.90	3.87	3.84	3.83	3.82	3.80	3.79	3.78	3.76
5	3.30	3.27	3.24	3.21	3.19	3.17	3.16	3.14	3.12	3.10
6	2.94	2.90	2.87	2.84	2.82	2.80	2.78	2.76	2.74	2.72
7	2.70	2.67	2.63	2.59	2.58	2.56	2.54	2.51	2.49	2.47
8	2.54	2.50	2.46	2.42	2.40	2.38	2.36	2.34	2.32	2.29
9	2.42	2.38	2.34	2.30	2.28	2.25	2.23	2.21	2.18	2.16
10	2.32	2.28	2.24	2.20	2.18	2.16	2.13	2.11	2.08	2.06
11	2.25	2.21	2.17	2.12	2.10	2.08	2.05	2.03	2.00	1.97
12	2.19	2.15	2.10	2.06	2.04	2.01	1.99	1.96	1.93	1.90
13	2.14	2.10	2.05	2.01	1.98	1.96	1.93	1.90	1.88	1.85
14	2.10	2.05	2.01	1.96	1.94	1.91	1.89	1.86	1.83	1.80
15	2.06	2.02	1.97	1.92	1.90	1.87	1.85	1.82	1.79	1.76
16	2.03	1.99	1.94	1.89	1.87	1.84	1.81	1.78	1.75	1.72
17	2.00	1.96	1.91	1.86	1.84	1.81	1.78	1.75	1.72	1.69
18	1.98	1.93	1.89	1.84	1.81	1.78	1.75	1.72	1.69	1.66
19	1.96	1.91	1.86	1.81	1.79	1.76	1.73	1.70	1.67	1.63
20	1.94	1.89	1.84	1.79	1.77	1.74	1.71	1.68	1.64	1.61
21	1.92	1.87	1.83	1.78	1.75	1.72	1.69	1.66	1.62	1.59
22	1.90	1.86	1.81	1.76	1.73	1.70	1.67	1.64	1.60	1.57
23	1.89	1.84	1.80	1.74	1.72	1.69	1.66	1.62	1.59	1.55
24	1.88	1.83	1.78	1.73	1.70	1.67	1.64	1.61	1.57	1.53
25	1.87	1.82	1.77	1.72	1.69	1.66	1.63	1.59	1.56	1.52
26	1.86	1.81	1.76	1.71	1.68	1.65	1.61	1.58	1.54	1.50
27	1.85	1.80	1.75	1.70	1.67	1.64	1.60	1.57	1.53	1.49
28	1.84	1.79	1.74	1.69	1.66	1.63	1.59	1.56	1.52	1.48
29	1.83	1.78	1.73	1.68	1.65	1.62	1.58	1.55	1.51	1.47
30	1.82	1.77	1.72	1.67	1.64	1.61	1.57	1.54	1.50	1.46
40	1.76	1.71	1.66	1.61	1.57	1.54	1.51	1.47	1.42	1.38
60	1.71	1.66	1.60	1.54	1.51	1.48	1.44	1.40	1.35	1.29
120	1.65	1.60	1.55	1.48	1.45	1.41	1.37	1.32	1.26	1.19
∞	1.60	1.55	1.49	1.42	1.38	1.34	1.30	1.24	1.17	1.00

F.95									
分母自由度	分子自由度								
	1	2	3	4	5	6	7	8	9
1	161.4	199.5	215.7	224.6	230.2	234.0	236.8	238.9	240.5
2	18.51	19.00	19.16	19.25	19.30	19.33	19.35	19.37	19.38
3	10.13	9.55	9.28	9.12	9.01	8.94	8.89	8.85	8.81
4	7.71	6.94	6.59	6.39	6.26	6.16	6.09	6.04	6.00
5	6.61	5.79	5.41	5.19	5.05	4.95	4.88	4.82	4.77
6	5.99	5.14	4.76	4.53	4.39	4.28	4.21	4.15	4.10
7	5.59	4.74	4.35	4.12	3.97	3.87	3.79	3.73	3.68
8	5.32	4.46	4.07	3.84	3.69	3.58	3.50	3.44	3.39
9	5.12	4.26	3.86	3.63	3.48	3.37	3.29	3.23	3.18
10	4.96	4.10	3.71	3.48	3.33	3.22	3.14	3.07	3.02
11	4.84	3.98	3.59	3.36	3.20	3.09	3.01	2.95	2.90
12	4.75	3.89	3.49	3.26	3.11	3.00	2.91	2.85	2.80
13	4.67	3.81	3.41	3.18	3.03	2.92	2.83	2.77	2.71
14	4.60	3.74	3.34	3.11	2.96	2.85	2.76	2.70	2.65
15	4.54	3.68	3.29	3.06	2.90	2.79	2.71	2.64	2.59
16	4.49	3.63	3.24	3.01	2.85	2.74	2.66	2.59	2.54
17	4.45	3.59	3.20	2.96	2.81	2.70	2.61	2.55	2.49
18	4.41	3.55	3.16	2.93	2.77	2.66	2.58	2.51	2.46
19	4.38	3.52	3.13	2.90	2.74	2.63	2.54	2.48	2.42
20	4.35	3.49	3.10	2.87	2.71	2.60	2.51	2.45	2.39
21	4.32	3.47	3.07	2.84	2.68	2.57	2.49	2.42	2.37
22	4.30	3.44	3.05	2.82	2.66	2.55	2.46	2.40	2.34
23	4.28	3.42	3.03	2.80	2.64	2.53	2.44	2.37	2.32
24	4.26	3.40	3.01	2.78	2.62	2.51	2.42	2.36	2.30
25	4.24	3.39	2.99	2.76	2.60	2.49	2.40	2.34	2.28
26	4.23	3.37	2.98	2.74	2.59	2.47	2.39	2.32	2.27
27	4.21	3.35	2.96	2.73	2.57	2.46	2.37	2.31	2.25
28	4.20	3.34	2.95	2.71	2.56	2.45	2.36	2.29	2.24
29	4.18	3.33	2.93	2.70	2.55	2.43	2.35	2.28	2.22
30	4.17	3.32	2.92	2.69	2.53	2.42	2.33	2.27	2.21
40	4.08	3.23	2.84	2.61	2.45	2.34	2.25	2.18	2.12
60	4.00	3.15	2.76	2.53	2.37	2.25	2.17	2.10	2.04
120	3.92	3.07	2.68	2.45	2.29	2.17	2.09	2.02	1.96
∞	3.84	3.00	2.60	2.37	2.21	2.10	2.01	1.94	1.88

F.95										
分母自由度	分母自由度									
	10	12	15	20	24	30	40	60	120	∞
1	241.9	243.9	245.9	248.0	249.1	250.1	251.1	252.2	253.3	254.3
2	19.40	19.41	19.43	19.45	19.45	19.46	19.47	19.48	19.49	19.50
3	8.79	8.74	8.70	8.66	8.64	8.62	8.59	8.57	8.55	8.53
4	5.96	5.91	5.86	5.80	5.77	5.75	5.72	5.69	5.66	5.63
5	4.74	4.68	4.62	4.56	4.53	4.50	4.46	4.43	4.40	4.36
6	4.06	4.00	3.94	3.87	3.84	3.81	3.77	3.74	3.70	3.67
7	3.64	3.57	3.51	3.44	3.41	3.38	3.34	3.30	3.27	3.23
8	3.35	3.28	3.22	3.15	3.12	3.08	3.04	3.01	2.97	2.93
9	3.14	3.07	3.01	2.94	2.90	2.86	2.83	2.79	2.75	2.71
10	2.98	2.91	2.85	2.77	2.74	2.70	2.66	2.62	2.58	2.54
11	2.85	2.79	2.72	2.65	2.61	2.57	2.53	2.49	2.45	2.40
12	2.75	2.69	2.62	2.54	2.51	2.47	2.43	2.38	2.34	2.30
13	2.67	2.60	2.53	2.46	2.42	2.38	2.34	2.30	2.25	2.21
14	2.60	2.53	2.46	2.39	2.35	2.31	2.27	2.22	2.18	2.13
15	2.54	2.48	2.40	2.33	2.29	2.25	2.20	2.16	2.11	2.07
16	2.49	2.42	2.35	2.28	2.24	2.19	2.15	2.11	2.06	2.01
17	2.45	2.38	2.31	2.23	2.19	2.15	2.10	2.06	2.01	1.96
18	2.51	2.34	2.27	2.19	2.15	2.11	2.06	2.02	1.97	1.92
19	2.38	2.31	2.23	2.16	2.11	2.07	2.03	1.98	1.93	1.88
20	2.35	2.28	2.20	2.12	2.08	2.04	1.99	1.95	1.90	1.84
21	2.32	2.25	2.18	2.10	2.05	2.01	1.96	1.92	1.87	1.81
22	2.30	2.23	2.15	2.07	2.03	1.98	1.94	1.89	1.84	1.78
23	2.27	2.20	2.13	2.05	2.01	1.96	1.91	1.86	1.81	1.76
24	2.25	2.18	2.11	2.03	1.98	1.94	1.89	184	1.79	1.73
25	2.24	2.16	2.09	2.01	1.96	1.92	1.87	1.82	1.77	1.71
26	2.22	2.15	2.07	1.99	1.95	1.90	1.85	1.80	1.75	1.69
27	2.20	2.13	2.06	1.97	1.93	1.88	1.84	1.79	1.73	1.67
28	2.19	2.12	2.04	1.96	1.91	1.87	1.82	1.77	1.71	1.65
29	2.18	2.10	2.03	1.94	1.90	1.85	1.81	1.75	1.70	1.64
30	2.16	2.09	2.01	1.93	1.89	1.84	1.79	1.74	1.68	1.62
40	2.08	2.00	1.92	1.84	1.79	1.74	1.69	1.64	1.58	1.51
60	1.99	1.92	1.84	1.75	1.70	1.65	1.59	1.53	1.47	1.39
120	1.91	1.83	1.75	1.66	1.61	1.55	1.50	1.43	1.35	1.25
∞	1.83	1.75	1.67	1.57	1.52	1.46	1.39	1.32	1.22	1.00

$F_{.975}$									
分母自由度	分母自由度								
	1	2	3	4	5	6	7	8	9
1	647.8	799.5	864.2	899.6	921.8	937.1	948.2	956.7	963.3
2	38.51	39.00	39.17	39.25	39.30	39.33	39.36	39.37	39.39
3	17.44	16.04	15.44	15.10	14.88	14.73	14.62	14.54	14.47
4	12.22	10.65	9.98	9.60	9.36	9.20	9.07	8.98	8.90
5	10.01	8.43	7.76	7.39	7.15	6.98	6.85	6.76	6.68
6	8.81	7.26	6.60	6.23	5.99	5.82	5.70	5.60	5.52
7	8.07	6.54	5.89	5.52	5.29	5.12	4.99	4.90	4.82
8	7.57	6.06	5.42	5.05	4.82	4.65	4.53	4.43	4.36
9	7.21	5.71	5.08	4.72	4.48	4.32	4.20	4.10	4.03
10	6.94	5.46	4.83	4.47	4.24	4.07	3.95	3.85	3.78
11	6.72	5.26	4.63	4.28	4.04	3.88	3.76	3.66	3.59
12	6.55	5.10	4.47	4.12	3.89	3.73	3.61	3.51	3.44
13	6.41	4.97	4.35	4.00	3.77	3.60	3.48	3.39	3.31
14	6.30	4.86	4.24	3.89	3.66	3.50	3.38	3.29	3.21
15	6.20	4.77	4.15	3.80	3.58	3.41	3.29	3.20	3.12
16	6.12	4.69	4.08	3.73	3.50	3.34	3.22	3.12	3.05
17	6.04	4.62	4.01	3.66	3.44	3.28	3.16	3.06	2.98
18	5.98	4.56	3.95	3.61	3.38	3.22	3.10	3.01	2.93
19	5.92	4.51	3.90	3.56	3.33	3.17	3.05	2.96	2.88
20	5.87	4.46	3.86	3.51	3.29	3.13	3.01	2.91	2.84
21	5.83	4.42	3.85	3.48	3.25	3.09	2.97	2.87	2.80
22	5.79	4.38	3.78	3.44	3.22	3.05	2.93	2.84	2.76
23	5.75	4.35	3.75	3.41	3.18	3.02	2.90	2.81	2.73
24	5.72	4.32	3.72	3.38	3.15	2.99	2.87	2.78	2.70
25	5.69	4.29	3.69	3.35	3.13	2.97	2.85	2.75	2.68
26	5.66	4.27	3.67	3.33	3.10	2.94	2.82	2.73	2.65
27	5.63	4.24	3.65	3.31	3.08	2.92	2.80	2.71	2.63
28	5.61	4.22	3.63	3.29	3.06	2.90	2.78	2.69	2.61
29	5.59	4.20	3.61	3.27	3.04	2.88	2.76	2.67	2.59
30	5.57	4.18	3.59	3.25	3.03	2.87	2.75	2.65	2.57
40	5.42	4.05	3.46	3.13	2.90	2.74	2.62	2.53	2.45
60	5.29	3.93	3.34	3.01	2.79	2.63	2.51	2.41	2.33
120	5.15	3.80	3.23	2.89	2.67	2.52	2.39	2.30	2.22
∞	5.02	3.69	3.12	2.79	2.57	2.41	2.29	2.19	2.11

$F_{.975}$										
分母自由度	分母自由度									
	10	12	15	20	24	30	40	60	120	∞
1	968.6	976.7	984.9	993.1	997.2	1001	1006	1010	1014	1018
2	39.40	39.41	39.43	39.45	39.46	39.46	39.47	39.48	39.49	39.50
3	14.42	14.34	14.25	14.17	14.12	14.08	14.04	13.99	13.95	13.90
4	8.84	8.75	8.66	8.56	8.51	8.46	8.41	8.36	8.31	8.26
5	6.62	6.52	6.43	6.33	6.28	6.23	6.18	6.12	6.07	6.02
6	5.46	5.37	527	5.17	5.12	5.07	5.01	4.96	4.90	4.85
7	4.76	4.67	4.57	4.47	4.42	4.36	4.31	4.25	4.20	4.14
8	4.30	4.20	4.10	4.00	3.95	3.89	3.84	3.78	3.73	3.67
9	3.96	3.87	3.77	3.67	3.61	3.56	3.51	3.45	3.39	3.33
10	3.72	3.62	3.52	3.42	3.37	3.31	3.26	3.20	3.14	3.08
11	3.53	3.43	3.33	3.23	3.17	3.12	3.06	3.00	2.94	2.88
12	3.37	3.28	3.18	3.07	3.02	2.96	2.91	2.85	2.79	2.72
13	3.25	3.15	3.05	2.95	2.89	2.84	2.78	2.72	2.66	2.60
14	3.15	3.05	2.95	2.84	2.79	2.73	2.67	2.61	2.55	2.49
15	3.06	2.96	2.86	2.76	2.70	2.64	2.59	2.52	2.46	2.40
16	2.99	2.89	2.79	2.68	2.63	2.57	2.51	2.45	2.38	2.32
17	2.92	2.82	2.72	2.62	2.56	2.50	2.44	2.38	2.32	2.25
18	2.87	2.77	2.67	2.56	2.50	2.44	2.38	2.32	2.26	2.19
19	2.82	2.72	2.62	2.51	2.45	2.39	2.33	2.27	2.20	2.13
20	2.77	2.68	2.57	2.46	2.41	2.35	2.29	2.22	2.16	2.09
21	2.73	2.64	2.53	2.42	2.37	2.31	2.25	2.18	2.11	2.04
22	2.70	2.60	2.50	2.39	2.33	2.27	2.21	2.14	2.08	2.00
23	2.67	2.57	2.47	2.36	2.30	2.24	2.18	2.11	2.04	1.97
24	2.64	2.54	2.44	2.33	2.27	2.21	2.15	2.08	2.01	1.94
25	2.61	2.51	2.41	2.30	2.24	2.18	2.12	2.05	1.98	1.91
26	2.59	2.49	2.39	2.28	2.22	2.16	2.09	2.03	1.95	1.88
27	2.57	2.47	2.36	2.25	2.19	2.13	2.07	2.00	1.93	1.85
28	2.55	2.45	2.34	2.23	2.17	2.11	2.05	1.98	1.91	1.83
29	2.53	2.43	2.32	2.21	2.15	2.09	2.03	1.96	1.89	1.81
30	2.51	2.41	2.31	2.20	2.14	2.07	2.1	1.94	1.87	1.79
40	2.39	2.29	2.18	2.07	2.01	1.94	1.88	1.80	1.72	1.64
60	2.27	2.17	2.06	1.94	1.88	1.82	1.74	1.67	1.58	1.48
120	2.16	2.05	1.94	1.82	1.76	1.69	1.61	1.53	1.43	1.31
∞	2.05	1.94	1.83	1.71	1.64	1.57	1.48	1.39	1.27	1.00

分母自由度	F.99								
	分母自由度								
	1	2	3	4	5	6	7	8	9
1	4052	4999.5	5403	5625	5764	5859	5928	5981	6022
2	98.50	99.00	99.17	99.25	99.30	99.33	99.36	99.37	99.39
3	34.12	30.82	29.46	28.71	28.24	27.91	27.67	27.49	27.35
4	21.20	18.00	16.69	15.98	15.52	15.21	14.98	14.80	14.66
5	16.26	13.27	12.06	11.39	10.97	10.67	10.46	10.29	10.16
6	13.75	10.92	9.78	9.15	8.75	8.47	8.26	8.10	7.98
7	12.25	9.55	8.45	7.85	7.46	7.19	6.99	6.84	6.72
8	11.26	8.65	7.59	7.01	6.63	6.37	6.18	6.03	5.91
9	10.56	8.02	6.99	6.42	6.06	5.80	5.61	5.47	5.35
10	10.04	7.56	6.55	5.99	5.64	5.39	5.20	5.06	4.94
11	9.65	7.21	6.22	5.67	5.32	5.07	4.89	4.74	4.63
12	9.33	6.93	5.95	5.41	5.06	4.82	4.64	4.50	4.39
13	9.07	6.70	5.74	5.21	4.84	4.62	4.44	4.30	4.19
14	8.86	6.51	5.56	5.04	4.69	4.46	4.28	4.14	4.03
15	8.68	6.36	5.42	4.89	4.56	4.32	4.14	4.00	3.89
16	8.53	6.23	5.29	4.77	4.44	4.20	4.03	3.89	3.78
17	8.40	6.11	5.18	4.67	4.34	4.10	3.93	3.79	3.68
18	8.29	6.01	5.09	4.58	4.25	4.01	3.84	3.71	3.60
19	8.18	5.93	5.01	4.50	4.17	3.94	3.77	3.63	3.52
20	8.10	5.85	4.94	4.43	4.10	3.87	3.70	3.56	3.46
21	8.02	5.78	4.87	4.37	4.04	3.81	3.64	3.51	3.40
22	7.95	5.72	4.82	4.31	3.99	3.76	3.59	3.45	3.35
23	7.88	5.66	4.76	4.26	3.94	3.71	3.54	3.41	3.30
24	7.82	5.61	4.72	4.22	3.90	3.67	3.50	3.36	3.26
25	7.77	5.57	4.68	4.18	3.85	3.63	3.46	3.32	3.22
26	7.72	5.53	4.64	4.14	3.82	3.59	3.42	3.29	3.18
27	7.68	5.49	4.60	4.11	3.78	3.56	3.39	3.26	3.15
28	7.64	5.45	4.57	4.07	3.75	3.53	3.36	3.23	3.12
29	7.60	5.42	4.54	4.04	3.73	3.50	3.33	3.20	3.09
30	7.56	5.39	4.51	4.02	3.70	3.47	3.30	3.17	3.07
40	7.31	5.18	4.31	3.83	3.51	3.29	3.12	2.99	2.89
60	7.08	4.98	4.13	3.65	3.34	3.12	2.95	2.82	2.72
120	6.85	4.79	3.95	3.48	3.17	2.96	2.79	2.66	2.56
∞	6.63	4.61	3.78	3.32	3.02	2.80	2.64	2.51	2.41

$F_{.99}$										
分母自由度	分母自由度									
	10	12	15	20	24	30	40	60	120	∞
1	6056	6106	6157	6209	6235	6261	6287	6313	6339	6366
2	99.40	99.42	99.43	99.45	99.46	99.47	99.47	99.48	99.49	99.50
3	27.23	27.05	26.87	26.69	26.60	26.50	26.41	26.32	26.22	26.13
4	14.55	14.37	14.20	14.02	13.93	13.84	13.75	13.65	13.56	13.46
5	10.05	9.89	9.72	9.55	9.47	9.38	9.29	9.20	9.11	9.02
6	7.87	7.72	7.56	7.40	7.31	7.23	7.14	7.06	6.97	6.88
7	6.62	6.47	6.31	6.16	6.07	5.99	5.91	5.82	5.74	5.65
8	5.81	5.67	5.52	5.36	5.28	2.20	5.12	5.03	4.95	4.86
9	5.26	5.11	4.96	4.81	4.73	4.65	4.57	4.48	4.40	4.31
10	4.85	4.71	4.56	4.41	4.33	4.25	4.17	4.08	4.00	3.91
11	4.54	4.40	4.25	4.10	4.02	3.94	3.86	3.78	3.69	3.60
12	4.30	4.16	4.01	3.86	3.78	3.70	3.62	3.54	3.45	3.36
13	4.10	3.96	3.82	3.66	3.59	3.51	3.43	3.34	3.25	3.17
14	3.94	3.80	3.66	3.51	3.43	3.35	3.27	3.18	3.09	3.00
15	3.80	3.67	3.52	3.37	3.29	3.21	3.13	3.05	2.96	2.87
16	3.69	3.55	3.41	3.26	3.18	3.10	3.02	2.93	2.84	2.75
17	3.59	3.46	3.31	3.16	3.08	3.00	2.92	2.83	2.75	2.65
18	3.51	3.37	3.23	3.08	3.00	2.92	2.84	2.75	2.66	2.57
19	3.43	3.30	3.15	3.00	2.92	2.84	2.76	2.67	2.58	2.49
20	3.37	3.23	3.09	2.94	2.86	2.78	2.69	2.61	2.52	2.42
21	3.31	3.17	3.03	2.88	2.80	2.72	2.64	2.55	2.46	2.36
22	3.26	3.12	2.98	2.83	2.75	2.67	2.58	2.50	2.40	2.31
23	3.21	3.07	2.93	2.78	2.70	2.62	2.54	2.45	2.35	2.26
24	3.17	3.03	2.89	2.74	2.66	2.58	2.49	2.40	2.31	2.21
25	3.13	2.99	2.85	2.70	2.62	2.54	2.45	2.36	2.27	2.17
26	3.09	2.96	2.81	2.66	2.58	2.50	2.42	2.33	2.23	2.13
27	3.06	2.93	2.78	2.63	2.55	2.47	2.38	2.29	2.20	2.10
28	3.03	2.90	2.75	2.60	2.52	2.44	2.35	2.26	2.17	2.06
29	3.00	2.87	2.73	2.57	2.49	2.41	2.33	2.23	2.14	2.03
30	2.98	2.84	2.70	2.55	2.47	2.39	2.30	2.21	2.11	2.01
40	2.80	2.66	2.52	2.37	2.29	2.20	2.11	2.02	1.92	1.80
60	2.63	2.50	2.35	2.20	2.12	2.03	1.94	1.84	1.73	1.60
120	2.47	2.34	2.19	2.03	1.95	1.86	1.76	1.66	1.53	1.38
∞	2.32	2.18	2.04	1.88	1.79	1.70	1.59	1.47	1.32	1.00

$F_{.995}$									
分母自由度	分母自由度								
	1	2	3	4	5	6	7	8	9
1	16211	20000	21615	22500	23056	23437	23715	23925	24091
2	198.5	199.0	199.2	199.2	199.3	199.3	199.4	199.4	199.4
3	55.55	49.80	47.47	46.19	45.39	44.84	44.43	44.13	43.88
4	31.33	26.28	24.26	23.15	22.46	21.97	21.62	21.35	21.14
5	22.78	18.31	16.53	15.56	14.94	14.51	14.20	13.96	13.77
6	18.63	14.54	12.92	12.03	11.46	11.07	10.79	10.57	10.39
7	16.24	12.40	10.88	10.05	9.52	9.16	8.89	8.68	8.51
8	14.69	11.04	9.60	8.81	8.30	7.95	7.69	7.50	7.34
9	13.61	10.11	8.72	7.96	7.47	7.13	6.88	6.69	6.54
10	12.83	9.43	8.08	7.34	6.87	6.54	6.30	6.12	5.97
11	12.23	8.91	7.60	6.88	6.42	6.10	5.86	5.68	5.54
12	11.75	8.51	7.23	6.52	6.07	5.76	5.52	5.35	5.20
13	11.37	8.19	6.93	6.23	5.79	5.48	5.25	5.08	4.94
14	11.06	7.92	6.68	6.00	5.56	5.26	5.03	4.86	4.72
15	10.80	7.70	6.48	5.80	5.37	5.07	4.85	4.67	4.54
16	10.58	7.51	6.30	5.64	5.21	4.91	4.69	4.52	4.38
17	10.38	7.35	3.16	5.50	5.07	4.78	4.56	4.39	4.25
18	10.22	7.21	6.03	5.37	4.96	4.66	4.44	4.28	4.14
19	10.07	7.09	5.92	5.27	4.85	4.56	4.34	4.18	4.04
20	9.94	6.99	5.82	5.17	4.76	4.47	4.26	4.09	3.96
21	9.83	6.89	5.73	5.09	4.68	4.39	4.18	4.01	3.88
22	9.73	6.81	5.65	5.02	4.61	4.32	4.11	3.94	3.81
23	9.63	6.73	5.58	4.95	4.54	4.26	4.05	3.88	3.75
24	9.55	6.66	5.52	4.89	4.49	4.20	3.99	3.83	3.69
25	9.48	6.60	5.46	4.84	4.43	4.15	3.94	3.78	3.64
26	9.41	6.54	5.41	4.79	4.38	4.10	3.89	3.73	3.60
27	9.34	6.49	5.36	4.74	4.34	4.06	3.85	3.69	3.56
28	9.28	6.44	5.32	4.70	4.30	4.02	3.81	3.65	3.52
29	9.23	6.40	5.28	4.66	4.26	3.98	3.77	3.61	3.48
30	9.18	6.35	5.24	4.62	4.23	3.95	3.74	3.58	3.45
40	8.83	6.07	4.98	4.37	3.99	3.71	3.51	3.35	3.22
60	8.49	5.79	4.73	4.14	3.76	3.49	3.29	3.13	3.01
120	8.18	5.54	4.50	3.92	3.55	3.28	3.09	2.93	2.81
∞	7.88	5.30	4.28	3.72	3.35	3.09	2.90	2.74	2.62

F.995										
分母自由度	分母自由度									
	10	12	15	20	24	30	40	60	120	∞
1	24224	24426	24630	24836	24940	25044	25148	25253	25359	25465
2	199.4	199.4	199.4	199.4	199.5	199.5	199.5	199.5	199.5	199.5
3	43.69	43.39	43.08	42.78	42.62	42.47	42.31	42.15	41.99	41.83
4	20.97	20.70	20.44	20.17	20.03	19.89	19.75	19.61	19.47	19.32
5	13.62	13.38	13.15	12.90	12.78	12.66	12.53	12.40	12.27	12.14
6	10.25	10.03	9.81	9.59	9.47	9.36	9.24	9.12	9.00	8.88
7	8.38	8.18	7.97	7.75	7.65	7.53	7.42	7.31	7.19	7.08
8	7.21	7.01	6.81	6.61	6.50	6.40	6.29	6.18	6.06	5.95
9	6.42	6.23	6.03	5.83	5.73	5.62	5.52	5.41	5.30	5.19
10	5.85	5.66	5.47	5.27	5.17	5.07	4.97	4.86	4.75	4.64
11	5.42	5.24	5.05	4.86	4.76	4.65	4.55	4.44	4.34	4.23
12	5.09	4.91	4.72	4.53	4.43	4.33	4.23	4.12	4.01	3.90
13	4.82	4.64	4.46	4.27	4.17	4.07	3.97	3.87	3.76	3.65
14	4.60	4.43	4.25	4.06	3.96	3.86	3.76	3.66	3.55	3.44
15	4.42	4.25	4.07	3.88	3.79	3.69	3.58	3.48	3.37	3.26
16	4.27	4.10	3.92	3.73	3.64	3.54	3.44	3.33	3.22	3.11
17	4.14	3.97	3.79	3.61	3.51	3.41	3.31	3.21	3.10	2.98
18	4.03	3.86	3.68	3.50	3.40	3.30	3.20	3.10	2.99	2.87
19	3.93	3.76	3.59	3.40	3.31	3.21	3.11	3.00	2.89	2.78
20	3.85	3.68	3.50	3.32	3.22	3.12	3.02	2.92	2.81	2.69
21	3.77	3.60	3.43	3.24	3.15	3.05	2.95	2.84	2.73	2.61
22	3.70	3.54	3.36	3.18	3.08	2.98	2.88	2.77	2.66	2.55
23	3.64	3.47	3.30	3.12	3.02	2.92	2.82	2.71	2.60	2.48
24	3.59	3.42	3.25	3.06	2.97	2.87	2.77	2.66	2.55	2.43
25	3.54	3.37	3.20	3.01	2.92	2.82	2.72	2.61	2.50	2.38
26	3.49	3.33	3.15	2.97	2.87	2.77	2.67	2.56	2.45	2.33
27	3.45	3.28	3.11	2.93	2.83	2.73	2.63	2.52	2.41	2.29
28	3.41	3.25	3.07	2.89	2.79	2.69	2.59	2.48	2.37	2.25
29	3.38	3.21	3.04	2.86	2.76	2.66	2.56	2.45	2.33	2.21
30	3.34	3.18	3.01	2.82	2.73	2.63	2.52	2.42	2.30	2.18
40	3.12	2.95	2.78	2.60	2.50	2.40	2.30	2.18	2.06	1.93
60	2.90	2.74	2.57	2.39	2.29	2.19	2.08	1.96	1.83	1.69
120	2.71	2.54	2.37	2.19	2.09	1.98	1.87	1.75	1.61	1.43
∞	2.52	2.36	2.19	2.00	1.90	1.79	1.67	1.53	1.36	1.00

Memo

Memo

Memo

Memo

Memo

Memo

Memo

國家圖書館出版品預行編目資料

生物統計基礎概論和應用／歐耿良，江錫仁著．——初版．——臺北市：五南，2016.01
面；公分
ISBN 978-957-11-7888-2（平裝）

1.生物統計學

360.13　　103021714

4J23

生物統計基礎概論和應用

作　　者 — 歐耿良　江錫仁
發 行 人 — 楊榮川
總 編 輯 — 王翠華
主　　編 — 王俐文
責任編輯 — 金明芬
封面設計 — 斐類設計工作室
出 版 者 — 五南圖書出版股份有限公司
地　　址：106台北市大安區和平東路二段339號4樓
電　　話：(02)2705-5066　　傳　　真：(02)2706-6100
網　　址：http://www.wunan.com.tw
電子郵件：wunan@wunan.com.tw
劃撥帳號：01068953
戶　　名：五南圖書出版股份有限公司
法律顧問　林勝安律師事務所　林勝安律師
出版日期　2016年1月初版一刷
定　　價　新臺幣580元